AF062111

Les démarches d'investigation scientifique et de conception technologique

Regards croisés sur les curriculums et les pratiques en France et au Québec

Catalogage avant publication de Bibliothèque et Archives nationales du Québec et Bibliothèque et Archives Canada

Vedette principale au titre :
Les démarches d'investigation scientifique et de conception technologique. Regards croisés sur les curriculums et les pratiques en France et au Québec / sous la direction de Abdelkrim Hasni, Fatima Bousadra, Joël Lebeaume.

ISBN 978-2-924801-02-4 (couverture souple)
Comprend des références bibliographiques

1. Éducation. 2. Sciences - Étude et enseignement. 3. Technologie - Étude et enseignement. 4. Apprentissage basé sur l'enquête. I. Hasni, Abdelkrim, 1963- éditeur intellectuel. II. Bousadra, Fatima, 1970- , éditeur intellectuel. III. Lebeaume, Joël, 1956- éditeur intellectuel.
Q181.D45 2018 507.1 C2018-940203-2

Édition : François Martin
Révision : Céline Gagnon-Tremblay
Montage : MCM Compo-montage
Illustration de la page couverture : "La science et l'industrie", Sculpture de Jean-Esprit Marcellin (1821-1884), décoration du Louvre, Paris (photographie sur papier au sel d'argent de Édouard Baldus, 1813-1882), The J. Paul Getty Museum, Los Angeles.

Tous les livres des Éditions Cursus universitaire sont soumis à une évaluation externe. Yves Lenoir, sociologue, professeur titulaire à la Faculté d'éducation de l'Université de Sherbrooke, est responsable des Éditions Cursus universitaire et de son comité éditorial.

ISBN 978-2-924801-02-4

Dépôt légal — Bibliothèque et Archives nationales du Québec, 2018
Dépôt légal — Bibliothèque et Archives Canada, 2018

Les démarches d'investigation scientifique et de conception technologique

Regards croisés sur les curriculums et les pratiques en France et au Québec

Sous la direction de

Abdelkrim Hasni
Fatima Bousadra
Joël Lebeaume

Éditions Cursus Universitaire

Remerciements

Le Centre de recherche sur l'enseignement et l'apprentissage des sciences (CREAS, Université de Sherbrooke) et le Laboratoire Éducation, discours, apprentissages (EDA, Université Paris-Descartes) remercient le Conseil de recherches en sciences humaines du Canada pour le soutien financier qui a permis la production de cet ouvrage. Ce dernier découle d'un colloque organisé par les deux regroupements de recherche lors du 84e congrès de l'ACFAS (Association francophone pour le savoir) qui a eu lieu à Montréal en mai 2016.

Les directeurs de l'ouvrage souhaitent également remercier les évaluateurs qui ont accepté l'invitation de l'éditeur à apprécier les chapitres qui composent le manuscrit et à lui remettre des rapports anonymes. La grande qualité des rapports d'évaluation produits pour chacun des textes soumis a grandement contribué à l'amélioration de la qualité de l'ouvrage.

Liste des contributeurs

Danielle Boucher est doctorante à la Faculté d'éducation de l'Université de Sherbrooke. Elle réalise une thèse sur les technologies et les mathématiques au secondaire. Ses principaux champs d'intérêt de recherche portent sur l'enseignement de la technologie au secondaire. Elle est membre du Centre de recherche sur l'enseignement et l'apprentissage des sciences (CREAS).
Danielle.Boucher@USherbrooke.ca

Fatima Bousadra, Ph.D. en éducation, est professeure de didactique des sciences et technologies au département de pédagogie de l'Université de Sherbrooke. Elle est membre du Centre de recherche sur l'enseignement et l'apprentissage des sciences (CREAS) et professeure associée à la Chaire du Conseil de recherches en sciences naturelles et en génie du Canada (CRSNG) sur les femmes en sciences et en génie. Outre le champ de la didactique des sciences, ses travaux de recherche portent sur l'enseignement et l'apprentissage des savoirs scolaires issus de l'ingénierie industrielle et sur le développement professionnel des enseignants de sciences et technologies.
Fatima.Bousadra@USherbrooke.ca

François Charron est ingénieur et professeur en génie mécanique à la Faculté de génie de l'Université de Sherbrooke. Ses intérêts de recherche portent sur la conception et l'enseignement en ingénierie. Comptant plusieurs années d'expérience en entreprise, il se spécialise dans la conception de systèmes mécaniques. Il travaille également activement au développement de nouvelles approches, de nouvelles méthodes et de nouveaux outils pour l'enseignement du génie et de la conception en génie mécanique.
Francois.R.Charron@USherbrooke.ca

Brahim El Fadil est titulaire d'un Ph.D. de l'Université de Sherbrooke. Il est chargé de cours en didactique des sciences et technologies à l'Université de Sherbrooke et enseignant des sciences, technologies et mathématiques au secondaire à Montréal. Ses principaux champs d'intérêt de recherche portent sur l'analyse portent sur l'analyse des pratiques d'enseignement dans le cadre de l'éducation technologique, la démarche de conception technologique, l'intégration des STEM (Science, Technology, Engineering, Mathematics).
Brahim.El.Fadil@USherbrooke.ca

Olivier Grugier est maître de conférences en sciences de l'éducation à l'Université Paris-Sorbonne-ESPE (École supérieure du professorat et de l'éducation) de Paris. Il est spécialiste de l'éducation technologique dans l'enseignement obligatoire. Il enseigne auprès des étudiants de master MEEF, futurs enseignants d'école primaire. Ses recherches croisant didactique et numérique s'intéressent à la prise en charge par les élèves et les enseignants des objets numériques et/ou programmables dans les apprentissages. Ses travaux s'intéressent aux curriculums réels mis en œuvre dans les classes par les enseignants et plus spécifiquement interrogent la part des nouvelles technologies dans les apprentissages. Il est membre du laboratoire Éducation, discours, apprentissage (EDA) (EA 4071) de l'Université Paris-Descartes.
olivier.grugier@espe-paris.fr

Christian Hamon, didacticien de la technologie, est docteur en sciences de l'éducation de l'Université Paris-Descartes. Membre du laboratoire EDA (EA 4071), il est spécialiste de l'évolution des contenus et des méthodes d'enseignement élaborés au sein de l'enseignement technique, notamment de l'analyse fonctionnelle. Il est l'auteur d'une histoire de l'enseignement technique français (1946-2016) relatant les différentes phases qui rythment le processus de disciplinarisation de la technologie industrielle. Son ouvrage, *Le Baccalauréat technique*, paru aux Presses universitaires de Rennes, explique comment et pourquoi une fraction de l'enseignement technique se détache de sa vocation professionnalisante et devient, en 70 ans, une discipline d'enseignement

général de sciences de l'ingénieur dispensée au baccalauréat scientifique et en classes préparatoires aux grandes écoles d'ingénieur.
ch.hamon@wanadoo.fr

Abdelkrim Hasni détient un doctorat (Ph.D.) en éducation de l'Université de Sherbrooke. Il est professeur titulaire en didactique des sciences et technologie et vice-doyen à la recherche et aux études supérieures en recherche. Il est également membre du Centre de recherche sur l'enseignement et l'apprentissage des sciences (CREAS) et titulaire de la Chaire de recherche sur l'intérêt des jeunes à l'égard des sciences et de la technologie. Ses travaux de recherche portent sur l'enseignement et l'apprentissage des sciences, en considérant notamment la perspective didactique et curriculaire, les pratiques d'enseignement et les impacts sur les élèves (dimensions cognitive et affective).
A.Hasni@USherbrooke.ca

Joël Lebeaume est professeur en sciences de l'éducation à l'Université Paris -Descartes (Sorbonne-Paris-Cité) et doyen de la Faculté des sciences humaines et sociales-Sorbonne. Membre du laboratoire Éducation, discours, apprentissage (EDA) (EA 4071), il est spécialiste de l'éducation scientifique et technologique dans la scolarité obligatoire. Les perspectives curriculaires de ses recherches qui croisent notamment didactique et histoire, visent à comprendre les évolutions et transformations des enseignements scientifiques et technologiques, leurs figures d'ensemble, leurs principes fondateurs et organisateurs et leurs conditions d'existence et de mise en œuvre. Ces travaux qui contribuent à la discussion de la pertinence des contenus prescrits lui permettent d'intervenir en tant qu'expert en France et à l'étranger. Ses activités concernent également la diffusion de la culture scientifique et technique dans des ouvrages documentaires pour la jeunesse.
joel.lebeaume@parisdescartes.fr

Béatrice Mouton-Legrand, professeure de technologie au collège, enseigne dans l'Académie de Lille depuis 35 ans et ap-

partient au groupe de formateurs académiques de cette discipline. Ses travaux en Master professionnel et Master de recherche interrogent la construction de la démarche d'investigation par les enseignants de technologie et physique-chimie, puis par les collégiens en technologie, physique-chimie, sciences de la vie et de la terre et mathématiques. Sa thèse de doctorat, en cours, porte sur la question de l'appropriation par les acteurs des dispositifs de l'éducation technologique au collège et au lycée.
beatrice.legrand1@ac-lille.fr

William-Gabriel Pérez est attaché temporaire d'enseignement et de recherche à l'Université Cergy-Pontoise. Docteur en sciences de l'éducation de l'université Paris-Descartes, avec une formation initiale en physique, ses recherches en didactique des sciences et de la technologie portent sur la manière dont les élèves se représentent, conceptualisent et modélisent le fonctionnement des systèmes numériques contemporains, notamment celui des tablettes et des smartphones tactiles. Ses travaux contribuent à penser l'actualisation des contenus d'enseignement et des activités d'expérimentation et de modélisation répondant aux préoccupations des élèves et à leur découverte et investigation du monde qui leur est familier.
willx_gabriel@yahoo.com

Catherine Pilon est doctorante en éducation à la Faculté d'éducation et conseillère pédagogique à la Faculté de génie de l'Université de Sherbrooke. Ses objets de recherche concernent la formation initiale des ingénieurs et l'apprentissage du processus de conception. Ses travaux de recherche, menés dans une perspective d'analyse ergonomique centrée sur l'activité, portent plus spécifiquement sur l'importance des interactions sociales et des rapports de délégation de tâches qui caractérisent les pratiques de conception en ingénierie, notamment au regard de la gestion de projets techniques.
Catherine.Pilon@USherbrooke.ca

Abdelkarim Zaid est professeur des universités en sciences de l'éducation à l'École supérieure du professorat et de l'éducation

(ESPE) Lille-Nord de France et membre du laboratoire CIREL-Théodile (université de Lille). Il est formateur d'enseignants et responsable du parcours Sciences industrielles de l'ingénieur à l'ESPE Lille Nord de France. Ses recherches en didactique portent sur les dispositifs d'éducation et de formation en sciences et technologie.
abdelkarim.zaid@espe-lnf.fr

Introduction

De la diversité des fondements, des significations et des modalités de mise en œuvre des démarches d'investigation scientifique et de conception technologique

Abdelkrim Hasni, Joël Lebeaume et Fatima Bousadra

Les récentes réformes de l'enseignement des sciences et de la technologie dans de nombreux pays insistent sur l'importance d'initier les élèves aux processus qui caractérisent ces champs disciplinaires. Dans ces réformes, cette initiation passe par ce qui est couramment appelé démarches d'investigation scientifique (DIS) et de conception technologique, dans le monde francophone, ou, entre autres, l'*inquiry* (*scientific inquiry, inquiry-based instruction, etc.*) et le *design process* (pour la technologie), dans le monde anglophone.

Le consensus apparent de ces orientations pour l'enseignement masque des interprétations variées de ce à quoi renvoient ces démarches. Par exemple, en France, la démarche d'investigation est retenue comme composante structurante d'un grand nombre de disciplines scolaires (sciences, technologie, mathématiques, etc.) alors qu'au Québec, comme en Amérique du Nord d'une manière générale, la démarche d'investigation scientifique est associée de manière spécifique aux disciplines scientifiques, tandis que celle de démarche de conception technologique caractérise la discipline "technologie". Au-delà de cette variabilité, des publications récentes (par exemple : Bartos et Lederman, 2014 ;

Chinn et Malhotras, 2002 ; Furtak, Seidel, Iverson et Briggs, 2012) soulignent également la diversité de leur interprétation dans les pratiques selon notamment les modalités de gestion des tâches des élèves proposées par les enseignants et les multiples défis et difficultés qui caractérisent leurs mises en œuvre.

L'introduction dans les curriculums des démarches d'investigation scientifique et de conception technologique ainsi que leur mise en œuvre dans les pratiques de classe sont porteuses de nombreuses ambiguïtés et tensions, ici identifiées en cinq points :

a) La tension entre les visées d'apprentissages conceptuels et les visées d'acquisitions méthodologiques. L'enseignement scientifique a été longtemps marqué par sa centration sur les apprentissages conceptuels et les élaborations intellectuelles (concepts, modèles, théories) sans accorder une place importante aux processus qui ont permis leur élaboration. La situation inverse est constatée pour l'enseignement technologique, du moins au Québec, avec une prédominance de l'agir et du faire sur l'appropriation conceptuelle. Les appels véhiculés par les récentes réformes à une interaction entre les processus (les dimensions méthodologiques) et les savoirs conceptuels ne semblent pas réussir à gagner les pratiques de classe.

b) La tension entre une vision de la démarche d'investigation comme procédure et une vision l'associant davantage à une posture et à un mode de pensée (la pensée scientifique ou la rationalité technique, par exemple). De nombreuses publications critiquent le fait que les DIS sont souvent présentées comme une procédure, une série d'étapes prédéterminées et standardisées à réaliser par les élèves, comme le modèle OHERIC (Observation, hypothèse, expérimentation, résultats, interprétation, conclusion). Pourtant, comme l'indiquent les chapitres de cet ouvrage, malgré les critiques et les tentatives d'amélioration, voire de rectification, l'ambiguïté demeure. Quels que soient les changements des expressions, des termes et des caractéristiques utilisés pour parler de ces démarches, celles-ci sont encore définies en faisant appel à un nombre limité d'attributs (étapes, moments, etc.) qui varient d'un système scolaire à l'autre ou d'une époque à l'autre (Pedaste, Mäeots, Siiman, de Jong, van Riesen, Kamp *et al.*, 2014 ; Rönnebeck, Bernholt et Ropohl, 2016).

c) La tension entre l'engagement des élèves prioritairement dans des tâches techniques (observables) ou dans des processus épistémiques (habiletés intellectuelles de haut niveau). Même si le souhait d'engager les élèves dans des tâches de nature épistémique est fortement exprimé, traditionnellement les démarches d'investigation scientifique sont tournées vers la réalisation de tâches techniques et observables (laboratoire ; organisation des tableaux de données ; représentation de ces dernières à l'aide de graphiques ; etc.). Au mieux, les élèves sont invités à participer à l'analyse des données, mais très rarement à la problématisation (et la formulation de questions ou d'hypothèses), à la proposition de pistes de recherche ou de production de faits ou encore à l'interprétation de ces faits et à l'élaboration conceptuelle.

d) La tension entre la différenciation ou la transversalité des démarches d'investigation. Comme en témoignent notamment les chapitres proposés dans cet ouvrage, alors que certains acteurs éducatifs plaident pour la distinction entre les démarches propres aux sciences (les démarches d'investigation scientifique) et celles spécifiques à la technologie (la conception technologique) et même pour la nécessité de souligner la diversité des démarches dans un même champ disciplinaire (dépasser le modèle unique de la démarche expérimentale), d'autres défendent l'idée de la transversalité de celles-ci et de leurs applications à différentes disciplines, incluant les disciplines non scientifiques. Cette tension se manifeste notamment dans l'utilisation du singulier (la démarche) ou du pluriel (les démarches) pour parler de ces démarches, ou encore dans le recours ou non à l'adjectif “scientifique” (démarches d'investigation ou démarches d'investigation scientifique).

e) La tension entre le statut des démarches d'investigation comme objet d'apprentissage (un processus scientifique et technologique à apprendre) ou comme moyen (pédagogique) pour réaliser des apprentissages conceptuels ou techniques. Cette tension reflète la prédominance de l'une des deux visions suivantes dans la définition des DIS. La première est marquée par les fondements épistémologiques (la nature des sciences) ; les DIS sont alors vues comme l'une des deux composantes centrales de la structure disciplinaire (Schwab, 1964) qui doivent être apprises dans une interrelation dynamique : les savoirs conceptuels et les processus scientifiques. La deuxième vision est marquée par les fondements psychologiques de l'apprentissage : les démarches d'investigation constitueraient une opportunité pour les élèves de s'engager activement dans leurs apprentissages ; elles sont alors désignées en tant que méthodes (ou approches) pédagogiques dynamiques s'opposant à l'enseignement traditionnel, à caractère magistral ou livresque. Les chapitres regroupés dans cet ouvrage témoignent à leur tour de cette tension.

En outre, toute étude ou réflexion sur les démarches d'investigation scientifique et de conception technologique ne peut se faire sans considérer l'insertion des disciplines scientifiques et technologiques dans le curriculum avec ses différentes orientations et composantes. Par exemple, les curriculums récents font appel à différentes "méthodes" d'enseignement ou "approches" pédagogiques qui visent, d'une part, à dépasser les regards disciplinaires cloisonnés et, d'autre part, à ancrer les apprentissages scientifiques et technologiques dans la vie hors de l'école. Il s'agit, entre autres, de l'approche par compétences, de l'enseignement par projets et par problèmes et de l'interdisciplinarité. La mise en œuvre des démarches d'investigation scientifique et de conception technologique est fortement influencée par ces orientations curriculaires non disciplinaires. Dans le contexte québécois par exemple, des études (par exemple : Hasni, 2015 ; Lenoir, 2017 ; Quérin, 2017) montrent que le discours sur les compétences insiste sur l'action et sur la mobilisation des savoirs conceptuels comme de (simples) ressources dans le cadre des compétences, en mettant peu l'accent sur l'acquisition, l'appropriation, la conceptualisation et la mobilisation de ces ressources.

Bref, les tensions et les ambiguïtés qui accompagnent le discours sur les DIS invitent les acteurs engagés dans l'enseignement, la formation à l'enseignement et la recherche à considérer certaines questions fondamentales et récurrentes :

- Quelle filiation ou discontinuité entre les démarches d'investigation scientifique et les démarches de conception technologique dans le monde de la recherche et dans le monde scolaire ?

- À l'école, comment caractériser ces démarches en ST en général et dans les différentes disciplines scolaires (biologie, physique, chimie, génie mécanique, etc.) en particulier ?

- Peut-on penser les démarches d'investigation à un niveau de transversalité qui justifie leur utilisation dans d'autres disciplines que les disciplines scientifiques ?

- Quels en sont alors les caractéristiques didactiques, les enjeux éducatifs et scolaires ?

- Comment les enseignants et les formateurs d'enseignants comprennent-ils ces démarches et comment les prennent-ils en charge dans leur enseignement ?

- Comment les différentes "approches pédagogiques" non disciplinaires préconisées par les curriculums constituent-elles des leviers ou des obstacles pour le recours à ces démarches ?
- Comment ces dernières peuvent-elles s'articuler ou non aux premières ?

Les neuf chapitres proposés dans cet ouvrage éclairent ces questions en considérant soit le contexte québécois (quatre chapitres) ou le contexte français (cinq chapitres). La plupart des contributions portent sur la formation générale (curriculums ; ressources didactiques ; pratiques de classe ; etc., au primaire et au secondaire). Un chapitre est consacré à la démarche de conception technologique dans l'enseignement universitaire, en considérant la formation des ingénieurs.

Dans le premier chapitre, Lebeaume analyse, dans le contexte français, certains impacts sur l'enseignement technologique de l'intégration dans un même programme des disciplines "technologie" et "science" et de l'indifférenciation entre investigation scientifique et investigation technologique : pour les deux disciplines, c'est la notion de "démarche d'investigation" qui est retenue et qui est présentée à la fois comme modalité pédagogique générale et comme compétences à développer chez les élèves. À cette indifférenciation, s'ajoute selon l'auteur « le silence au sujet de la démarche de projet et de l'analyse fonctionnelle ». À la suite d'un rappel historique de l'évolution de l'enseignement technique vers le "technologique", puis vers les "sciences industrielles de l'ingénieur", l'auteur développe un argumentaire et un cadre opératoire sur l'analyse fonctionnelle comme démarche spécifique à ce domaine d'enseignement-apprentissage. Ce cadre a été utilisé et mobilisé pour analyser certaines ressources utilisées par les enseignants en classe (les propositions pour l'enseignement des manuels, sites institutionnels ou personnels). Les résultats qui découlent de ces analyses indiquent que « l'analyse fonctionnelle n'est pas centrale dans l'enseignement de la technologie et que l'investigation prônée par les prescriptions est principalement une exploration guidée par des questions qui ne fondent pas le raisonnement technologique ou la rationalité technique ». L'analyse de documents et l'exercisation prédomine dans les travaux scolaires analysés. L'auteur, tout en s'appuyant sur ces résultats et sur le cadrage théorique, propose trois pistes d'enseignement de l'analyse fonctionnelle, porteuses de la rationalité technique.

Dans le deuxième chapitre, Hasni et Bousadra abordent les défis théoriques et pratiques des DIS en s'appuyant sur l'analyse des curriculums, des publications scientifiques et de pratiques déclarées (soutenues par des enregistrements en classe) d'enseignants du secondaire au Québec. Les auteurs rappellent que l'introduction dans les curriculums scolaires des processus scientifiques (méthode scientifique, démarche scientifique, démarche d'investigation scientifique, pratiques scientifiques, etc.) n'est pas récente. Il n'y a cependant pas de consensus, ni dans les curriculums ni dans les publications scientifiques, sur la signification et le statut de ces processus. Par exemple : ce ne sont pas les mêmes expressions qui sont utilisées d'une époque à l'autre et d'un système scolaire à l'autre pour les désigner ; alors qu'on les associe à l'idée du développement d'un raisonnement (ou d'une pensée) scientifique, ces processus sont souvent définis comme une procédure opératoire, en faisant appel à un nombre limité d'attributs (étapes, phases, etc.) qui, en plus, varient en fonction des auteurs et des curriculums ; s'ils sont considérés dans le discours formel comme des contenus à apprendre (une composante de la structure disciplinaire), il n'est pas rare que des auteurs ou des programmes les traitent davantage comme démarche pédagogique générale (un moyen favorisant les apprentissages) ; ils sont souvent définis en prenant comme référence la démarche expérimentale (de la physique) qui ne reflète pas la diversité des démarches et des pratiques scientifiques. L'analyse des pratiques déclarées d'enseignants québécois a permis de mettre en évidence de nombreux défis associés à la mise en œuvre des DIS en classe. Dans ce chapitre, les auteurs proposent également d'abandonner la caractérisation des démarches d'investigation à l'aide d'un nombre sélectionné d'attributs (phases, moments, etc.) et de retenir plutôt les questions fondamentales qui distinguent les processus scientifiques, telles qu'elles sont mises en évidence par l'histoire et la philosophie des sciences. Ils proposent également des pistes de formation d'enseignants permettant de contribuer à l'appropriation par les enseignants de ces fondements théoriques.

Le troisième chapitre, de Mouton-Legrand et Zaid, s'intéresse à la compréhension que des élèves de collège en France ont de la démarche d'investigation (DI) dans différentes disciplines scolaires : mathématiques ; sciences de la vie et de la Terre (SVT) ; sciences physiques et chimiques (SPC) ; technologie. Cette étude repose, d'une part, sur les prescriptions qui associent cette démarche aux quatre disciplines. Elle repose, d'autre part, sur les quatre concepts utilisés dans le rapport Monod-Ansaldi et Prieur (2011) pour étudier les représentations d'enseignants de science et technologie à propos de la DI (problème ; hypothèse ; expérience ; modèle), auxquels les auteurs proposent d'ajouter les concepts d'erreur et de structuration des connaissances. Le recueil des données repose sur un questionnaire adressé à 150 collégiens (âgés de 14 ans) et sur un entretien semi-directif réalisé auprès de sept élèves. Les résultats rapportés dans ce chapitre semblent montrer notamment que les élèves caractérisent différemment les DI selon les disciplines. En mathématiques, peu d'élèves déclarent recourir à la DI et la description de celle-ci est peu claire. Des points communs semblent caractériser la DI en SVT et SPC (l'expérience et l'erreur). En outre, en SVT cette démarche est caractérisée de manière plus ouverte qu'en SPC. Par exemple, « en SPC, la question formulée par l'enseignant n'est pas perçue comme une situation problème et les élèves parviennent difficilement à définir ce que peut être une hypothèse dans cette discipline ». En technologie, la DI prend la forme d'une démarche de résolution de problème orientée vers la proposition de solutions techniques. Les auteurs concluent ce chapitre en proposant deux pistes de formation des enseignants permettant de favoriser une meilleure appropriation des DI : l'une sur les implicites du vocabulaire usuel dans les disciplines, l'autre sur la notion d'hypothèse.

En quoi l'enseignement par projets pourrait constituer un contexte favorable à l'enseignement et à l'apprentissage des contenus technologiques, dont la démarche de conception ? Cette question traverse le chapitre de Bousadra, Hasni et Boucher. Les auteurs rappellent d'abord les enjeux de l'enseignement technologique, en soulignant surtout la difficulté à dégager un consensus entre les auteurs sur cette question et la difficulté à faire valoir la spécificité de cette discipline par rapport aux disciplines scientifiques. Cette analyse met en avant la nécessité d'une vigilance épistémologique afin de tenir compte des savoirs conceptuels et des démarches propres à la technologie (dont la démarche de conception) dans la caractérisation de cette discipline. Par ailleurs, la tendance internationale à promouvoir l'enseignement des contenus technologiques en recourant aux projets amène des défis supplémentaires. De manière à comprendre les significations que les enseignants accordent, dans le cadre de l'enseignement technologique, à l'enseignement par projet et à sa relation avec la démarche de conception, ils proposent de présenter les résultats de l'analyse de pratiques d'enseignants du secondaire au Québec. Cette analyse tient compte notamment des intentions d'apprentissage retenues et des tâches réalisées par les élèves dans le cadre de dix projets technologiques. Le traitement des données recueillies en faisant appel à des entrevues et à des enregistrements en classe permet, entre autres, de souligner la difficulté pour les enseignants à intégrer la démarche de conception technologique dans l'enseignement par projet. Au mieux, ce sont certaines activités associées à cette démarche qui sont vécues par les élèves (cahier des charges ; gamme de fabrication ; technique d'usinage et d'utilisation d'outils ; etc.). Ces activités sont cependant peu structurantes pour espérer qu'elles permettent aux élèves d'acquérir la structure de la discipline. En s'appuyant sur ces résultats et sur le cadre conceptuel retenu dans le chapitre, les auteurs proposent des pistes de formation des enseignants qui tiennent compte des pertinences épistémologique (les savoirs en jeu) et psychologique (caractéristiques des élèves) ainsi que des spécificités des disciplines scientifiques et technologiques.

Hamon adopte une approche historique pour éclairer la nature et les enjeux de l'introduction en France de la démarche d'investigation scientifique en technologie et sciences de l'ingénieur. Il commence par rappeler comment cette démarche a été progressivement intégrée aux curriculums comme nouvelle méthode pédagogique sur une période d'une décennie. L'auteur rappelle cependant que dans les publications scientifiques, les éléments utilisés pour caractériser cette démarche ne font pas l'unanimité. Une lecture des définitions proposées dans le curriculum français met en évidence certaines ambiguïtés et conduit l'auteur à clarifier la place de la DI en technologie en proposant une analyse historique. Dans cette analyse, Hamon remonte à la quête de la reconnaissance suivant la Libération de la France (1945) pour retracer l'évolution des contenus et des méthodes ayant structuré l'enseignement technique. Il s'agit notamment de la succession des paradigmes suivants : organes et machines (1944-1959) ; machines (1959-1970) ; analyse fonctionnelle moderne et objets techniques (1970-1979) ; systèmes automatisés (1979-1985) ; systèmes pluritechniques (1985-1992) ; chaînes fonctionnelles (1992-2002) ; approche systémique (2002-2009) ; rétro-ingénierie et démarche de l'ingénieur (la réforme de 2010). Cette analyse historique permet à l'auteur de souligner la centralité de certains contenus et démarches en enseignement technique. Il s'agit surtout de la place de l'analyse fonctionnelle et du cahier des charges fonctionnel comme outils nécessaires pour penser l'enseignement technologique ainsi que de la distinction et la complémentarité de deux types de démarches d'investigation dans le contexte de l'éducation technologique : l'investigation de type conception (partir d'un besoin pour concevoir un produit réalisant une fonction technique déterminée) et l'investigation de type constatation ou rétro-ingénierie (analyser un produit pour comprendre son fonctionnement en lien avec les besoins pour lesquels il a été conçu). Des pistes pour l'enseignement de ces deux types de démarches sont proposées à la fin du chapitre.

Le chapitre d'El Fadil, Hasni et Lebeaume rapporte les résultats d'une enquête réalisée auprès d'enseignants du secondaire sur leur compréhension de la démarche de conception technologique et sur les modalités de sa mise en œuvre en classe. Dans la première partie du chapitre, les auteurs rappellent le contexte éducatif québécois en soulignant notamment que la généralisation de l'enseignement technologique à tous les élèves du primaire et du secondaire est récente et accompagne la nouvelle réforme implantée à partir de 2000 pour le primaire et de 2005 pour le secondaire. Ils notent également que le programme de formation de l'école québécoise distingue clairement entre les démarches d'investigation scientifique (disciplines scientifiques) et les démarches de conception technologique (champs technologiques). Cependant, les enseignants du secondaire sont peu préparés à l'enseignement de la technologie puisque leur formation initiale porte majoritairement sur les disciplines scientifiques. Dix-neuf enseignants ont accepté de participer à l'enquête. Ils étaient invités à répondre à un questionnaire en considérant une ou deux situations d'enseignement-apprentissage qu'ils ont pris en charge récemment dans leurs classes. Les questions considérées renvoient surtout aux dimensions conceptuelle (signification de la démarche de conception technologique [DCT]), fonctionnelle (ses visées), opérationnelle (déroulement et modalités de mise en œuvre de la DCT) et organisationnelle (défis et difficultés rencontrés). Parmi les résultats découlant de l'analyse de 24 situations d'enseignement ainsi rapportées par les enseignants, les auteurs notent la diversité des conceptions et des modalités de mise en œuvre de la DCT par les enseignants : des démarches basées sur le guidage (basées sur des problèmes de nature *well defined*) et l'application par les élèves de processus prédéterminés ; des démarches de nature casse-tête (montage de pièces pour parvenir à fabriquer un objet connu) ; des démarches basées sur le tâtonnement (appel à des essais-erreurs pour trouver des solutions). Même si les DCT sont vues par les enseignants comme des processus propres à l'enseignement technologique, elles permettent peu l'introduction des élèves à la rationalité technique. En s'appuyant sur les résultats de l'étude, les auteurs proposent un exemple de situation d'enseignement-apprentissage illustrant l'appropriation de la démarche de conception technologique par les élèves.

Les trois derniers chapitres de cet ouvrage sont centrés sur les formations aux démarches d'investigation scientifique ou de conception technologique à l'école, dans le contexte de la formation à l'enseignement ou dans le cadre de la formation des ingénieurs.

Tout en rappelant la place qu'occupent actuellement dans le curriculum français les démarches d'investigation scientifique – notamment comme moyen de rénovation de l'enseignement scientifique et comme méthode pédagogique permettant d'assurer une meilleure autonomie des élèves en proposant des activités ouvertes et de haut niveau cognitif –, Pérez souligne que les contradictions et les ambiguïtés qui caractérisent les définitions proposées peuvent constituer un obstacle majeur à la mise en œuvre de ces méthodes en classe. L'auteur propose alors d'illustrer une démarche d'investigation en partant de la question suivante : comment fonctionne un écran tactile ? Cette proposition mobilise, d'une part, un cadre conceptuel sur les démarches d'investigation scientifique et, d'autre part, les résultats d'une étude réalisée antérieurement avec des élèves du secondaire inférieur (14-15 ans) sur leurs représentations du fonctionnement d'un écran tactile. Le déroulement de la situation d'enseignement-apprentissage proposée par l'auteur est organisé en deux moments : une démarche spontanée des élèves leur permettant de formuler leurs hypothèses et leurs expériences initiales (vérification de l'effet de la pression, de l'empreinte digitale et de la « chaleur des doigts ») ; une description plus précise du protocole expérimental, basée sur des nouvelles questions de recherche qui découlent de la première phase. Il s'agit essentiellement d'orienter les élèves vers l'expérimentation d'hypothèses des matériaux et du champ électrique (à distinguer de la notion d'objets). Le but du chapitre n'est pas seulement d'illustrer la nature des activités dans lesquelles les élèves peuvent être engagés dans le cadre d'une démarche d'investigation, mais également d'insister sur le fait que le recours à ce type de démarches devrait conduire les élèves à s'engager dans des élaborations conceptuelles qui concernent, entre autres, les concepts suivants : objet, matériau ; propriété physique (conductivité électrique) ; champ (électrique).

Le chapitre de Grugier pose le problème de la compréhension que des futurs enseignants français ont de la démarche d'investigation en sciences et en technologie à l'école primaire. Après avoir rappelé les orientations des textes officiels qui mettent « au premier plan l'importance de méthodes pédagogiques prenant pour références des démarches scientifiques et technologiques » et qui appellent à considérer celles-ci également comme des compétences à acquérir, l'auteur souligne qu'il n'existe pas dans les publications scientifiques de consensus sur la caractérisation de ces démarches. L'analyse d'ouvrages mis à disposition des étudiants de master à l'École supérieure du professorat et de l'éducation (ESPE) de Paris montre que la distinction entre une démarche en sciences et une démarche en technologie n'est pas toujours explicitée. Lorsque cette distinction est faite, ce ne sont pas toujours les mêmes éléments qui sont utilisés pour définir chacune d'elles. C'est dans ce contexte qu'un groupe de formateurs a élaboré un canevas destiné aux étudiants et qui permet de préciser les points communs et distinctifs de la démarche en sciences et en technologie. En outre, le chapitre de Grugier rapporte les représentations de 14 candidats au concours d'enseignant au regard de la démarche d'investigation. Parmi les éléments structurant ces représentations, l'auteur fait état des suivants : les étudiants prennent peu en compte les ouvrages mis à leur disposition pour élaborer une démarche d'investigation : cette dernière est définie principalement par la mise en place d'un questionnement et le recours à des expériences et à de la manipulation ; elle est définie en opposition au cours magistral ; elle se caractérise en technologie par son caractère matériel et concret. Le degré de guidage des élèves envisagé par les étudiants est cependant élevé. Le chapitre se termine par la proposition de pistes de formation visant à faire évoluer les représentations des étudiants au regard de la démarche d'investigation.

C'est à la formation universitaire à la démarche de conception technologique que s'intéresse le dernier chapitre, sous la direction de Pilon et Charron, en considérant le champ du génie mécanique. Les auteurs rappellent d'abord que la conception (*design*) est l'une des compétences importantes que les ingénieurs doivent mobiliser dans leur pratique professionnelle. Par conséquent, elle doit occuper une place centrale dans la formation des futurs ingénieurs. Puisque les projets de conception dits de fin d'études sont répandus dans les institutions de formation et qu'ils permettent de mieux représenter la manière avec laquelle cette compétence est abordée, les auteurs analysent ces projets dans sept programmes de baccalauréat de génie mécanique au

Québec. Tout en proposant une définition du processus de conception en génie, ils s'inspirent d'études réalisées au Canada anglophone et aux États-Unis pour énoncer huit dimensions à considérer dans l'analyse des projets de fin d'études au Québec : objectifs d'apprentissage des projets ; ampleur des projets (nombre de crédits, durée, charge de travail) ; caractéristiques des équipes ; sources des projets ; implication des partenaires non universitaires ; budget ; modalités d'encadrement ; modalités d'évaluation des étudiants. La méthodologie utilisée repose sur l'analyse des descriptions institutionnelles et des plans de cours, ainsi que sur des entrevues semi-dirigées avec sept formateurs volontaires. Les données permettent de mettre en évidence des traits communs aux programmes considérés (l'engagement des étudiants dans des expériences de conception authentiques ; la mobilisation et l'acquisition des connaissances ; le travail en équipe ; la présence de liens avec des partenaires non universitaires ; etc.) et des traits particuliers à certains d'entre eux (la fabrication d'un prototype fonctionnel ; le caractère interdisciplinaire des projets ; la source du problème sous-jacent aux projets ; etc.). Les auteurs terminent le chapitre en soulignant l'importance de réaliser des recherches permettant d'approfondir la compréhension de dimensions spécifiques comme celles visant à documenter la fabrication d'un prototype fonctionnel comme composante essentielle de la démarche de conception. Ils appellent également à la nécessité de prendre en considération davantage la réflexivité dans la formation à la conception.

Soulignons enfin que les chapitres qui composent cet ouvrage n'ont pas la prétention de défendre une posture ou un point de vue commun. Chacun des auteurs avait à décider de l'objet, de l'angle d'entrée, de la posture et du regard qui lui conviennent pour répondre à l'une ou l'autre des questions que soulève l'intégration des démarches d'investigation dans les curriculums. Notons également que, même si nous avons évité de regrouper les chapitres selon le type de démarche ou selon le contexte éducatif, l'ordre de leur présentation n'impose pas un traitement progressif des questions retenues. Le lecteur peut donc les consulter dans l'ordre qui lui convient.

Références

Bartos, S. A. et Lederman, N. G. (2014). Teachers' knowledge structures for nature of science and scientific inquiry : Conceptions and classroom practice. *Journal of Research in Science Teaching, 51*(9), 1150-1184.

Chinn, C. A. et Malhotra, B. A. (2002). Epistemologically authentic inquiry in schools : A theoretical framework for evaluating inquiry tasks. *Science Education, 86*(2), 175-218.

Furtak, E. M., Seidel, T., Iverson, H. et Briggs, D. C. (2012). Experimental and quasi-experimental studies of inquiry-based science teaching : A meta-analysis. *Review of Educational Research, 82*(3), 300-329.

Hasni, A. (2015). La réforme par compétences et la discipline « science et technologie » au Québec. Analyse des programmes, de pratiques d'enseignement et de manuels scolaires. *In* F. Audigier, A. Sgard et N. Tutiaux-Guillon (dir.), *Sciences de la nature et sciences de la société dans une école en mutation. Fragmentations, recompositions, nouvelles alliances ?* (p. 89-101). Bruxelles : De Boeck.

Lenoir, Y. (2017). Le néolibéralisme à l'école : quels impacts pour les finalités éducatives scolaires et pour les savoirs disciplinaires ? *In* Y. Lenoir, O. Adigüzel, A. Lenoir, J. C. Libâneo et F. Tupin (dir), *Les finalités éducatives scolaires. Une étude critique des approches théoriques, philosophiques et idéologiques.* Tome 1 : *Fondements, notions et enjeux socioéducatifs* (p. 187-254). Saint-Lambert : Cursus universitaire.

Monod-Ansaldi, R. et Prieur, M. (2011). *Démarches d'investigation dans l'enseignement secondaire : représentations des enseignants de mathématiques, SPC, SVT et technologie.* Rapport d'enquête. Lyon : ENS de Lyon, Institut français de l'éducation.

Pedaste, M., Mäeots, M., Siiman, L. A., de Jong, T., van Riesen, S. A. N., Kamp, E. T. *et al.* (2015). Phases of inquiry-based learning : Definitions and the inquiry cycle. *Educational Research Review, 14*, 47-61.

Quérin, J. (2017). Analyse des finalités relationnelles et individualistes de l'école québécoise. *In* Y. Lenoir, O. Adigüzel, A. Lenoir, J. C. Libâneo et F. Tupin (dir), *Les finalités éducatives scolaires. Une étude critique des approches théoriques, philosophiques et idéologiques.* Tome 1 : *Fondements, notions et enjeux socioéducatifs* (p. 445-466). Saint-Lambert : Cursus universitaire.

Rönnebeck, S., Bernholt, S. et Ropohl, M. (2016). Searching for a common ground. A literature review of empirical research on scientific inquiry activities. *Studies in Science Education, 52*(2), 161-197.

Schwab, J. J. (1964). Structure of the disciplines : Meanings and significances. *In* G. W. Ford et L. Pugno (dir.), *The structure of knowledge and the curriculum* (p. 6-30). Chicago : Rand McNally & Company.

Chapitre 1

Indifférenciation entre investigation scientifique et investigation technologique en France : risques d'abréviation des contenus et de dénaturation de la technicité

Joël Lebeaume

1. Introduction

En France, depuis le début des années 2000, les programmes de la scolarité obligatoire sont marqués par l'ambition de contribuer à un socle commun de connaissances, de compétences (Gouvernement de la République française, 2006) et de culture (Gouvernement de la République française, 2015*a*). Ils sont également marqués par le développement de l'enseignement intégré des sciences et de la technologie (EIST), expérimenté dès 2005 dans les classes de sixième (élèves de 11-12 ans) des collèges volontaires, dans la continuité de l'enseignement de sciences et technologie à l'école primaire. Le rapport de l'inspection générale (Perrot, Pietryk et Rojat, 2009) indique quelques repères historiques sur le développement de cet essai promu par l'Académie des sciences dans l'opération *La main à la pâte* (Charpak, 1996) et initié dès 1996 pour l'école primaire. Toutefois, ce rapport qui met l'accent sur les enjeux de cette innovation institutionnelle, concernant en particulier la promotion des sciences et la souplesse de la transition écolecollège[1], n'indique pas tous les éléments contextuels qui associent les sciences et la technologie. À cet égard, il faut préciser que cet EIST a permis d'abord d'adjoindre à l'enseignement de sciences de la vie et de la terre et à celui de technologie, par dérogation, un enseignement de sciences physiques dès cette première classe du collège. Cette extension aux trois disciplines a été entérinée par les textes réglementaires plus récents (Gouvernement de la République française, 2015*b*) qui créent un cycle associant les deux dernières années de l'école primaire et la première année du collège et qui généralisent l'existence des trois disciplines grâce à des thématiques dédiées. Cette disposition se réfère à l'histoire complexe des relations entre ces disciplines scolaires qui révèle la gangue sociale dans laquelle leur enchevêtrement et leur distinction se sont opérés (Lebeaume, 2014). Il convient aussi d'indiquer que, contrairement à ce que ce rapport mentionne, il n'y a pas vraiment un consensus international, puisque l'évaluation du *Programme for International Student Assessment* (PISA) (Organisation for economic co-operation and development [OECD], 2006) ne concerne que la culture scientifique et que le rapport Rocard (2007) n'intègre pas la technologie, mais seulement les sciences et les mathématiques (Lebeaume, 2011). Enfin, il convient de rappeler que cette innovation accréditée par la loi de 2005 (Gouvernement de la République française, 2005), le décret sur le socle commun de 2006 (Gouvernement de France, 2006) et l'arrêté de 2015 (Gouvernement de la République française, 2015*b*), s'installe après une période de contestation de l'enseignement de la technologie – voire de son existence – au collège[2]. Ces précisions permettent d'identifier la tension forte entre les disciplines scolaires "technologie"

---

[1] En France, le collège accueille les élèves de 11 à 15 ans. Il correspond au secondaire inférieur du Québec.

[2] Pour cet enseignement, cette époque est marquée par la mise en place de trois groupes d'experts successifs chargés de la rédaction des programmes, le premier promouvant l'orientation de l'approche de réalisation, fondatrice de la technologie au collège institutionnalisée en 1985 et rappelée dans les programmes de 1996-1998, le deuxième revendiquant l'assimilation technologie/sciences appliquées, et le troisième privilégiant dans la perspective de la réforme de la technologie au lycée, l'orientation des sciences industrielles de l'ingénieur.

et "sciences" placées sous la même bannière de la "démarche d'investigation" présentée à la fois comme modalité pédagogique générale et comme compétence visée pour la formation des jeunes. Ce contexte diffère fortement du Québec où les programmes indiquent explicitement les deux démarches « d'investigation scientifique » et « de conception technologique » (Gouvernement du Québec, 2004, p. 277) (voir Lebeaume et Hasni, 2016).

Ce chapitre n'a pas l'ambition de rectifier le rapport précité par une histoire précise, ni de polémiquer sur les logiques d'acteurs individuels ou collectifs dans le positionnement respectif des sciences expérimentales – sciences physiques et chimiques et sciences de la vie et de la Terre –, et de la technologie ou des sciences de/pour l'ingénieur. Les travaux de sociologie du curriculum (Goodson, 1981 ; Harlé, 2010) ont déjà largement mis en évidence les rapports de force qui accompagnent toute réforme des programmes scolaires, dans la quête de maintien, d'extension, d'annexion… de territoires et d'horaires ou de statut de disciplines majeures dont Léon (1980) précisait les trois composantes d'ordres social, universitaire et scolaire. Sans ignorer cette dimension sociologique, il s'agit ici d'apporter un éclairage épistémologique pour discuter "l'investigation" qui figure dans les programmes de 2008 (Gouvernement de la République française, 2008)[3] et de 2015 (Gouvernement de la République française, 2015*b*, 2015*c*)[4] avec toutefois pour ces derniers, mis en œuvre à la rentrée 2016[5], une pondération et une extension.

---

[3] L'objet technique occupe une place centrale dans l'enseignement de la technologie au collège. L'ensemble des approches qui constituent le programme est mobilisé pour en conduire l'étude selon une démarche d'investigation ou de résolution de problèmes techniques. Programmes de l'enseignement de technologie.

[4] « Par le recours à la démarche d'investigation, les sciences et la technologie apprennent aux élèves à observer et à décrire, à déterminer les étapes d'une investigation, à établir des relations de cause à effet et à utiliser différentes ressources » (Gouvernement de la République française, 2008).

[5] Les démarches pédagogiques recommandées : dans la continuité des programmes de 2008, les démarches d'investigation, de résolution de problèmes

Avec la même intention, il s'agit aussi de saisir les implications de la domination en France de "l'investigation", sur les contenus spécifiques, prescrits et enseignés, du secteur désigné administrativement par les étiquettes "technologie" ou "sciences industrielles de l'ingénieur". Dans cette perspective, ce chapitre soutient que l'indifférenciation de la "démarche d'investigation" ainsi que le silence au sujet de la démarche de projet et de l'analyse fonctionnelle entraînent une confusion dans les contenus et les démarches avec des risques de leur abréviation, voire de leur dénaturation.

À cet égard, une première partie situe les spécificités épistémologiques des sciences de la nature, de la technologie et des sciences de l'ingénierie. La deuxième, avec un point de vue historique, rappelle les principes de l'analyse fonctionnelle et de son enseignement. La troisième partie analyse des ressources pour l'enseignement et discute les contenus proposés. L'ensemble permet enfin de suggérer des orientations pour la contribution de la technologie à l'éducation scientifique et technologique. Il offre aussi l'opportunité de suggérer des activités d'enseignement-apprentissage.

2. Sciences de la nature, technologie, sciences de l'ingénierie

De longue date, l'épistémologie des sciences de la nature met l'accent sur la méthode ou la démarche expérimentale en valorisant la validité des faits construits. Il n'en est pas de même pour l'épistémologie des techniques, des technologies ou des sciences de l'ingénierie en raison de l'intérêt beaucoup plus récent porté pour ces activités humaines. L'ouvrage de synthèse de Mitcham (1994) est, en ce sens, pionnier. À partir d'une revue de la documentation scientifique et d'une revue de définitions particulièrement extensives, il clarifie les multiples acceptions des termes

---

et de projet sont particulièrement adaptées (gouvernement de la France, 2016, p. 6).

technics, technology et *engineering* selon les domaines d'activités, en distinguant les deux registres principaux, d'ordre de l'ingénierie et des sciences sociales. Dans le premier, Mitcham (1994) note ce qui suit :

> Engineering as a profession is identified with the systematic knowledge of how to design useful artifacts or processes, a discipline that […] includes some pure science and mathematics, the "applied" or "engineering sciences" (e.g., strength of materials, thermodynamics, electronics), and is directed toward some social need or desire. But while engineering involves a relationship to these other elements, artifact design is what constitutes the essence of engineering, because it is design that establishes and orders the unique engineering framework that integrates other elements. The term "technology" with its cognates is largely reserved by engineers for more direct involvement with material construction and the manipulation of artifacts. (p.146-147)

Cette caractérisation précise une différence possible entre les techniciens, les technologues et les ingénieurs, selon leurs interventions plus ou moins distantes de la prise en charge de projets techniques ou de productions techniques. Sans être mentionnée explicitement, l'analyse de Mitcham croise l'analyse historique de Vérin (1993) qui défend l'idée que le projet (le *proujet de l'ingenior* en vieux français) fonde historiquement la circonscription et la caractérisation de l'activité de l'ingénieur. En outre, Mitcham caractérise les sciences de l'ingénierie en tant que sciences particulières, spécifiées à des domaines technologiques, ce qui fait dire à de Vries (2005) que l'ingénierie ou la technologie sont plus que des sciences appliquées. Banks et Barlex (2014) insistent aussi sur les nuances entre technologie et ingénierie dans l'enseignement intégré *Science, Technology, Engineering, Mathematics* (STEM). Dans le même sens, Schmid (1998) indique également que la conception est l'invariant minimal de la technologie ou des sciences de l'ingénieur et elle souligne que ces sciences du génie ou d'ingénierie sont des disciplines prioritairement organisées par des objectifs plus que par des domaines (mécanique, thermodynamique…). Or, le relatif silence épistémologique sur ces sciences finalisées – dans la recherche et dans l'enseignement – et, par conséquent, hétérogènes, tend à les soumettre à l'ordre des disciplines fondées sur la description des phénomènes. Ces analyses distinguent ainsi les sciences de la nature, orientées vers la détermination des lois universelles, des sciences du génie orientées vers la compréhension de phénomènes particuliers dans la complexité des artefacts où ils se manifestent. Dans une perspective de formation, cette distinction est également précisée par Maulini et Perrenoud (2009) qui discutent les conflits de savoir dans les formations et les découpages scientifiques ou pragmatiques de la réalité :

> La formation des ingénieurs et des médecins […] s'organise en partie […], autour d'objets pratiques : technologies dans un cas, pathologies dans l'autre. C'est pourquoi un physicien n'est pas un ingénieur, ni un biologiste un médecin. Un ingénieur doit maîtriser plusieurs disciplines scientifiques et les mettre en synergie pour maîtriser des systèmes techniques complexes. De même, un médecin puise dans plusieurs registres de savoirs théoriques pour comprendre le malade et sa maladie (p. 56).

Avec une préoccupation didactique proche, Hirst (1965) distingue parmi les "champs de connaissance" à base thématique qui mêlent des types de savoir conceptuellement hétérogènes, des champs à dominante pratique qui se caractérisent par leur fonction à fournir des principes pour l'action à la lumière de certains apports des savoirs théoriques. Pour Hirst, la théorie de l'éducation et les sciences de l'ingénieur appartiennent à cette catégorie (Forquin, 1989). Ainsi de nombreux travaux d'épistémologie soulignent la distinction de ces sciences, à l'interface entre la nature et le social, et dont le fonctionnement n'est pas semblable à celui des autres sciences, contrairement à ce qu'on laisse entendre (Guy, 2012). Pour Combarnous (1984), la rationalité technique ne se confond pas avec la rationalité scientifique.

En effet, les sciences de l'ingénieur mêlent le double aspect de recherche et d'application sur des systèmes particulièrement complexes dont les comportements ne peuvent se réduire aux grandes lois des sciences de base, comme l'étude du mouvement d'un avion ne peut se suffire de la loi F = mg. La démarche de conception est incontestablement scientifique dans le sens où les objets et systèmes techniques ne résultent pas d'une empirie comme au tout début des techniques, en raison de la complexité des systèmes contemporains et de l'indispensable contrôle des aléas avec des tolérances de plus en plus réduites. Mais elle ne se limite pas à l'investigation scientifique réduite à la démarche dite "expérimentale". Dès les années 1960, Géminard (1970*a*), l'un des fondateurs de l'enseignement technologique en France, situait et caractérisait la démarche de conception en technologie en tant que confrontation d'une hypothèse de construction à la possibilité de sa réalisation matérielle. La validation de telles hypothèses sert d'abord la construction d'artefacts et éventuellement celle de faits, ce qui permettait à Géminard (*Ibid.*) de distinguer la démarche de conception de « la démarche purement scientifique classique » (p. 7), la première en relation avec le particulier, la seconde avec l'universel.

Dans le contexte de la désindustrialisation de la France, le bouleversement au début des années 2010 de l'éducation technologique dans l'enseignement obligatoire et de l'enseignement technologique dans l'enseignement de spécialité du secondaire supérieur, fondé sur la refondation disciplinaire de la "technologie" en "sciences industrielles de l'ingénieur" qui vise la poursuite d'études longues, tend ainsi à privilégier la conception à la réalisation. Toutefois, aucune indication institutionnelle ne précise s'il s'agit de la conception réglée ou de la conception innovante ou de tout autre régime (Hatchuel et Weil, 2014). Parrochia (1998) rappelle le raisonnement technologique proposé par Géminard (1970*b*) et l'intérêt de la décomposition fonctionnelle distincte de celle matérielle ou structurale pour l'analyse des objets techniques. L'approche historique de l'enseignement permet de développer ce point.

2. Du technique au technologique puis aux sciences industrielles de l'ingénieur : l'analyse fonctionnelle

En France, l'enseignement technique avec ses missions fondatrices de formation de la main-d'œuvre et de promotion sociale n'a cessé de répondre aux évolutions des pratiques sociotechniques en étendant son offre de formation au gré des nouveaux métiers sur l'ensemble de la gamme des qualifications masculines et féminines. Sans détailler cette histoire, la Libération en 1945 constitue un moment décisif pour son expansion associée à la reconstruction du pays (Hamon, 2015). La deuxième évolution s'opère au tournant des années 1960-1970 avec la distinction de l'enseignement professionnel et de l'enseignement technologique actée par la loi de 1971 (Gouvernement de la République française, 1971) qui fixe le qualificatif "technologique" en affectant tous les contenus des formations, de la mécanique à la biochimie. L'évolution des machines et des moyens de production génère l'obsolescence de l'apprentissage des gestes professionnels et, par conséquent, la disqualification du triptyque "dessin, technologie, travail manuel" que Matray (1952) décrivait comme élément structurant. C'est à cette date que la conception de ce que l'on désigne désormais par "objet technique" formalise ses outils exprimés en termes d'"analyse et synthèse techniques". Canonge (vers 1964), puis Canonge et Ducel (1969) présentent et expliquent alors cette méthodologie tout en définissant l'analyse fonctionnelle qui sera précisée par Géminard (1970*b*), puis par Chabal, De Preester, Sclafer et Ducel (1973). Cette méthodologie de la construction mécanique fonde alors la technologie avec des évolutions au fil du temps.

2.1 Analyse et synthèse techniques de recherche et d'invention ou de constatation

Canonge et Ducel (1969) exposent les principes de l'analyse « qui se propose de rechercher les fonctions propres à chaque objet ou à chaque travail et les moyens qui permettent de concrétiser ces fonctions » (p. 86). Ils procèdent aussi à une énonciation des définitions de "l'objet technique" et des fonctions déclinées de la "fonction usuelle ou globale" aux "fonctions principales", puis aux "fonctions techniques". Ils proposent un schéma fonctionnel qui situe la transformation de la matière d'œuvre qu'assure l'objet technique ainsi que les données d'entrée et de sortie concernant l'énergie et les informations (figure 1). D'une façon magistrale, agrémentée de divers exemples probants, ces auteurs[6] indiquent enfin les conditions et les contraintes de la recherche, puis du choix des solutions constructives en distinguant les milieux associés (humain, physique, économique et technique de fabrication). L'"analyse technique" est ainsi présentée comme « la démarche essentielle de la pensée qui veut agir sur le monde extérieur pour le transformer » (*Ibid.*, p. 85) et la "synthèse technique" comme le regroupement ou l'intégration des moyens de concrétisation des fonctions identifiées et hiérarchisées. L'expression de la pensée technique pour la conception des objets techniques considérés en tant que systèmes est ainsi proposée pour les formations des techniciens et des ingénieurs.

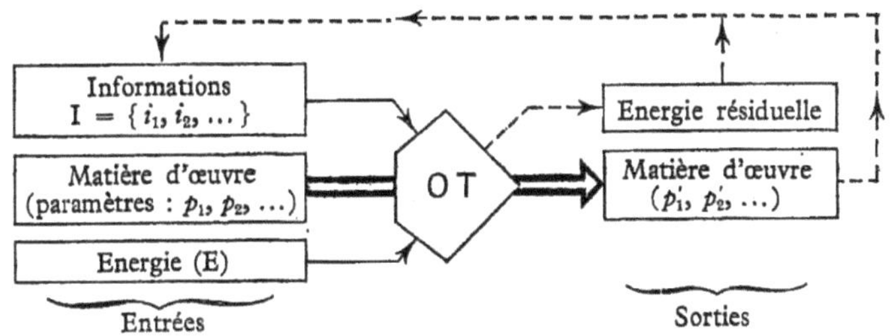

Figure 1 – Schéma fonctionnel général (Canonge et Ducel, 1969, p. 89)

En amont, l'idée que « les élèves n'ont pas, au début de leur scolarité, la culture scientifique et technique permettant de concevoir des objets techniques » (Ibid., p. 102) fait privilégier

[6] Ils sont alors professeurs à l'École normale nationale d'apprentissage (ENNA) de Paris qui assure la formation des professeurs des établissements techniques.

l'analyse et la synthèse de constatation et reporter celles d'invention ou de conception aux classes supérieures.. Deux étapes sont retenues pour l'enseignement. La première est l'initiation à la logique d'un objet technique par une étude ordonnée avec, d'une part, les constatations et, d'autre part, la recherche des rapports avec les milieux associés entre les éléments. La seconde est l'étude comparative de plusieurs objets techniques remplissant la même fonction globale :

> Dans les deux cas, nous connaissons le but à atteindre et la (ou les) solution(s) adoptée(s). L'analyse et la synthèse techniques de constatation permettent de comprendre la logique interne de chaque solution, ainsi que ses rapports avec les milieux associés (*Ibid.*, p. 103).

L'analyse et la synthèse techniques offrent ainsi des orientations didactiques en particulier pour l'étude des mécanismes, expérimentées quelques années avant cette formalisation et très tôt investies dans l'essai d'un enseignement de technologie (figure 2).

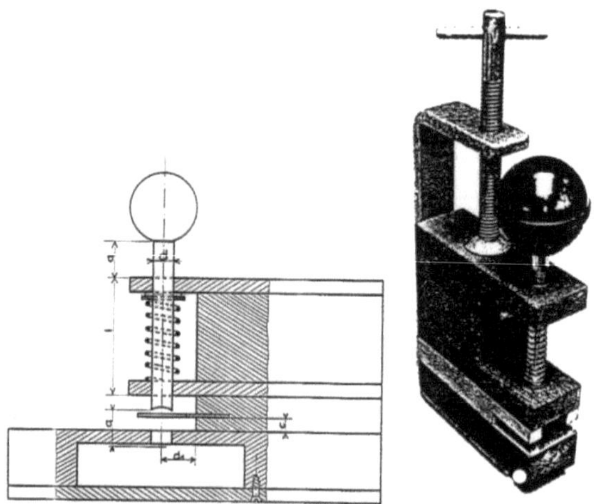

Figure 2 – Analyse de constatation de la perforatrice : exemple de proposition pédagogique (Bastian, Payan et Chirouze, 1964)

2.2. Analyse de la valeur et cahier des charges fonctionnel

Dans le contexte d'une économie de la consommation saturée par une offre diversifiée de produits, et donc pour produire non plus pour répondre à la demande, mais pour être compétitif pour vendre, l'analyse fonctionnelle, sans changer ses fondements, évolue avec la normalisation concernant la qualité. La norme X 50-150 précise qu'il s'agit de la « démarche qui consiste à recenser, caractériser, ordonner, hiérarchiser et valoriser les fonctions » (Association française de normalisation, 2009, p. 11), avec la distinction forte entre les fonctions de service associées au besoin et les fonctions techniques associées aux solutions. L'analyse fonctionnelle procède toujours à la recherche exhaustive des fonctions dans la perspective de mettre en évidence les coûts affectés à la satisfaction de chacune d'entre elles, et, le cas échéant, de les ajuster. La formalisation est centrée sur l'établissement du cahier des charges dit fonctionnel en distinguant deux points de vue : le besoin et les solutions potentielles exprimés en termes d'« analyse fonctionnelle du besoin » (ou externe) et d'"analyse fonctionnelle technique" (ou interne). Il s'agit de deux points de vue différents, mais non disjoints, car il ne peut y avoir une analyse fonctionnelle technique sans préalablement une analyse fonctionnelle du besoin (figure 3).

Deux points de vue distincts et dépendants

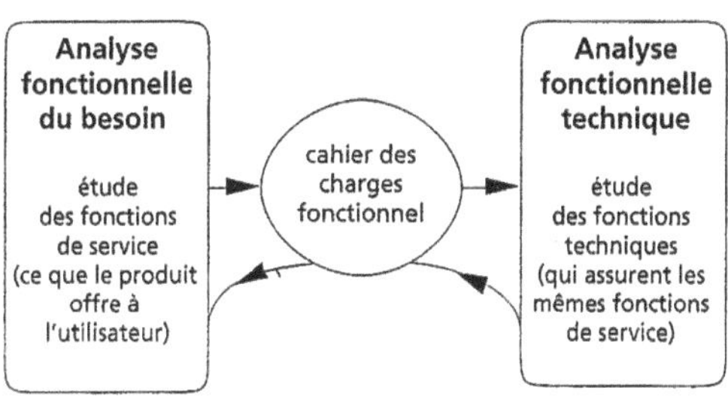

L'analyse fonctionnelle du besoin développe le point de vue de l'utilisateur, tandis que l'analyse fonctionnelle technique est le point de vue du concepteur.

Figure 3 – L'analyse fonctionnelle (Lebeaume et Martinand, 1998, p. 304)

L'analyse fonctionnelle actualisée s'accompagne d'un nouveau lexique avec la désignation de nouvelles fonctions, de service, d'estime, d'usage, de contraintes… Elle est alors définie selon la norme comme « la démarche qui consiste à recenser, caractériser, ordonner, hiérarchiser et valoriser les fonctions de service » (Dardy et Teixido, 1993, p. 10). Simultanément, une fonction technique est « une fonction interne au produit (entre ses constituants) choisie par le concepteur-réalisateur, dans le cadre d'une solution, pour assurer des fonctions de service » (*Ibid.*, p. 11). Dans la perspective de conception d'un produit compétitif, cette formalisation distingue nettement le point de vue de l'utilisateur client de celui du concepteur réalisateur. À cet égard, les fonctions de service sont définies en tant qu'« actions attendues du produit pour répondre au besoin d'un utilisateur donné ; selon le besoin on distingue les fonctions d'usage des fonctions d'estime » (*Ibid.*, p. 20). Ces indications précisent le raisonnement technologique et la démarche de projet industriel formalisée dans l'ouvrage de Rak, Teixido, Favier et Cazenaud (1992) avec la différenciation nette des deux points de vue complémentaires : d'abord l'expression fonctionnelle du besoin formalisée dans un cahier des charges fonctionnel, puis la recherche des fonctions et des solutions techniques. Pour l'enseignement, ces outils d'analyse, essentiellement dévolus à la conception incluse dans le cycle de vie d'un produit industriel, sont diffusés à tous les niveaux de la scolarité, du collège aux classes postsecondaires.

Parallèlement à cette extension de l'analyse fonctionnelle, la prolifération des objets considérés comme des ensembles pluritechnologiques – c'est-à-dire n'étant pas seulement des mécanismes, mais intégrant des flux d'énergie et d'information –, justifie de nouveaux moyens d'analyse, spécifiques au domaine des sciences industrielles enseignées au lycée. Ceux-ci intègrent par exemple des modèles de comportement et donc d'estimation des performances et leur mesure et contrôle. Cartonnet (2002) propose ces analyses également exprimées dans la discussion de la démarche scientifique dans la réalisation des produits industriels (Gendre et Virely, 2013). Les représentations et modélisations du fonctionnement de ces objets système s'expriment aussi grâce aux notions de chaînes d'information et d'énergie qui recouvrent les fonctions techniques d'alimentation, de distribution, de conversion et de transmission de l'énergie ou celles d'acquisition, de traitement et de communication de l'information. En 2008, ces chaînes fonctionnelles sont introduites dès les premières classes du collège (Gouvernement de la République française, 2008). Or, elles ne peuvent être accessibles que si le concept de fonction est construit avec l'identification d'une matière d'œuvre transformée, les données d'entrée et de sortie ainsi que les frontières d'analyse de l'objet incluant ou non l'utilisateur parmi les milieux associés.

3. Ressources et pratiques

Martinand (2003) propose une hiérarchie dans la délibération des projets de programmes en identifiant d'abord les missions d'ordre politique, puis les choix programmatiques et enfin les orientations didactiques. Si les missions de la technologie dans la scolarité obligatoire sont identifiables dans les rubriques du socle commun, les fondements programmatiques semblent vouloir assurer la continuité des programmes dans la perspective de consolidation du continuum de l'école élémentaire aux classes préparatoires aux grandes écoles.

3.1. Des recommandations générales

Les recommandations pédagogiques concernant les démarches pédagogiques valorisent la pédagogie de l'action, les travaux collectifs et collaboratifs… Mais le principe fondateur, ou la matrice au sens de Develay (1992), particulièrement variable au fil de l'histoire de la technologie[7], n'est pas exprimé. La nature de "l'investigation" qui pourrait être fonctionnelle, structurale, sociale, économique, historique, etc., reste floue faute d'indication de ses enjeux et horizons intellectuels et pratiques. Mais, comme la technologie du collège s'ancre sur les objets techniques, le point de vue fonctionnel semble être seulement implicite aux contenus prescrits. Ainsi contrairement à l'argumentation d'une rupture en 2008 pour abandonner la technologie du producteur – qui fondait les programmes de 1985 et leur révision en 1996-1998 –, en revendiquant la création d'une discipline de connaissances et de compétences à la différence de sa figure antérieure d'une discipline d'activités, rien dans les textes prescriptifs de 2008 et 2015 n'indique clairement "la" technologie dont il s'agit, qui se présente, paradoxalement, comme une série d'activités. Par conséquent, dans une démarche très pragmatique, les contenus s'élaborent au fil des expériences de la communauté et au gré des orientations imaginées par les inspecteurs, formateurs, professeurs ou auteurs de ressources et de manuels scolaires[8]. Les propositions de ces manuels ainsi que les ressources de nombreux sites institutionnels et personnels constituent un ensemble de pratiques prescrites, recommandées et en partie réelles lorsqu'il s'agit des documents personnels des professeurs qu'ils mettent à disposition de la communauté enseignante.

3.2. Corpus et méthodologie de l'analyse

À la date de l'étude précédant à la mise en œuvre des prescriptions ministérielles de 2015, les propositions pour l'enseignement concernent principalement la mise en œuvre des programmes antérieurs. Les ressources disponibles sur le *web* constituent un *corpus* très hétérogène par leur nature : certains documents relèvent de la séquence consacrée par exemple à la

[7] Ces principes fondateurs ont été, depuis les premiers essais de 1962, les éléments techno-logiques, les réalisations artisanales, les éléments de la qualité, les projets techniques, ou plus récemment les éléments des sciences industrielles de l'ingénieur (Lebeaume, 1996).
[8] Voir la liste des manuels analysés à l'annexe 1.

découverte de l'objet technique, d'autres à une séance précise ou bien à une fiche synthèse ; d'autres sont des documents ressources sans avoir accès aux fiches de travail des élèves ; certains ont la structure de cours en ligne avec des fiches ressources, des documents, des fiches de travail… Certains ont un statut différent puisqu'il s'agit de documents de présentation et de déclinaison des programmes, réalisés par des groupes de formateurs.

Une quinzaine de documents sont ainsi accessibles. Leur analyse est conduite en identifiant chaque document et son contenu selon le tableau 1 suivant.

Tableau 1
Grille d'analyse des ressources pour l'enseignement

Repère	Classe	Contenu	Description pédagogique de l'activité d'enseignement-apprentissage	Tâche de l'élève	Outils
1	3e (14-15 ans)	Le cahier des charges (du besoin au cahier des charges)	Leçon à propos de la brosse à dents électrique, puis application sur le challenge Hélica	Analyse de constatation sur un objet puis mobilisation de l'analyse fonctionnelle dans une conception.	FAST

4. Résultats

Sans surprise, les propositions pour l'enseignement s'avèrent conformes aux textes officiels, en particulier dans la progression, avec une centration sur l'objet technique en sixième[9] et des mises en œuvre de projets en troisième. L'analyse fonctionnelle, seulement en filigrane des programmes, ne s'avère pas centrale dans l'ensemble des ressources et programmations étudiées. Le raisonnement technologique qu'elle recouvre n'est qu'exceptionnellement formalisé d'une façon globale en distinguant les points de vue externe et interne et en indiquant leur logique d'ensemble. L'investigation fonctionnelle est généralement approchée d'une façon syllabique en définissant d'abord les mots ou expressions en sixième, puis en présentant en troisième les outils associés à la formalisation du cahier des charges fonctionnel.

D'une façon très nette, les tâches pour les élèves de sixième sont centrées sur les relations entre besoin et objet technique avec les énoncés distincts des fonctions d'usage et d'estime. Le prototype de cette séquence est un ensemble de leçons-exercices pour fixer les mots (Document 1). L'objet technique est ainsi mis en relation avec l'usager, mais avec deux risques de faiblesse conceptuelle : 1) l'utilisateur est assimilé au client et 2) dans les tâches proposées, le point de vue de l'élève consommateur est

[9] Selon les quatre questionnements prescrits : « A quel besoin l'objet étudié répond-il ? Comment et de quoi est-il constitué ? Comment fonctionne-t-il ? Comment les besoins et solutions technologiques ont-ils évolué au cours du temps ? » (Gouvernement de la République française, 2008, p. 2).

renforcé. Ce choix limite fortement le raisonnement technologique de la conception industrielle qui fait prévaloir le seul point de vue du concepteur chargé d'identifier le besoin et donc les fonctions de service à transformer en fonctions techniques. Cette ambiguïté est présente dans la quasi-totalité des ressources.

Document 1
Fonction d'estime

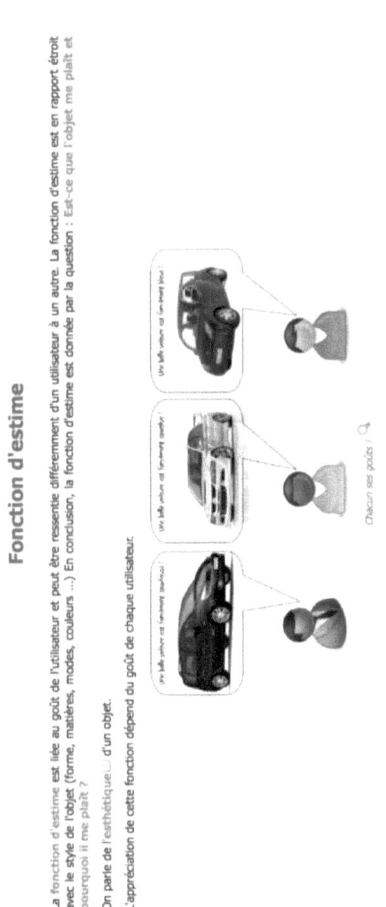

Référence : Académie de Grenoble (s.d., n.p.)

Dans cet exemple de fiche de travail, la question posée à l'élève, « Pourquoi l'objet me plaît ? », le maintient en effet dans sa relation usuelle aux objets techniques. Elle n'assure pas son positionnement distancié en tant que concepteur et n'ouvre pas le raisonnement technologique de constatation ou de conception. Cette situation d'apprentissage, centrée sur un énoncé définitoire ne contribue pas vraiment à une élaboration intellectuelle, point déjà remarqué et discuté au sujet de l'approche de la notion de qualité (Lebeaume, 2004).

Un seul document dépasse l'énoncé des fonctions de service pour introduire les fonctions techniques impliquées. Mais les réponses attendues (en italiques) parfois erronées et sans formalisation structurante des différents qualificatifs du mot « fonction » ou confondant principe de fonctionnement et analyse fonctionnelle, affaiblissent fortement cette intention (Document 2).

Document 2
Relations entre fonctions de service et fonctions techniques

3. Quelle question faut-il se poser pour trouver **les fonctions techniques** d'un objet ?
Pour trouver la fonction d'usage d'un objet, il faut se poser la question : « Que doit faire l'objet pour assurer les fonctions d'usage et d'estime ? »

4. Complétez le tableau ci-dessous pour l'exemple **d'un voilier** :

Objet technique : un voilier	**Fonction d'usage**	*· Se déplacer sur l'eau*	
	Fonctions d'estime	*· Taille · Prix · Forme*	*· Couleur · Nombre de voiles*
	Principe de fonctionnement	Le vent qui s'engouffre dans les voiles fait avancer le voilier	
Fonctions techniques	*Déplacer le voilier*	*Guider le voilier*	*Contenir l'équipage*
Solutions techniques	Voiles	Gouvernail	Coque

5. Donnez au minimum deux autres solutions techniques (autre que la voile) permettant à un bateau de se déplacer dans l'eau.
Les hélices et les rames sont deux autres solutions techniques permettant à un bateau de se déplacer dans l'eau.

Les documents pour la classe de troisième envisagent, conformément aux programmes, le projet et donc le parcours du besoin énoncé à la solution conçue et réalisée. Dans le prototype de cette séquence, l'analyse fonctionnelle est présente principalement par les outils graphiques[10]. La logique des leçons-exercices prime également. Mais là encore, la pertinence des contenus n'est pas contrôlée et les outils présentés ne sont souvent pas conformes à leur définition ; la relation entre le cahier des charges fonctionnel et les solutions techniques n'est pas toujours envisagée ; etc. Ainsi, dans les quelques documents ressources proposés en libre accès, l'analyse fonctionnelle est présente, mais sans que l'ensemble soit structuré et sans que le raisonnement logique et technologique de l'analyse fonctionnelle de constatation ou de conception soit structuré, ne permettant pas aux élèves de comprendre les relations entre les notions évoquées.

Les manuels correspondant aux programmes de 2015 maintiennent cette approche diffuse des contenus qui fait disparaître tout principe fondateur et organisateur de l'enseignement. Ainsi le manuel pour les trois années du cycle 4 (cinquième, quatrième et troisième) (Fossa-Simon, Genco et Riou, 2016) qui introduit de nombreuses activités nouvelles, ressemble plutôt à un ensemble de documents ressources et d'exercices sans réelle structuration d'ensemble. Par exemple, le chapitre 1 de la première partie "Design, innovation et créativité", intitulé "Du besoin au cahier des charges" est essentiellement centré sur le diagramme des interacteurs (diagramme Pieuvre, voir note 14), seulement expliqué dans les exercices et sans lien avec les exercices des leçons. Le besoin qui n'est pas exprimé en termes de fonctions ne s'articule pas avec les outils (notamment le diagramme de Gantt[11]) de la partie 3, "Modélisation et simulation des objets techniques", qui, 100 pages plus loin, n'aborde pas la notion de fonction technique. L'absence de contrôle des contenus est

---

[10] Notamment « bête à cornes » permettant l'énoncé du besoin ; « diagramme pieuvre ou diagramme des interacteurs » identifiant les interactions du produit avec son environnement, « diagramme FAST (Function analysis system technique) » développant les fonctions de service du produit en fonctions techniques. (voir Dardy et Teixido, 1993).

[11] Le diagramme de Gantt est utilisé en ordonnancement et en gestion de projet. Il visualise dans le temps les diverses tâches composant un projet.

particulièrement manifeste par exemple dans un QCM (p. 82) avec la question à choix : la fonction d'estime correspond, premièrement, aux différents usages que l'on peut faire d'un objet ou, deuxièmement, à la manière dont les utilisateurs apprécient le *design* d'un objet. L'intention de fixer des mots semble prévaloir sur toute initiation au raisonnement technologique, ce qui paraît peu cohérent avec la proposition pertinente de l'analyse fonctionnelle (Document 3) qui positionne les concepts et notions, et structure la technicité.

Document 3
Structuration de la leçon

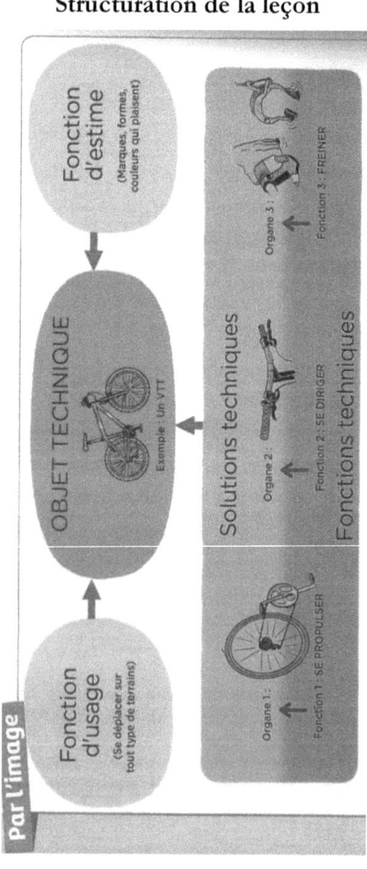

5. Discussion et conclusion

L'examen de quelques propositions pour l'enseignement indique d'une façon nette que l'analyse fonctionnelle n'est pas centrale dans l'enseignement de la technologie et que l'investigation prônée par les prescriptions est principalement une exploration guidée par des questions qui ne fondent pas le raisonnement technologique ou la rationalité technique. Indéniablement, ces travaux scolaires, pour la plupart conçus comme des exercices d'application de leçons enseignées par analyse de documents, sont dus aux conditions pédagogiques qui exigent des tâches diversifiées dont certaines sont libératrices pour le professeur, car elles lui permettent d'assurer en toute sécurité des travaux pratiques qui mobilisent des équipements ou des instruments. Ce constat sur les pratiques et les contenus rejoint les quelques éléments d'une recherche de thèse (Gunther, 2016). Cet auteur pointe que trois professeurs sur quatre déclarent connaître l'analyse fonctionnelle, mais qu'ils jugent les outils difficilement accessibles pour les élèves et non pertinents pour les objets ou systèmes étudiés au collège.

Plus fondamentalement, ces constats d'abréviation des contenus et de dénaturation de la technologie peuvent aussi s'expliquer par l'absence de principes fondateurs de cet enseignement qui, sous contrainte de sa conformation à l'investigation scientifique, est organisé en thèmes disjoints qui ne permettent pas une approche progressive de l'analyse fonctionnelle et donc du raisonnement technologique. L'affirmation de l'analyse ou de l'investigation fonctionnelle comme matrice de la technologie, masquée par l'investigation scientifique, signifierait ainsi la reprise de la revendication antérieure de Géminard (1970*b*), pour définir la technologie des collégiens en tant que discipline de raisonnement et d'action. En somme, l'investigation scientifique et l'investigation ou la conception technologique garantiraient ses enjeux scolaires et éducatifs et permettraient de penser les complémentarités de l'investigation à la fois scientifique et technologique, de la nature et des objets, dès les premières activités d'enseignement-apprentissage contribuant à l'éducation scientifique et technologique (Lebeaume, 2016). Cela répondrait également aux enjeux initialement annoncés de transformation radicale de la technologie :

> La pédagogie devra s'adapter pour passer d'une discipline d'activités à une discipline d'acquisition de connaissances et de compétences, en s'appuyant sur la démarche technologique et les démarches d'investigation et de résolution de problèmes (Perrot, 2007).

Or, paradoxalement, les activités s'avèrent être l'orientation première, dénoncée, avec un intérêt moindre pour les connaissances, les compétences et par conséquent pour la culture. Enfin, cette orientation consoliderait la technologie ou les sciences de l'ingénieur en tant que discipline scolaire dès le collège en répondant aux traits caractéristiques de la disciplinarité, énoncés par Savatovsky (1995) :

> une discipline scolaire nous paraît réunir trois traits par lesquels elle se distingue d'une simple matière : son caractère instrumental à l'endroit des autres savoirs scolaires, son caractère transversal d'un ordre d'enseignement à un autre ; la valeur réputée formatrice pour l'esprit des exercices qu'elle met en place (p. 77).

Addendum

Piste 1[12] pour l'enseignement : schématisation fonctionnelle d'un objet technique

Une cafetière répond au besoin de préparer du café par exemple pour l'heure du petit déjeuner et de le conserver chaud un certain temps, mais elle doit aussi par sa taille, sa forme, ses couleurs, etc., s'intégrer à la cuisine, au bureau, etc. Ces fonctions de

---

12 Version aménagée de Lebeaume (2009)

service sont ainsi les fonctions d'usage et les fonctions d'estime. Elle doit également respecter les normes de sécurité, les conditions d'utilisation hygiénique pour son nettoyage, etc. Ce sont des fonctions contraintes qui limitent l'espace de création du concepteur. L'ensemble de ces fonctions s'exprime dans le cahier des charges fonctionnel.

Une analyse du point de vue fonctionnel permet d'isoler les données d'entrée et les données de sortie et, par là, les transformations assurées par la machine investiguée. Les schémas suivants (figure 4) en donnent une expression graphique. Le premier représente la fonction globale et explicite la relation presque tautologique : « la cafetière fait du café » en indiquant la matière d'œuvre transformée. Le deuxième est plus complet avec l'information et l'énergie. Le troisième décline cette transformation en fonctions techniques et présente donc les solutions techniques mises en œuvre. Le quatrième détaille ces fonctions techniques. D'autres schémas fonctionnels sont possibles pour situer les relations fonctionnelles de cet objet technique.

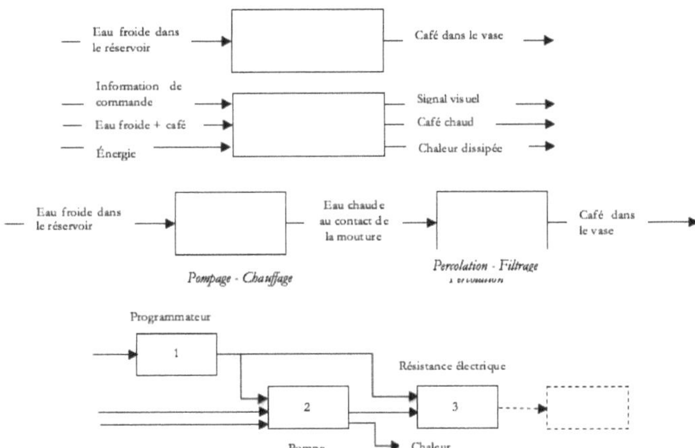

Figure 4 – Représentation fonctionnelle d'une cafetière

Piste 2[13] pour l'enseignement : investigation comparée d'objets techniques et de phénomènes

Apportez plusieurs thermomètres différents (thermomètre de jardin, simple et minima-maxima, de piscine ou de réfrigérateur avec une aiguille et un cadran, thermomètre d'intérieur à affichage digital, etc.) et posez la question aux élèves : « comment ça marche un thermomètre ? » Soyez sûr(e)s qu'en quelques minutes la température de la salle va grimper !

Selon votre organisation pédagogique, les réponses individuelles ou collectives vont privilégier l'usage, les façons de s'en servir, d'indiquer la température ainsi que l'explicitation du fonctionnement : le liquide monte, l'aiguille bouge, les chiffres s'affichent. C'est ainsi généralement un mélange d'éléments descriptifs, mais qui ne répondent pas véritablement à la question posée qui vise une distanciation plus grande de la part des élèves. Du point de vue technologique et donc du point de vue fonctionnel, il s'agit bien de contribuer à l'élaboration par les élèves d'une analyse fonctionnelle qui implique d'identifier la matière d'œuvre que transforment ces objets et leurs données d'entrée et de sortie. Il s'agit alors de les questionner sur cette boîte noire dont la transparence leur paraissait pourtant évidente. Qu'est-ce qui entre ? Qu'est-ce qui sort ? Qu'est-ce que l'objet transforme ?

Dans cette perspective, un thermomètre transforme une grandeur physique (la température) en une information (sa valeur sur une échelle). Les solutions techniques sont alors organisées en différentes fonctions techniques successives qu'assurent les organes que sont le capteur, l'afficheur et le cas échéant les compléments de traitement et de stockage de l'information.

Le démontage des thermomètres les plus opaques ou l'étude de schémas ou de dessins présentant l'intérieur de ces objets permet alors de faire un pas de plus. La découverte est en effet importante, car le réservoir d'alcool coloré du thermomètre de jardin

---

[13] *Ibid.*. p. 230.

a la même fonction que la capsule du thermomètre de piscine et que la thermistance du thermomètre numérique. Si, dans ce dernier cas, cette résistance et les autres composants associés transforment la grandeur physique (température) en une autre grandeur (tension électrique) ensuite amplifiée et convertie en un nombre, ce sont également les mêmes fonctions qu'assurent les organes des autres thermomètres. La variation du volume d'alcool coloré ou de la longueur des deux lames métalliques du bilame transforme la grandeur physique (température) en une autre grandeur physique (volume ou longueur). Cette grandeur physique est ensuite amplifiée grâce au capillaire du thermomètre à alcool ou au levier qui commande l'aiguille. Enfin, l'affichage est assuré indirectement grâce à la mise en correspondance avec la règle graduée. Dans cet esprit, les index du thermomètre minima-maxima constituent des mémoires.

La comparaison de plusieurs thermomètres ne se centre pas seulement sur la découverte de phénomènes scientifiques que sont la dilatation des corps ou la modification de la matière lors d'un transfert de chaleur, mais sur les solutions constructives ou techniques qui font que les thermomètres, quels qu'ils soient, permettent de repérer la température et répondent au même schéma fonctionnel ou modèle fonctionnel. En effet, ce modèle peut être mobilisé pour l'investigation d'un thermomètre enregistreur, d'un thermomètre à cristaux liquides, etc. Simultanément, cette comparaison contribue à la catégorisation des objets ou des organes selon leurs fonctions techniques, par exemple les capteurs qui sont des transformateurs de grandeurs physiques.

Cette activité rafraîchissante libère la pensée et fait découvrir la rationalité technique qui, depuis le début de l'humanité, fonde les choix des agencements d'organes et de fonctions.

Piste 3 pour l'enseignement : investigation et conception : quel interrupteur choisir ?

La séquence pédagogique est organisée en quatre temps : le premier est le temps de l'étonnement et du questionnement, le deuxième celui des découvertes, le troisième de la structuration et le quatrième propose des extensions.

1. Je m'interroge, je m'étonne

Les élèves disposent d'images de situations familières (figure 5).

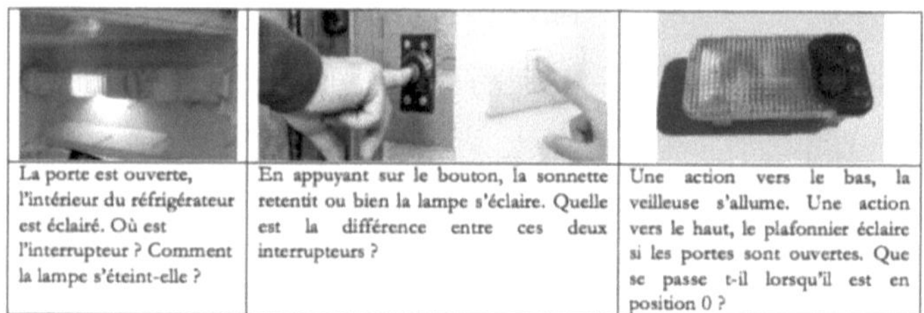

La porte est ouverte, l'intérieur du réfrigérateur est éclairé. Où est l'interrupteur ? Comment la lampe s'éteint-elle ?
En appuyant sur le bouton, la sonnette retentit ou bien la lampe s'éclaire. Quelle est la différence entre ces deux interrupteurs ?
Une action vers le bas, la veilleuse s'allume. Une action vers le haut, le plafonnier éclaire si les portes sont ouvertes. Que se passe t-il lorsqu'il est en position 0 ?

Figure 5 – Des interrupteurs usuels

Ils sont amenés à répondre aux questions et à échanger au sein de chacun des groupes sur les différences des caractéristiques de ces interrupteurs et à faire des suppositions sur leur fonctionnement. Dans la récapitulation collective, l'enseignante repère ces hypothèses d'interrupteurs normalement ouverts ou fermés, de boutons poussoirs ou à bascule, pour un ou deux circuits. L'interrupteur du plafonnier de voiture est susceptible d'être plus mystérieux que les autres.

2. Je cherche, j'essaie, je teste, je découvre

Dans ce deuxième temps, les élèves réalisent des montages avec différents interrupteurs à deux ou plusieurs pattes. Par exemple : 1) bouton poussoir ; 2) interrupteur fin de course ; 3) interrupteur à glissière ; 4) inverseur à bascule) et avec une ou deux lampes.

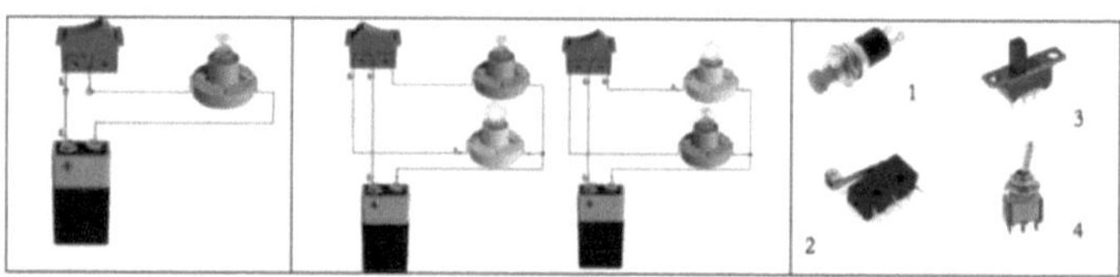

Figure 6 – Des montages électriques

La structuration de cette activité porte sur la schématisation des circuits électriques et sur l'identification des conditions de fonctionnement des interrupteurs à 3 pattes.

Ensuite, les élèves doivent imaginer et concevoir un portier électronique tout en choisissant les interrupteurs. Le cahier des charges est formulé d'une façon simple :
Lorsqu'un visiteur appuie sur le bouton :
- la LED rouge s'allume si la personne est occupée ;
- la LED jaune s'allume si la personne est absente ;
- la LED verte s'allume si le visiteur peut entrer.
Des schémas, des essais et des échanges au sein des groupes favorisent les tâtonnements tout en mobilisant les découvertes précédentes.

3. Je comprends
C'est la phase de structuration qui porte sur la fonction commande et les caractéristiques des interrupteurs ou inverseurs selon les fonctions techniques à assurer ainsi que sur les schématisations des circuits électriques.

4. Je vais plus loin
Ce dernier temps est l'ouverture avec par exemple la recherche des interrupteurs dans la cuisine, la voiture… afin de construire cette famille d'objets mêlant les interrupteurs mécaniques, magnétiques ou à distance (capteurs de présence, télécommande…), les interrupteurs cachés (clavier, thermostat, disjoncteur…). L'ouverture peut aussi envisager une investigation historique en identifiant les modifications des matériaux (bois, bakélite, porcelaine, matière plastique…) au fil du temps.

Références

Académie de Grenoble. (s. d.). *La fonction d'estime.* Document accessible à l'adresse <http://www.ac-grenoble.fr/college/henri.corbet/file/Technologie/6ieme/objets_techniques/synthese/web/co/Module_Synthese%20Objets_Objets%20techniques_8.html>.

Association française de normalisation. (2009). *Management par la valeur - Analyse fonctionnelle et cahier des charges fonctionnel, analyse de la valeur, maîtrise du coût global en conception.* Paris : AFNOR Éditions.

Banks F. et Barlex, D. (2014). *Teaching STEM in the secondary school. Helping teachers meet the challenge.* Oxon, New York : Routledge.

Bastian L., Payan A. et Chirouze, J.-P. (1964). *La technologie et son expression graphique, 4e moderne et technique.* Paris : Armand Colin.

Canonge, F. (vers 1964). *Pédagogie des enseignements techniques et formation de l'esprit.* Paris : Foucher.

Canonge, F. et Ducel, R. (1969). *La pédagogie devant le progrès technique.* Paris : Presses universitaires de France.

Cartonnet, Y. (2002). Proposition d'un schéma d'organisation des formations de concepteurs à l'analyse de systèmes techniques : PYSTILE. *Aster, 34*, 157-180.

Chabal, J., De Preester, R., Sclafer, J. et Ducel, R. (1973). *Méthodologie de la construction mécanique.* Paris : Foucher.

Charpak, G. (1996). *La main à la pâte. Les sciences à l'école primaire.* Paris : Flammarion.

Combarnous, M. (1984). *Les techniques et la technicité.* Paris : Éditions sociales.

Dardy, F. et Teixido, C. (1993). *La compétitivité industrielle.* T. 1 : *Démarche de conception.* Paris : Foucher.

Develay, M. (1992). *De l'apprentissage à l'enseignement.* Paris : ESF.

de Vries, M. J. (2005). *Teaching about technology. An introduction to the philosophy of technology for non-philosophers.* Dordrecht : Springer.

Forquin, J.-C. (1989). Curriculum et rationalité : l'approche philosophique de P.H. Hirst. *In* J.-C. Forquin (dir.), *École et culture. Le point de vue des sociologues britanniques* (p. 61-73). Bruxelles : de Boeck.

Fossa-Simon, K., Genco, M. et Riou, H. (2016). *Technologie Cycle 4, Programmes 2016.* Paris : Nathan.

Géminard, L. (1970*a*). *Technologie classe de 4e.* Paris : Dunod.

Géminard, L. (1970*b*). *Logique et technologie.* Paris : Dunod.

Gendre, L. et Virely, J.-M. (2013). *La démarche scientifique dans la réalisation des produits industriels.* Document accessible à l'adresse <http://eduscol.education.fr/sti/sites/eduscol.education.fr.sti/files/ressources/pedagogiques/8639/8639-la-demarche-scientifiq ue-dans-la-realisation-des-produits-industriels-ensps.pdf>.

Goodson, I. (1981). Becoming an academic subject. *British Journal of Sociology of Education*, *2*(2), 163-180.

Gouvernement de la République française (1971). *Loi d'orientation sur l'enseignement technologique n° 71-577 du 16 juillet 1971. Journal officiel de la République française, n° 164 du 17 juillet 1971*, p. 7044. Paris :

Ministère de l'Éducation nationale, de l'Enseignement supérieur et de la Recherche.

Gouvernement de la République française (2005). *Loi d'orientation et de programme pour l'avenir de l'école. Bulletin officiel de l'éducation nationale n°18.* Paris : Ministère de l'Éducation nationale, de l'Enseignement supérieur et de la Recherche.

Gouvernement de la République française (2006). *Le socle commun de connaissances et de compétences. Décret du 11 juillet 2006.* Paris : Ministère de l'Éducation nationale, de l'Enseignement supérieur et de la Recherche.

Gouvernement de la République française (2008). *Programmes de l'enseignement de technologie. Bulletin officiel de l'éducation nationale, spécial n° 6.* Paris : Ministère de l'Éducation nationale, de l'Enseignement supérieur et de la Recherche.

Gouvernement de la République française (2015*a*). *Socle commun de connaissances, de compétences et de culture. Bulletin officiel de l'éducation nationale n°17.* Paris : Ministère de l'Éducation nationale, de l'Enseignement supérieur et de la Recherche.

Gouvernement de la République française (2015*b*). *Programme d'enseignement du cycle de consolidation (cycle 3). Arrêté du 9 nov. 2015. Bulletin officiel de l'éducation nationale, spécial n°11.* Paris : Ministère de l'Éducation nationale, de l'Enseignement supérieur et de la Recherche.

Gouvernement de la République française (2015*c*). *Programmes pour les cycles 2, 3, 4.* Paris : Ministère de l'Éducation nationale, de l'Enseignement supérieur et de la Recherche. Document accessible à l'adresse <http://cache.media.education.gouv.fr/file/48/62/7/collegeprogramme-24-12-2015_517627.pdf >.

Gouvernement de la République française (2016). *Guide pédagogique et didactique d'accompagnement du nouveau programme de technologie.* Paris : Ministère de l'Éducation nationale, de l'Enseignement supérieur et de la Recherche. Document accessible à l'adresse <https://cache. media.eduscol.education.fr/file/Techno/97/1/ RA16_C4_TECH_0_Guide_peda_didac_tech_550971.pdf>.

Gouvernement du Québec (2004). *Programme de formation de l'école québécoise. Enseignement secondaire, 1er cycle.* Québec : Ministère de l'Éducation, du Loisir et du Sport.

Gunther, F. (2016). *Étude de l'efficacité et du rôle des outils de l'analyse fonctionnelle dans l'enseignement et l'apprentissage de systèmes techniques au collège.* Thèse de l'Université de Marseille, France.

Guy, B. (2012). *Éthique et épistémologie : convergence entre la démarche épistémologique (chercher le vrai) et la démarche éthique (chercher le bien) : point de vue des sciences de l'ingénieur*. Document disponible à l'adresse <hal-00736247>.

Hamon, C. (2015). *Le baccalauréat technique. De la technologie industrielle aux sciences de l'ingénieur, 1944-2014*. Rennes : Presses universitaires de Rennes.

Harlé, I. (2010). *La fabrique des savoirs scolaires*. Paris : La Dispute.

Hatchuel, A. et Weil, B. (2014). *Les nouveaux régimes de la conception : Langages, théories, métiers* (2e éd.). Paris : Hermann.

Hirst, P. (1965). Liberal education and the nature of knowledge. *In* R. D. Archambault (dir.), *Philosophical analysis and education*. (p. 113-140). London : Routledge and Kegan Paul.

Lebeaume, J. (1996). Trente ans de technologie en France 1960-1990. Une discipline à la recherche d'elle-même. *Aster, 23*, 9-42.

Lebeaume, J. (2004). Exploration des acceptions du terme *qualité* pour les élèves de 4e et de leurs points de vue. *Didaskalia, 25*, 9-29.

Lebeaume, J. (2009). Apprendre la technologie par les ouvrages « comment ça marche ». *In* P. Charland, F. Fournier, M. Riopel et P. Potvin (dir.), *Apprendre et enseigner la technologie. Regards multiples* (p. 219-231). Québec : Multimondes.

Lebeaume, J. (2011). L'investigation pour l'enseignement des sciences : actualités des enjeux. *In* M. Grangeat (dir.), *Les démarches d'investigation dans l'enseignement scientifique. Pratiques de classe, travail collectif, acquisitions des élèves* (p. 23-37). Lyon : Institut français d'éducation.

Lebeaume, J. (2014). Sciences et technologie dans la scolarité obligatoire : une coexistence discutée. *Recherches en didactiques, 17*, 11-32.

Lebeaume, J. (2016). En technologie, l'investigation est-elle suffisante ? *Cahiers pédagogiques, 533*. Document accessible à l'adresse <http://www.cahiers-pedagogiques.com/En-technologie-l-investigation-est-elle-suffisante>.

Lebeaume, J. et Hasni, A. (2016). La technologie prescrite à l'école en mutation : cas de la France et du Québec. *Spirale, 58*, 67-79.

Lebeaume, J. et Martinand, J.-L. (1998). *Enseigner la technologie au collège*. Paris : Hachette.

Léon, A. (1980). *Introduction à l'histoire des faits éducatifs – disciplines majeures et disciplines mineures*. Paris : Presses universitaires de France.

Martinand, J.-L. (2003). L'éducation technologique à l'école moyenne en France : problèmes de didactique curriculaire. *La revue canadienne de l'enseignement des sciences, des mathématiques et des technologies, 3*(1), 100-116.

Matray, F. (1952). *Pédagogie de l'enseignement technique*. Paris : Presses universitaires de France.

Maulini, O. et Perrenoud, P. (2009). La structuration des savoirs dans un curriculum de formation professionnelle. *In* R. Étienne, M. Altet, C. Lessard, L. Paquay et P. Perrenoud (dir.), *L'université peut-elle vraiment former les enseignants ?* (p. 53-76). Bruxelles : De Boeck Supérieur.

Mitcham, C. (1994). *Thinking about technology : The path between engineering and philosophy*. Chicago, IL : The University of Chicago Press.

Organisation for economic co-operation and development (2006). *Assesing scientific, reading and mathematical literacy : A framework for PISA 2006*. Paris : OECD, Centre for Educational Research and Innovation.

Parrochia, D. (1998). *La conception technologique*. Paris : Hermès.

Perrot, N. (2007). Technologie au collège. *Cahiers pédagogiques, 455*. Document accessible à l'adresse <http://www.cahiers-pedagogiques.com/Technologie-au-college>.

Perrot, N., Pietryk, G. et Rojat, D. (2009). *L'enseignement intégré de science et technologie (EIST)*. Paris : ministère de l'Éducation nationale, Inspection générale de l'éducation nationale, n° 2009-043.

Rak, I., Teixido, C., Favier, J.-M. et Cazenaud, M. (1992). *La démarche de projet industriel*. Paris : Foucher.

Rocard, M. (2007). *L'enseignement scientifique aujourd'hui : une pédagogie renouvelée pour l'Europe*. Bruxelles : Commission européenne.

Savatovsky, D. (1995). Le français, matière ou discipline ? *Langages, 120*, 52-77.

Schmid, A.-F. (1998). *L'âge de l'épistémologie. Science, ingénierie, éthique*. Paris : Kimé.

Vérin, H. (1993). *La gloire des ingénieurs. L'intelligence technique du XVIe au XVIIIe siècle*. Paris : Albin Michel.

Annexe 1
Liste des manuels analysés classés par éditeur

Bittighoffer, V., Prouzat, J. et Riou, H. (2009). *Technologie 6ᵉ- Programme 2009*. Paris : Nathan.

Bittighoffer, V., Prouzat, J. et Riou, H. (2009). *Technologie 6ᵉ- Cahier d'activités. Programme 2009*. Paris : Nathan.

Bittighoffer, V., Prouzat, J. et Riou, H. (2010). *Technologie 4ᵉ- Cahier d'activités. Nouveau programme*. Paris : Nathan.

Bittighoffer, Riou, H. et Thiesset, J. (2009). *Technologie 5ᵉ- Programme 2009*. Paris : Nathan.

Fossa-Simon, K., Genco, M. et Riou, H. (2016). *Technologie Cycle 4, Programmes 2016*. Paris : Nathan.

Riou, H., Hermetz, J.-B. et Payen, J. (2011). *Technologie 3ᵉ- Programme 2009*. Paris : Nathan.

Baron, J.-M. (dir.). (2013). *Technologie 6ᵉ*. Paris : Delagrave.

Cliquet, J. (dir.). (2010). *Technologie 3ᵉ Nouveau programme*. Paris : Delagrave.

Cliquet, J. (dir.). (2010). *Technologie 3ᵉ Nouveau programme. Livre du professeur*. Paris : Delagrave.

Cliquet, J. (dir.). (2009). *Technologie 4ᵉ Nouveau programme*. Paris : Delagrave.

Cliquet, J. (dir.). (2009). *Technologie 5ᵉ Nouveau programme*. Paris : Delagrave.

Cliquet, J. (dir.). (2011). *Technologie 6ᵉ Nouveau programme*. Paris : Delagrave.

Collard, C. et Lebrun, M. (2010). *Technologie 5ᵉ. Fiches détachables*. Paris : Hachette.

Lescar, D. (dir.). (2011). *Technologie 3ᵉ*. Paris : Foucher.

Richard, S. (dir.). (2005). *Le cahier d'exercices du technologue*. Paris : Foucher.

Richard, S. (dir.). (2006). *Le cahier d'exercices du technologue. Guide pédagogique*. Paris : Foucher.

Richard, S. (dir.). (2008). *Technologie 5ᵉ*. Paris : Foucher.

Richard, S. (dir.). (2009). *Technologie 5ᵉ Guide pédagogique*. Paris : Foucher.

Richard, S. et Lescar, D. (dir.). (2010). *Technologie 4ᵉ*. Paris : Foucher.

Richard, S. et Lescar, D. (dir.). (2010). *Technologie 4ᵉ Guide pédagogique*. Paris : Foucher.

Chapitre 2

Les démarches d'investigation scientifique dans des classes de secondaire au Québec : défis théoriques et pratiques

Abdelkrim Hasni et Fatima Bousadra

Introduction

En analysant les tendances des débats sur l'éducation scientifique aux États-Unis, Rudolph (2005) fait remarquer que « few things in science education are as popular these days as inquiry » (p. 803). Cette affirmation peut s'appliquer également aux contextes qui marquent les récentes réformes curriculaires dans la plupart des pays occidentaux. Pourtant, la volonté d'enseigner les processus de la production des savoirs (les processus scientifiques), désignés par diverses expressions, n'est pas nouvelle. La "méthode scientifique" a été intégrée dans les curriculums des sciences de nombreux pays depuis plus d'un siècle. C'est le cas notamment en Angleterre (Jenkins, 2007) et aux États-Unis (Rudolph, 2005 ; Windschitl, Thompson et Braaten, 2008). L'intégration des processus scientifiques aux curriculums scolaires a été accentuée avec la mise en place des réformes impulsées, dans les années 1960 par le lancement du Spoutnik et par les réformes des années 1980 centrées sur la formation scientifique "pour tous" (DeBoer, 2013). Aux États-Unis, la place que doivent occuper les processus scientifiques dans l'enseignement a été réaffirmée dans les *standards* des années 1990 (American Association for the Advancement of Science [AAAS], 1990 ; National Research Council [NRC], 1996) sous l'expression de *scientific inquiry* (l'investigation scientifique).

Les récents *Next Generation Science Standards* (NGSS Lead States, 2013 ; National Research Council [NRC], 2011) ont choisi une autre expression pour désigner les processus scientifiques à l'école et pour remplacer le concept de *scientific inquiry*. Il s'agit du *scientific and engineering practices* (pratiques scientifiques et d'ingénierie). Ce choix est motivé notamment par la volonté de rompre avec les pratiques de classe dominées par une vision de l'investigation (*inquiry*) centrée sur l'exécution d'une série de procédures et enseignée de manière dissociée des savoirs conceptuels et des questions épistémologiques. On reproche à ces pratiques de ne pas refléter la manière avec laquelle les sciences fonctionnent et, par conséquent, les modalités de production et de validation des savoirs (Windschitl, Thompson et Braaten, 2008).

Des publications antérieures (par exemple : Boilevin, 2013 ; Lebeaume, 2011, 2014) et des chapitres de cet ouvrage portant sur le contexte français montrent que la place et le rôle accordés aux démarches d'investigation scientifique dans le curriculum sont accompagnés d'enjeux comparables à ceux qui caractérisent le contexte étasunien.

Des préoccupations similaires ont été véhiculées par les curriculums québécois au cours des dernières décennies. Dès la structuration de l'école publique, accompagnée notamment par la création du ministère de l'Éducation en 1964, les sciences des *Programmes cadres* (Gouvernement du Québec, 1967) avaient comme préoccupation d'engager les élèves dans des processus scientifiques. Des programmes et des manuels scolaires étasuniens, comme *PSSC* (*Physical science study committee*) (Cross, Dodge, Walter et Haber-Schaim, 1971) et *Chem study* (*Chemical materials study approach to introductory chemistry*) (Pimentel, 1960), ont inspiré les pratiques dans les écoles québécoises (Duval, Gauthier et Tardif, 1995). La "méthode scientifique" était également au cœur des précédents programmes par objectifs des années 1980-2000 (Gouvernement du Québec, 1988). Elle y était présentée comme un processus comportant « un certain nombre d'étapes repères » (p. 6), tout en affirmant que la conception qui prévaut habituellement peut être décrite en faisant appel aux éléments suivants : éveil ; problème ; hypothèse ; vérification ; analyse des résultats ; conclusion. Dans ces programmes, son statut de contenu disciplinaire ou d'approche pédagogique est ambigu. D'un côté, elle est présentée comme faisant partie de la culture scientifique souhaitée (Gouvernement du Québec, 1982, 1988), et, par conséquent, comme un contenu à acquérir. De l'autre côté, elle est présentée comme « approche pédagogique » qui repose sur un mode d'apprentissage par l'action ou par l'expérience (Gouvernement du Québec, 1988, p. 5).

Dans les programmes par compétences implantés à partir des années 2000 (Gouvernement du Québec, 2001, 2004), l'expression "démarche d'investigation scientifique" est venue remplacer celle de "méthode scientifique". Ce changement de terminologie est également accompagné d'un changement à la fois du statut et de la signification qui lui sont accordés :

- Elle n'est plus présentée comme méthode pédagogique, mais comme objet d'apprentissage, une compétence à développer (compétence disciplinaire 1) : « Chercher des solutions à des problèmes d'ordre scientifique et technologique » (Gouvernement du Québec, 2004, p. 275).

- Elle est par conséquent spécifique à l'enseignement scientifique et se distingue des démarches qui caractérisent les autres disciplines (dont la démarche de conception technologique).

- Elle ne renvoie pas à un modèle unique, le modèle expérimental : « par *démarches d'investigation*, en science, on entend non seulement la démarche expérimentale, mais aussi l'exploration et l'observation sur le terrain, les sondages, les enquêtes, etc. » (Gouvernement du Québec, 2004, p. 268). À ces démarches, rapportées dans les programmes du premier cycle du secondaire (1re et 2e année), d'autres s'ajoutent au deuxième cycle (3e et 4e année) : les démarches de modélisation, d'observation, expérimentale, empirique, de construction d'opinion, à côté des démarches technologiques de conception et d'analyse (pour la technologie)[14].

Il est à noter cependant que ces démarches sont définies dans des termes peu explicites et ne permettant de cerner ni leur signification ni leurs attributs communs qui nous autoriseraient à les regrouper dans une même catégorie (démarches d'investigation scientifique). Par ailleurs, dans la présentation schématisée qui propose des pistes d'opérationnalisation de ces démarches, le programme insiste essentiellement sur le recueil des données par expérimentation. Nos analyses antérieures portant sur les modalités de mise en œuvre des démarches d'investigation scientifique (DIS) dans les manuels scolaires (par exemple : Hasni et Roy, 2006) montrent la prédominance du modèle antérieur de la "méthode scientifique" centré sur une série d'étapes (une procédure), fondé prioritairement sur l'expérimentation, dissociée des savoirs conceptuels, etc. Qu'en est-il du côté des enseignants ? Comment comprennent-ils et comment mettent-ils en œuvre les démarches d'investigation scientifique ? C'est la question retenue par l'étude dont nous présentons les résultats dans ce chapitre. Celui-ci est composé de quatre sections : le cadre d'analyse ; la méthodologie ; l'analyse et la discussion des résultats ; la présentation de pistes de réflexion pour la formation des enseignants.

1. Le cadre d'analyse

Le cadre d'analyse que nous proposons s'articule autour des deux dimensions suivantes (Furtak, Seidel, Iverson et Briggs, 2012) : 1) la signification accordée aux DIS à l'école ; 2) les modalités de leur mise en œuvre en classe, en considérant

[14] Nous pouvons questionner le rationnel de la catégorisation de ces types de démarches, notamment les définitions que le ministère donne à ce qu'il appelle la démarche empirique ou de construction d'opinion. Cependant, cette posture pourrait permettre de dépasser la conception traditionnelle d'une démarche unique et stéréotypée.

particulièrement le rôle accordé aux élèves dans leur prise en charge (ou le degré de guidage de l'enseignant).

1.1 Caractérisation des démarches d'investigation scientifique à l'école

Qu'entend-on par DIS à l'école ? Notons d'entrée de jeu, comme le soulignent Furtak *et al.* (2012), que les divers sens accordés au concept d'*inquiry* (investigation) sont accompagnés d'une certaine ambiguïté dans la définition des DIS. De nombreuses publications caractérisent ces démarches en les désignant prioritairement d'approches pédagogiques (*instruction approaches*) compatibles avec les fondements psychologiques de l'apprentissage : elles permettraient aux élèves d'apprendre (de découvrir) par eux-mêmes. L'extrait suivant illustre ce type de discours :

> Contemporary notions of learning emphasize that students should be active agents in their own learning process [...] A basic tenet behind these notions is that students engaged in active learning learn more deeply than students who passively process information [...]. Simulation-based inquiry environments are designed to promote this active engagement (Hagemans, van der Meij et Jong, 2013, p. 1).

Les attributs qui prédominent dans ces écrits pour caractériser les DIS sont centrés sur l'engagement des élèves dans leurs apprentissages : la métacognition, l'autorégulation, la régulation cognitive, l'autonomie, le guidage, la réflexion, la coopération, etc. Lorsque des attributs des processus scientifiques sont cités, ils le sont comme moyens. Trois de ces attributs reviennent souvent dans ces publications, et ils sont cités essentiellement comme générateurs de l'engagement des élèves dans leurs apprentissages : la formulation d'hypothèses ; l'expérimentation et la formulation de conclusions (Hagemans *et al.*, 2013 ; Künsting, Kempf et Wirth, 2013 ; Manlove, Lazonder et de Jong, 2007). Considérées ainsi, les DIS pourraient être appliquées dans toutes les autres disciplines, notamment les mathématiques (Kramarski et Dudai, 2009 ; Lazonder et Harmsen, 2016).

Ce n'est pas dans cette perspective, qui considère les DIS comme démarche (ou approche) pédagogique générique, que s'inscrit notre cadre d'analyse. Nous abordons plutôt les DIS comme l'une des deux principales composantes de la structure disciplinaire, à côté des savoirs conceptuels (Bartos et Lederman, 2014 ; Schwab, 1964), et qui reflètent les processus de production des savoirs qui caractérisent le domaine des sciences naturelles : « Scientific inquiry refers to the diverse ways in which scientists study the natural world and propose explanations based on the evidence derived from their work » (NRC, 1996, p. 23).

Comment caractériser alors ces démarches ? Il n'y a pas de consensus sur les attributs permettant de les définir (par exemple : Boilevin, 2013 ; Cariou, 2015 ; Jameau et Boilevin, 2015 ; Rönnebeck, Bernholt, et Ropohl, 2016). Ainsi, au Québec, quatre composantes (de la compétence disciplinaire 1 mentionnée précédemment) sont utilisées pour caractériser les DIS et leur opérationnalisation s'appuie sur six moments forts : cerner un problème ; choisir un scénario ; concrétiser sa démarche ; effectuer l'expérience ; analyser ses résultats ; faire un retour). Dans le programme français (Gouvernmenet de la France, 2015), ce sont sept "moments essentiels" qui composent la DIS. Huit attributs sont utilisés dans le récent *Framework for K-12 science education* des *standards* états-uniens pour définir les pratiques scientifiques (*scientific practices*) (NRC, 2011).

Cette diversité de significations marque également les publications scientifiques. Par exemple, Cariou (2015) rapporte diverses définitions proposées dans des publications francophones et anglophones. Il regroupe les attributs proposés par ces définitions en huit critères prédominants : 1) interrogations ; 2) conception et planification de recherches ; 3) autres tâches conceptuelles ; 4) débats, argumentation, communication, interactions sociales ; 5) réalisations, productions ; 6) acquisitions ; 7) implication et responsabilisation ; 8) accès à la culture scientifique. D'autres synthèses réalisées dans le monde anglophone s'inscrivent dans la même perspective. Par exemple, dans leur synthèse publiée dans l'*Educational Research Review*, Pedaste, Mäeots, Siiman, de Jong, van Riesen, Kamp *et al.* (2014) ont identifié 109 différents termes utilisés par les auteurs pour désigner les phases de la démarche d'investigation (*inquiry phases*). Ils les ont ensuite regroupés en 34 types d'activités, puis en cinq grandes phases, composées chacune de sous-phases) : 1) orientation ; 2) conceptualisation (questions ou hypothèses) ; 3) investigation (exploration ; expérimentation ; interprétation des données) ; 4) conclusion ; 5) discussion (communication ; réflexion). Dans leur récente synthèse dans *Studies in science education*, Rönnebeck *et al.* (2016), après avoir montré la diversité des définitions utilisées (nature et nombre des attributs utilisés), proposent neuf catégories d'activités scientifiques qui permettraient de rendre compte de ces définitions. Celles-ci ont été agrégées en trois principales phases : 1) préparation (recherche d'informations ; questions ; hypothèses et prédictions) ; 2) réalisation (planification et réalisation de l'investigation ; analyse, interprétation et évaluation des données) ; 3) explication et évaluation (argumentation et raisonnement ; explications).

La courte analyse que nous venons de présenter montre, d'une part, une diversité des définitions caractérisant les DIS, et, d'autre part, la prédominance du recours à des procédures (des étapes, phases, moments, etc.) pour les conceptualiser. Pourtant, de fortes critiques sont souvent formulées par les chercheurs quant à l'assimilation des DIS à des procédures dans les curriculums ainsi que par les enseignants et les formateurs (par exemple : Windschitl *et al.*, 2008). Ce sont d'ailleurs ces critiques qui ont motivé les rédacteurs des derniers *standards* étasuniens à faire appel au concept de *scientific practice*.

De manière à contribuer à la formation d'un esprit scientifique (Bachelard, 2004 ; Windschitl *et al.*, 2008) qui dépasse l'application de procédures ponctuelles, l'école aurait intérêt à organiser les DIS autour de questions fondamentales qui se dégagent de l'épistémologie, de l'histoire et de la sociologie des sciences (par exemple : Bachelard, 2004 ; Kuhn, 1983 ; Serres, 1989 ; Stichweh, 1991). Stichweh (1991), par exemple, dans son analyse historique de la genèse du système scientifique actuel et des disciplines qui le composent, rappelle quelques points qui pourraient servir de repères pour les DIS à l'école (Hasni, 2001) :

1) L'évolution majeure qui a permis la naissance de la science moderne résulte dans le fait qu'à un savoir reçu se substitue un savoir autoproduit : « au début du XIXe siècle, la science a tendance à rejeter toutes les formes de production du savoir extérieures à la science ainsi que tout savoir qui lui est transmis par un passé scientifique et qui n'a pas été soumis aux instances scientifiques de contrôle » (p. 139). Elle est devenue donc une science autopoiétique : « la science – et, avec elle, la discipline en tant que nouvelle unité de sa différenciation première – *produit* elle-même tous les éléments dont elle se compose » (p. 139).

2) Une autre caractéristique accompagnant la différenciation des disciplines scientifiques, toujours selon Stichweh (*Ibid.*), concerne la méthode. Pour produire leur propre savoir, les disciplines doivent être "empiriques". Elles ne peuvent pas s'attendre à ce que les événements de l'observation s'accomplissent d'eux-mêmes, il faut les chercher ou les produire. C'est l'organisation proprement dite de la "méthode scientifique". Celle-ci est alors fondée sur la constatation ou la production des faits comme source principale de la compréhension du monde.

3) La vérité (ou la fausseté) des faits et des savoirs qui en découlent n'a de sens que par sa référence à une théorie établie. Il n'y a pas de vérité absolue, mais il y a un savoir qui s'inscrit dans un cadre théorique ou dans un autre.

4) À côté de ces trois caractéristiques qui renvoient au pôle épistémologique de la science et des disciplines scientifiques, s'ajoutent d'autres qui composent un pôle qui peut être qualifié de social (Becher, 1989 ; Goodlad, 1979 ; Hasni, 2001),

> en ce sens qu'il permet de souligner le rôle de la communauté de spécialistes dans la détermination de ce qui est scientifiquement valide (et publiable) de ce qui ne l'est pas. Ainsi, s'est développé un système d'arbitrage permettant de juger des problèmes, des méthodes et de la recevabilité des savoirs. Toutes ces composantes (problème, théorie, méthode, savoir produit) font partie de la communication scientifique, alors qu'avant, « la science du dix-huitième siècle ne connaît la discipline que comme lieu de sédimentation du savoir assuré, et pas encore comme foyer des efforts réels d'une communauté fondée sur la discipline, unie par une problématique commune » (Stichweh, 1990, p. 19).

Quel apport pour l'école ? Afin d'éviter de réduire les DIS à de simples procédures, nous proposons de les conceptualiser et de les opérationnaliser autour de trois questions fondamentales (figure 1) qui découlent de l'épistémologie et de l'histoire des sciences : 1) À quel problème la classe (enseignant et élèves) souhaite apporter un éclairage scientifique ? ; 2) Quels sont les faits scientifiques à chercher ou à produire pour comprendre le problème retenu ? ; 3) Que nous apprennent ces faits une fois obtenus ?[15] En adoptant ce point de vue, nous reconnaissons que la réponse à ces questions exige le recours à certaines procédures, habiletés et attitudes scientifiques (formulation de questions ou d'hypothèses, proposition de méthode de recueil de faits pertinents, utilisation d'instruments, analyse des faits obtenus, etc.), mais celles-ci ne sont ni premières ni prédéterminées préalablement. Elles seraient alors de l'ordre des moyens, sollicités en fonction de la nature du problème scientifique retenu.

---

[15] Ces trois questions renvoient à la dimension épistémologique des processus scientifiques. Nous reviendrons plus tard sur la dimension sociale.

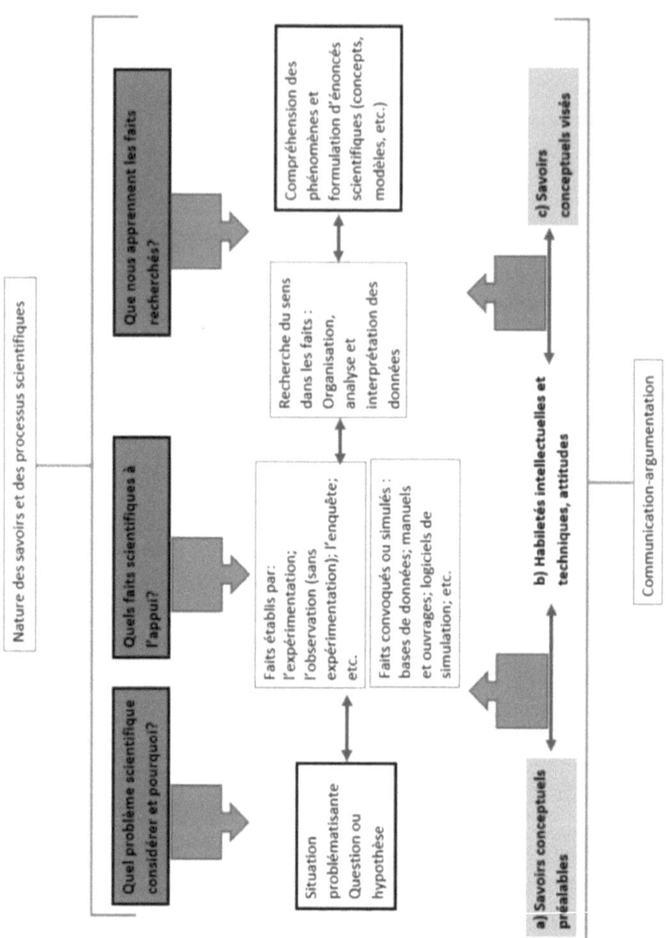

Figure 1 – Composantes des démarches d'investigation scientifique

1.1.1 *Quel problème scientifique considérer et pourquoi ?*

Une des conditions de l'engagement des élèves dans une DIS est de les amener à percevoir un problème (ou une question) qui mérite d'être éclairé et pour lequel ils considèrent qu'ils n'ont pas de réponse, et à les conduire à sentir le besoin d'acquérir un nouveau savoir (Edelson, 2001). Comme le dit Bachelard (2004), « l'esprit scientifique nous interdit d'avoir une opinion sur des questions que nous ne comprenons pas, sur des questions que nous ne savons pas formuler clairement. Avant tout, il faut savoir poser des problèmes » (p. 16). C'est en ce sens que s'expriment Astolfi, Darot, Ginsburger-Vogel et Toussaint (1997) et Fabre (1999) lorsqu'ils soulignent que, dans le contexte scolaire, le problème doit être construit avec les élèves dans la classe, car l'activité scientifique ne revient pas seulement à résoudre des problèmes, mais elle consiste d'abord à apprendre à les poser. En accord avec ces principes, deux conditions méritent d'être soulignées pour orienter la construction des problèmes scientifiques à l'école :

- Une attention particulière doit être accordée aux mises en situation susceptibles de conduire les élèves à problématiser (figure 1). À cet égard, nous préférons recourir à l'expression de situation problématisante (Lenoir, 2014) qu'à d'autres expressions comme celle de situation problème. En effet, une situation ne peut être porteuse de problèmes, mais d'un potentiel à exploiter par les élèves pour problématiser : interpeller ces derniers et susciter chez eux le désir d'apprendre quelque chose de nouveau. Le travail sur ces situations est fondamental parce qu'un problème tout à fait pertinent d'un point de vue du chercheur ou de l'enseignant peut ne pas être considéré ainsi par les élèves (Hasni et Samson, 2008).

- Le problème scientifique ne peut pas émerger dans un vide conceptuel. Si les représentations des élèves et leurs cadres de référence orientent leurs observations et la construction du problème scientifique, les savoirs préalablement acquis ainsi que la vision que les élèves ont de la discipline le font autant (en bas à gauche de la figure 1). Nous avons intérêt, lors du choix des mises en situation visant la problématisation, de se questionner si les élèves possèdent les savoirs nécessaires à l'élaboration du problème scientifique visé. Un élève qui ne maîtrise pas les concepts de cellule, de molécule, de concentration, etc., ne peut pas comprendre le problème scientifique associé aux échanges cellulaires. Un élève qui n'a pas intégré le principe d'actualisme en géologie ne sera pas en mesure de problématiser la plupart des phénomènes qui se sont déroulés dans le passé.

Si la maîtrise de certains savoirs est nécessaire à la problématisation, le fait de connaître la réponse rend la formulation du problème inutile : par exemple, si nous expliquons auparavant aux élèves les concepts et les mécanismes de diffusion et d'osmose, nous risquons de rendre banale et sans intérêt l'observation des phénomènes qui leur sont associés. Bref, l'absence des savoirs nécessaires à la formulation du problème rend l'obstacle infranchissable par les élèves ; à l'opposé, la présentation préalable des savoirs sur lesquels le problème est supposé déboucher enlève tout obstacle et éteint, par conséquent, tout désir de recherche. Vygotski (1997) suggère de proposer aux élèves des problèmes qui se situent dans leur zone proximale de développement (ZPD).

Terminons cette section avec une remarque sur le statut de l'hypothèse dans les DIS. Pour certains auteurs, les problématiques scientifiques doivent toujours déboucher sur la formulation d'hypothèses. Cette position nous paraît discutable, puisqu'il est tout à fait légitime de faire appel à un processus scientifique sans hypothèse au sens strict. Les exemples sont nombreux, notamment en biologie. Par exemple, procéder à une étude histologique pour décrire les similitudes et les différences des structures des racines et des tiges (malgré les apparences extérieures qui ne permettent parfois pas de les distinguer) et les associer éventuellement à leurs fonctions peut se faire sur une base exploratoire sans hypothèse préalable, mais avec une problématique bien identifiée (en lien avec la fonction de nutrition des plantes). Il en est de même lorsqu'on décide, par exemple, de décrire la faune et la flore ainsi que la dynamique des populations dans un écosystème donné. Deux dérives potentielles peuvent être associées aux choix de faire de l'hypothèse un critère incontournable des démarches d'investigation scientifique : a) l'association de l'hypothèse à une simple devinette ou à une simple expression des conceptions préalables des élèves ; b) la mise en question de la scientificité de certaines problématiques qui ne font pas appel à une hypothèse au sens strict.

1.1.2 *Quels faits scientifiques à l'appui ?*

En se référant aux fondements épistémologiques des sciences, l'un des éléments clés des démarches d'investigation scientifique à l'école est l'établissement des faits (Avraamidou et Zembal-Saul, 2005 ; Duschl et Osborne, 2002 ; Kanari et Millar, 2004 ; Maloney et Simon, 2006) : pour répondre scientifiquement aux questions découlant du problème retenu ou aux hypothèses formulées, quelles sont les données scientifiques auxquelles il faut faire appel et comment doivent-elles être obtenues, validées et interprétées ? Pour Bachelard (2004), « la tâche première où s'affirme l'esprit scientifique [est la conciliation entre] les lois et les faits » (p. 5).

La discussion de Poincaré (1948) sur la distinction à faire entre le fait brut et le fait scientifique mérite d'être rappelée. En se basant sur la présentation d'exemples, l'auteur résume ainsi cette distinction :

> J'observe la déviation d'un galvanomètre à l'aide d'un miroir mobile qui projette une image lumineuse ou un spot sur une échelle divisée. Le fait brut c'est : je vois le spot se déplacer sur l'échelle, et le fait scientifique c'est : il passe un courant dans le circuit » (p. 223).

Dans une perspective scolaire, cette distinction permet de différencier les faits scientifiques (à construire) des observations et des manipulations spontanées qui peuvent être guidées par le sens commun. En outre, il est important de souligner également que nos observations sont orientées par nos questions de départ et par nos cadres de référence, par nos regards disciplinaires : un géologue et un artiste à qui on demanderait d'observer et de décrire un affleurement n'en feraient certainement pas la même description.

Rappelons également que c'est la nature du problème (ou de la question ou de l'hypothèse) qui oriente, sans les dicter de manière linéaire, les habiletés et stratégies à mettre en place pour recueillir ces données : expérimentation avec contrôle de variables, observation (sans expérimentation), questionnaire, analyse documentaire, etc. (au centre de la figure 1). Si par exemple, la vérification de l'effet de certains facteurs comme la lumière, la concentration en sels minéraux, le taux du gaz carbonique, etc., sur le phénomène de la photosynthèse exige la mise en place d'un protocole de nature expérimentale, l'étude de la transformation de la fleur en fruit ou la description du développement du bourgeon en différentes parties de la plante, ou encore la description de la dynamique d'un écosystème peuvent avoir lieu sans faire appel à aucune expérience. L'étude de ces phénomènes met en jeu prioritairement un recueil de faits par observation (sans expérimentation). Faut-il le rappeler, Darwin a élaboré la théorie de l'évolution sur la base d'observations systématiques sans recourir à des expérimentations dans le domaine. Réduire les DIS au modèle expérimental, c'est affaiblir le statut de certaines disciplines qui ne font pas nécessairement appel à l'expérimentation. C'est la porte par laquelle les partisans de l'enseignement du dessein intelligent ou du créationnisme à l'école tentent de s'attaquer à la théorie de l'évolution.

Même si l'établissement des faits (le recueil des données) par les élèves (données premières) est privilégié lorsqu'on souhaite engager ces derniers dans les processus scientifiques, la réalité scolaire ne le permet pas toujours : temps limité pour appliquer les DIS à tous les contenus des programmes ; complexité de l'obtention de certaines données ; etc. D'autres formes d'établissement des faits sont à considérer (centre de la figure 1) :

a) Des données convoquées : données que les élèves ne peuvent pas produire par eux-mêmes. Ces données peuvent être fournies par l'enseignant ou le manuel ou recherchées dans les banques de données une fois que les élèves auront montré le besoin de faire appel à celles-ci. C'est le cas, par exemple, lorsqu'il s'agit des données sur les concentrations en ions de part et d'autre de la membrane d'une cellule nerveuse ou des pressions osmotiques dans les cellules racinaires et qui permettent de comprendre respectivement la propagation de l'influx nerveux ou la circulation de l'eau dans les racines. C'est le cas également des données permettant de comprendre le concept de sélection naturelle ou d'adaptation des êtres vivants à leur milieu : l'évolution du pourcentage de moustiques résistants au DDT en fonction de la durée de traitement avec cet insecticide (Cain, Damman, Lue et Yoon, 2003), l'évolution des populations de phalènes sombres et de phalènes claires dans un écosystème touché par la pollution industrielle (Cook, 2003 ; Raven, Johnson, Losos et Singer, 2007), etc. Dans tous ces cas, si les élèves ne peuvent pas accéder à l'élaboration des faits (obstacles associés au temps, au matériel, etc.), ils peuvent les analyser en vue d'en extraire le sens.

b) Des données simulées ou supposées, comme c'est le cas de celles utilisées dans certaines modélisations informatiques. Citons à titre d'exemple les données qui pourraient servir à comprendre le fonctionnement de certaines enzymes, particulièrement l'effet de certains facteurs (concentration en substrats ou en produits ; température ; etc.) sur la cinétique enzymatique. Les exemples sont nombreux dans les diverses disciplines.

1.1.3 Que nous apprennent les faits recherchés ?

Poincaré (1960) soulignait que pour donner un sens aux faits scientifiques, le chercheur doit les ordonner : « on fait la science avec des faits comme une maison avec des pierres ; mais une accumulation de faits n'est pas plus une science qu'un tas de pierres n'est une maison » (p. 168). Cette recherche de sens (analyse et interprétation des faits) est la clé de la compréhension des phénomènes étudiés et de la formulation des énoncés scientifiques en lien avec le problème de départ (à droite de la figure 1). Elle peut prendre diverses formes : la confirmation ou l'infirmation de certaines hypothèses ; la recherche de relations entre les variables ; etc. Il n'en demeure pas moins que l'une des visées de l'école en lien avec cette troisième dimension du processus scientifique est celle conduisant les élèves à se donner une compréhension des objets et des phénomènes à l'aide d'énoncés scientifiques, sous forme de notions, de concepts, de modèles, etc. Insister sur cette question permettrait d'éviter deux dérives, souvent constatées dans les classes de sciences :

a) considérer que les faits ont une valeur scientifique en soi et qu'il suffit de les constater ;

b) réduire les DIS à des activités de laboratoire ou à de l'expérimentation. De manière à dépasser cette vision simplificatrice des sciences, il est important non seulement d'insister sur le fait que les DIS doivent conduire (souvent) à des élaborations conceptuelles, mais également à faire la distinction entre la maîtrise conceptuelle préalable, nécessaire à la problématisation, et la nouvelle élaboration conceptuelle sur laquelle pourrait déboucher le recours aux DIS (en bas de la figure 1).

Terminons la présentation de cette section de conceptualisation des DIS avec trois remarques complémentaires :

- Le processus scientifique mobilisé par les DIS repose sur un ensemble d'habiletés intellectuelles et techniques, d'attitudes et de procédures (formuler une hypothèse, tracer un graphique, utiliser correctement le matériel d'expérimentation et d'observation, etc.) qu'il faut également faire apprendre aux élèves. Si certains de ces contenus scientifiques peuvent s'approprier lors de la mise en œuvre des DIS, d'autres méritent de faire l'objet d'apprentissages ponctuels préalables.

- Comme l'indique la figure 1, les trois questions que nous proposons pour orienter les DIS ne peuvent engager les élèves dans des processus scientifiques que si elles sont éclairées par des connaissances sur la "nature des savoirs et des processus scientifiques". Par conséquent, la formation scientifique à l'école ne peut ignorer l'épistémologie des sciences.

- L'engagement des élèves dans des pratiques de communication et d'argumentation (Buty et Plantin, 2008 ; Venville et Dawson, 2010) constitue le moyen privilégié pour leur introduction à la dimension sociale du processus scientifique (validation par les pairs de la rigueur et de la pertinence méthodologique ainsi que des résultats qui en découlent) (rectangle du bas de la figure 1).

1.2 Les modalités de mise en œuvre des DIS : degré de guidage par l'enseignant et de pilotage par les élèves

Outre leur signification (caractérisation et ancrage épistémologique), l'autre aspect important à considérer dans l'analyse de la mise en œuvre des DIS dans les pratiques de classe est celui du degré de leur prise en charge par les élèves. De nombreux auteurs ont proposé des "modèles" qui permettent de décrire ce degré d'engagement. Par exemple, Furtak *et al.* (2012) placent l'investigation sur un continuum (figure 2) qui va de l'enseignement dit "traditionnel" dans lequel le processus est sous la responsabilité de l'enseignant à l'enseignement par la "découverte" dans lequel ce processus est sous la responsabilité des élèves.

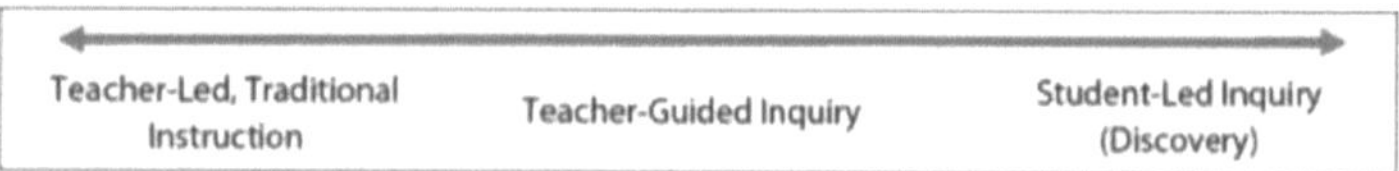

Figure 2 – Degré de prise en charge des démarches d'investigation scientifique par les élèves (Furtak *et al.*, 2012)

Chinn et Malhotra (2002) pour leur part proposent quatre types (niveaux) d'investigation :

1) *Simple observations* : il s'agit, par exemple, de se limiter à demander aux élèves d'observer et de décrire les parties d'un animal ou d'une plante de manière qualitative ou en mesurant certains paramètres de manière quantitative (longueur de certaines structures, par exemple).

2) *Simple experiments* (simples expérimentations) : les élèves sont engagés dans une simple manipulation qui vise à faire le lien entre deux variables (par exemple, le poids et la longueur d'un ressort).

3) *Simple illustrations* : les élèves suivent une procédure expérimentale fournie et notent les résultats observés.

4) *Authentic inquiry* (investigation authentique) : Les élèves ont la responsabilité de l'ensemble du processus allant de la formulation de la question de recherche à l'interprétation des résultats et la formulation d'énoncés scientifiques.

Dans des travaux récents, d'autres auteurs (Banchi et Bell, 2008 ; Blanchard, Southerland, Osborne, Sampson, Annetta et Granger, 2010 ; Settlage et Southerland, 2007 ; Windschitl *et al.*, 2008) ont repris la catégorisation proposée par Schwab (1962) pour distinguer entre quatre catégories ou niveaux d'investigation (tableau 1) en se basant sur trois critères (source de la question ; méthode de recherche des données ; interprétation des résultats) :

- *Confirmation (verification) inquiry* : la question et la procédure de recherche sont fournies aux élèves de manière à leur permettre notamment de confirmer ou de renforcer des apprentissages théoriques réalisés préalablement (expliqués par l'enseignant) ou encore d'acquérir certaines habiletés spécifiques (exemple : techniques de recueil et d'analyse des données).

- *Structured inquiry* : les élèves, tout en étant engagés dans les procédures précédentes (fournies par l'enseignant), sont invités à formuler des réponses aux questions initiales qui, elles, sont proposées par l'enseignant.

- *Guided inquiry* : tout en partant d'une question fournie par l'enseignant, les élèves sont invités à proposer des protocoles de recueil et d'analyse des données, à les mettre en œuvre et à formuler des réponses à la question de départ.

- *Open inquiry* : tous les "moments" de la démarche sont pris en charge par les élèves, de la formulation des questions à l'élaboration des explications qui découlent des données recueillies ainsi qu'à la communication des résultats.

Tableau 1
Niveaux de prise en charge des démarches d'investigation scientifique par les élèves
(Blanchard *et al.*, 2010)

	Source of the Question	Data Collection Methods	Interpretation of Results
Level 0: Verification	Given by teacher	Given by teacher	Given by teacher
Level 1: Structured	Given by teacher	Given by teacher	**Open to student**
Level 2: Guided	Given by teacher	**Open to student**	**Open to student**
Level 3: Open	**Open to student**	**Open to student**	**Open to student**

Pour notre étude, nous avons adapté les cadres d'analyse que nous venons de présenter en distinguant non pas quatre niveaux de démarche d'investigation, mais trois niveaux de prise en charge par les élèves de chacune des composantes auxquelles les enseignants font appel pour caractériser les DIS (voir la section "Méthodes d'analyse des données").

2. Méthodologie

2.1 Aperçu général des procédures de recueil des données

Depuis une dizaine d'années, dans le cadre de divers projets de recherche, nous réalisons annuellement des recueils de données dans les classes d'enseignants volontaires du primaire et du secondaire dans le but de décrire certaines dimensions de leurs pratiques. En nous appuyant sur les travaux qui portent sur les pratiques d'enseignement dans leur multidimensionnalité (par exemple : Bru, Altet et Blanchard-Laville, 2004 ; Lenoir, Maubant, Hasni, Lebrun, Zaid, Habboub *et al.*, 2007) et de ceux qui se sont intéressés de manière spécifique à des aspects particuliers de l'enseignement et de l'apprentissage des sciences et de la technologie (par exemple : Bousadra, 2014 ; Hasni, 2015 ; Roth, Drucker, Garnier, Lemmens, Chen, Kawanaka *et al.*, 2009 ; Seidel, Prenzel et Kobarg, 2005 ; Tiberghien, Malkoun et Mohamadoune, 2008), nous avons développé une méthodologie de recueil des données en trois temps : des entrevues préenregistrement (phase préactive) ; l'enregistrement du déroulement des séquences d'enseignement en classe (phase interactive) ; des entrevues de rétroaction post-enregistrement (phase postactive).

Lors des entrevues préenregistrement, qui durent environ 30 minutes chacune, l'enseignant est invité à expliciter oralement la séquence d'enseignement qui fera l'objet d'enregistrement (ses contenus ; ses visées ; son déroulement ; etc.). Les questions qui composent le guide d'entrevue sont organisées en quatre dimensions (annexe 1) :

a) Dans la section du "Quoi enseigner", nous avons retenu des questions qui invitent les enseignants à décrire les contenus disciplinaires ciblés par la séquence (ou la période) qui sera enregistrée.

b) Les questions qui composent la section du "Comment enseigner ce qui sera enseigné" visent entre autres la description du déroulement général de la séquence et des démarches d'enseignement-apprentissage retenues, dont les DIS. Cette section du questionnaire vise aussi à recueillir des informations sur les tâches qui seront prises en charge par l'enseignant et celles qui seront sous la responsabilité des élèves.

c) La dimension du "Pourquoi" est explorée à l'aide de questions qui invitent l'enseignant à clarifier les visées éducatives associées aux contenus et aux modes d'intervention retenus, les justifications du "Quoi" et du "Comment".

d) Dans la section de l'"Avec quoi", les questions sont orientées vers les ressources didactiques utilisées : leur nature ; le rationnel de leur choix ; les modalités de leur utilisation ; leurs apports et leurs limites.

De manière à ce que les entrevues permettent de recueillir des informations qui reflètent davantage ce qui va se passer en classe, et non pas un discours général sur ce que devrait être la séquence d'enseignement (désirabilité sociale), elles sont conduites en tenant compte, entre autres, des orientations suivantes :

a) Les questions posées aux enseignants portent pour la plupart d'entre elles sur la séquence spécifique ciblée par l'enregistrement ;

b) Les entrevues sont réalisées le plus proche possible du moment de l'enregistrement en classe : juste avant le cours si l'enseignant est disponible ; sinon quelques heures auparavant ou la veille.

Notons également que lorsque le nombre de périodes à enregistrer est supérieur à deux et est, par conséquent, étendu dans le temps, nous proposons à l'enseignant de réaliser plus d'une entrevue "pré".

Outre l'entrevue préenregistrement, les enseignants répondent aussi à un entretien qui donne suite aux enregistrements. Cette entrevue post-enregistrement est composée de questions qui visent à obtenir une rétroaction sur le cours enregistré, particulièrement sur les événements marquants ou inattendus, sur les éventuelles adaptations apportées aux contenus ou au déroulement au cours de l'action, sur les difficultés rencontrées et sur le matériel didactique utilisé. En complément aux entrevues (et aux enregistrements en classe), les enseignants sont également invités à nous remettre leurs planifications écrites (si elles étaient disponibles) et une copie des travaux des élèves.

2.2 Analyse des données

Dans notre banque de données, nous avons repéré les séquences d'enseignement dans lesquelles les enseignants disent explicitement (lors des entrevues préenregistrement) qu'ils font appel à des DIS. Vingt-neuf séquences prises en charge par 24 enseignants ont été ainsi retenues pour l'analyse. Nous avons également choisi de considérer lors de l'analyse principalement les données issues des entrevues préenregistrement (l'analyse de l'ensemble des vidéos est une entreprise très lourde qui dépasse l'objectif du présent chapitre). Lors des analyses, nous avons cependant tenu compte du contenu des enregistrements vidéo afin de nous assurer de la cohérence de ce qui a été annoncé dans les entrevues avec ce qui a été vécu en classe. Nous considérons par conséquent que les données issues des entrevues sont suffisantes et reflètent la manière avec laquelle les enseignants disent mettre en œuvre les DIS dans leurs classes. Les entrevues retenues ont été transcrites intégralement aux fins d'analyse. Le *corpus* considéré dans cette communication est celui issu principalement des questions 2.1, 2.2 et 2.3 de l'annexe 1, soit celles qui visent à décrire

1) la signification accordée par les enseignants aux DIS (leur caractérisation) ;

2) les tâches prises en charge par les élèves et par les enseignants lors de la mise en œuvre de ces démarches ;

3) les difficultés et les défis anticipés (ou vécus) du côté des élèves et du côté de l'enseignant.

L'analyse a consisté essentiellement à repérer dans le discours des enseignants les extraits qui renvoient à chacun des deux objectifs de recherche retenus dans ce champ et à les catégoriser (voir la section des résultats).

3. Résultats

3.1 Caractérisation des démarches d'investigation scientifique

Pour cette dimension, l'analyse a été effectuée sur le *corpus* issu de trois questions (2.1, 2.2. et 2.3 de l'annexe 1), sans chercher à distinguer les différentes expressions utilisées par les enseignants pour désigner les DIS (DIS, méthode scientifique, méthode expérimentale, démarche scientifique, etc.). Les extraits suivants illustrent les données recherchées dans le corpus :

- « C'est sûr que c'est l'approche de méthode scientifique …. Il y a l'hypothèse, la manipulation… il y a l'analyse, le questionnement … il y a la prise de données pour remplir le tableau des résultats » (Fred).
- « Ça s'inscrit plus dans une démarche expérimentale, comme ils sont (les élèves) déjà un petit peu habitués de faire […] : qu'ils sont en laboratoire, qu'ils doivent prendre des données, pour soit les analyser ou faire un graphique ou un tableau des résultats … donc, c'est ce qu'on va faire ici, (et) porter une conclusion à la fin » (Carole).

Ces données sont analysées à deux niveaux :

1) le repérage des attributs ou des unités de sens utilisés pour définir les DIS ou décrire leur déroulement ;

2) le sens accordé à chacun de ces attributs ou de ces composantes.

Les résultats obtenus montrent, d'une part, que les enseignants définissent les DIS en faisant appel aux procédures (moments, etc.) sur lesquelles elles reposent (et non pas aux fondements épistémologiques, par exemple) et que, d'autre part, certaines de ces procédures sont sollicitées plus souvent que d'autres (figure 3) :

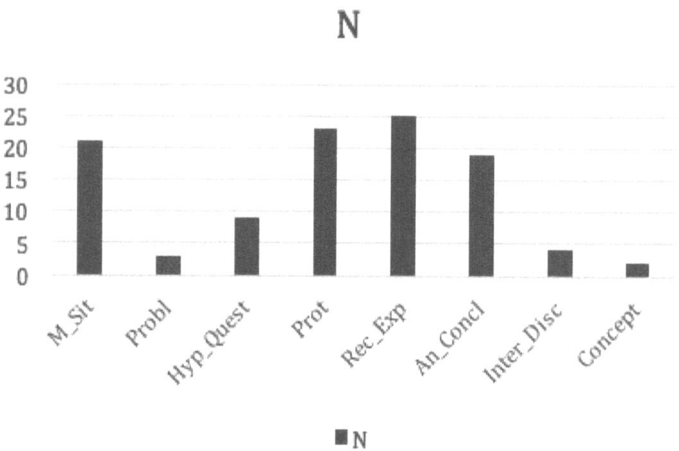

Figure 3 – Attributs utilisés par des enseignants du secondaire pour caractériser les démarches d'investigation scientifique

a) les composantes qui reviennent le plus souvent dans la caractérisation des DIS (au moins 2/3 des séquences analysées) sont la mise en situation (M_Sit), la planification d'un protocole (Prot), le recueil des données par l'expérimentation (Rec_Exp) ou le laboratoire, l'analyse (en recourant à des tableaux ou des graphiques) et la conclusion (An_ Concl) ;

b) l'hypothèse ou, parfois, le questionnement (Hyp_Quest) occupent une place intermédiaire (environ 1/3 des séquences) ;

c) d'autres composantes sont rarement convoquées pour décrire les DIS (dans 2 à 4 des 29 séquences analysées) : la problématisation (passage de la mise en situation à la formulation du problème) (Probl) ; l'interprétation (ou la discussion) des résultats (Inter_Disc) ; la formulation d'énoncés scientifiques (la conceptualisation) donnant suite à l'analyse et à l'interprétation (Concept).

Quant au sens accordé par les enseignants aux principales composantes utilisées pour définir les DIS, quatre constats méritent d'être soulignés :

a) La mise en situation n'a pas comme fonction première de conduire à la problématisation. Elle a comme principal rôle l'introduction du thème à traiter ou de la tâche à réaliser par les élèves comme l'illustrent les extraits suivants :
   - « Alors une fois qu'ils ont la mise en situation, je leur donne le matériel qui correspond aux ondes, aux ondes des voix, pour qu'ils les comparent. On leur donne les textes et ils doivent trouver… » (Joël).
   - « Il y a une mise en situation. C'est que je leur dis qu'on a déjà vu que la rotation de la Terre était responsable de l'alternance des jours et des nuits. (Je) leur dis que probablement que l'alternance des saisons est en lien avec la révolution. Puis là, je leur demande de, pas prouver, mais de démontrer : est-ce l'enseignant a raison ou a tord ? » (Marec).

b) Le sens et la fonction accordés à l'hypothèse renvoient à deux statuts différents :
   - Certains y voient une source d'identification des variables à étudier, comme l'illustre l'extrait suivant :
     - « La première tâche c'est un peu l'équivalent d'une hypothèse. Ils ont un modèle, un schéma de la Terre qui tourne autour du soleil. Ils ont à placer les différentes saisons selon le schéma. Là, ils n'ont aucun matériel didactique, ils n'ont absolument rien avec eux. C'est vraiment une hypothèse » (Marec).

     Même si l'hypothèse telle que décrite renvoie davantage à l'expression de la compréhension provisoire que les élèves ont de leur observation (leurs conceptions), l'enseignant souhaite qu'elle débouche plus tard sur l'identification de variables explicatives possibles :

- « Troisième tâche : à partir des deux premières tâches, à partir du schéma et à partir de leur explication, ils (les élèves) ont à sortir deux variables, deux choses qui varient dans la position de la Terre, en été par rapport à l'hiver. Donc on s'attend à ce qu'ils sortent la distance et l'inclinaison » (Marec).

- D'autres répondants assimilent l'hypothèse aux conceptions préalables des élèves.

c) L'expérimentation ou la manipulation (le laboratoire notamment) est une composante structurante des DIS. Outre le fait que cet attribut soit parmi les plus rapportés pour caractériser ces démarches, les réponses à la question 2.2 de l'annexe 1 montrent qu'un grand nombre d'enseignants y voient l'activité qui favorise le plus les apprentissages chez les élèves en raison de sa centration sur l'action :
- « Pour les tâches qui favoriseront l'apprentissage des élèves, il y a surtout la partie manipulation, parce qu'à mon avis, il n'y a jamais rien de mieux que de pouvoir manipuler parce qu'on va solliciter beaucoup plus le niveau sensoriel, (le) niveau manuel, kinesthésique » (Hélène).
- « D'après moi, c'est vraiment les manipulations (qui permettent de mieux apprendre) ... parce qu'en prenant les mesures, ça fera plus de sens pour eux que de leur donner simplement la théorie sans trop de démonstrations » (Robert).

d) L'expérimentation, telle que rapportée dans le discours des enseignants, a deux fonctions principales : illustrer les savoirs conceptuels (la théorie, en utilisant les termes des enseignants) expliqués préalablement ; vérifier les relations entre les variables. Il est par ailleurs important de souligner que lorsqu'un recueil des données par les élèves est prévu, c'est toujours par le biais de l'expérimentation. Les autres modalités de recherche des faits (comme l'observation ou le recours à des données existantes) sont totalement absentes du discours des enseignants sur les DIS.

e) L'exploitation des données s'arrête dans la majorité des cas à l'analyse (description des graphiques ou des données d'observation). L'interprétation des données (la recherche du sens) est très peu présente et encore moins l'élaboration d'énoncés scientifiques. L'apprentissage des concepts repose essentiellement sur les explications fournies par les enseignants ou sur la lecture ou la recherche dans des ressources diverses (manuels, Internet, etc.), avant l'expérimentation ou après :
   - « C'est moi qui vais faire ça (l'explication des contenus) en avant de la classe. On a aussi un dépliant … pas un dépliant, mais un document imprimé. Donc, toute l'information est là ; je vais lire ça avec mes élèves, puis on va en discuter un petit peu ici et là en partant le cours, puis après ça, je les lance en mise en situation » (Carole).
   - « Ensuite, quand j'aurai fait mes trois démos, je vais aller travailler avec eux dans une fiche concept, réussir à expliquer la version écrite du phénomène. Pour les concepts, c'est la lecture du glossaire et des « fiches concepts » … Moi je me suis rattachée à *Univers*[16] pour les fiches concepts, pour le tableau des données » (Céline).

3.2 Degrés de prise en charge par les élèves des composantes des démarches d'investigation scientifique

Nous avons cherché à déterminer le degré annoncé d'engagement des élèves dans la réalisation de chacune des composantes citées par les enseignants pour caractériser les DIS. Pour chacun de ces attributs, nous avons utilisé une échelle à trois niveaux pour estimer ce degré d'engagement :

- Le niveau 1 (plus bas) indique une prise en charge par l'enseignant. Les extraits suivants illustrent ce niveau en ce qui concerne la formulation des questions ou des hypothèses (extrait de Fathi) ou de la proposition d'un protocole (extrait de Joël).

16 Il s'agit de l'ensemble didactique (manuel) de la collection *Univers* (Bélanger, Chatel et St-André, 2006).

- « Au niveau du questionnement et de l'hypothèse, les éléments sont déjà donnés aux élèves, donc, ils n'ont pas à les produire, à les inventer. C'est donc dire qu'on les accompagne beaucoup finalement de ce côté-là. Sauf que, globalement, quand on regarde le document au complet, c'est effectivement une démarche scientifique qui est utilisée dans ce contexte-là » (Fathi).
- « Bien, c'est la démarche expérimentale, sauf qu'ici, on leur donne le protocole » (Joël).

- Le niveau 2 indique une prise en charge par les élèves, mais en appliquant simplement les consignes de l'enseignant. L'extrait suivant illustre ce niveau au regard de la réalisation du protocole expérimental (protocole fourni et réalisation encadrée par des questions) :
  - « Alors, du devant de la classe jusqu'au fond de la classe il y a huit postes à droite et il y a les mêmes huit postes qui se répètent en face. Donc les élèves en équipe de deux vont circuler, vont être chronométrés, six minutes, et là bien ils ont un cahier chacun, dans lequel ils vont répondre aux questions, et sur les postes il y a les images nécessaires ou le matériel nécessaire pour faire les activités » (Jacques).

- Le niveau 3 indique une prise en charge essentiellement par les élèves, mais sans exclure un recadrage et une médiation de la part de l'enseignant. Les extraits suivants illustrent ce niveau au regard de la détermination des variables à étudier (Marec) et de la formulation des conclusions (Hélène) :
  - « Troisième tâche, à partir du schéma, et à partir de leur explication, ils (les élèves) ont à sortir deux variables, deux choses qui varient dans la position de la Terre, en été par rapport à l'hiver » (Marec).
  - « En fait, nous allons placer les élèves devant un montage et nous allons leur demander de prendre des mesures et de tirer des conclusions à partir des observations et des résultats qu'ils ont obtenus en laboratoire » (Robert).

La figure 4 présente une compilation des résultats de l'analyse que nous venons de décrire. La plupart des composantes généralement utilisées par les enseignants pour caractériser les démarches d'investigation scientifique sont prises en charge par ces derniers, à l'exception de la réalisation des protocoles (laboratoires ou expérimentations) et de l'analyse des données (suivie de la formulation de conclusions).

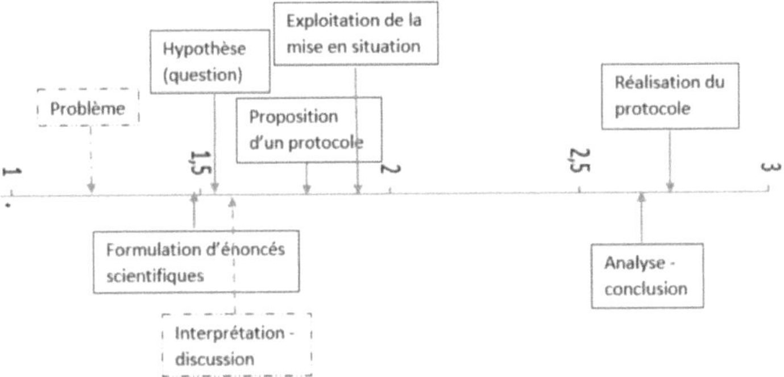

Figure 3 – Niveaux de prise en charge par les élèves de certaines activités associées aux démarches d'investigation scientifique

L'analyse du *corpus* permet également de constater que les attributs pris en charge prioritairement par les enseignants ne le sont pas pour les mêmes raisons :

1) La formulation des hypothèses (ou des questions) et de la proposition du protocole qui est sous la responsabilité de l'enseignant ne correspond pas nécessairement à la compréhension que les enseignants ont des DIS. Un grand nombre d'entre eux considère que ces composantes devraient être prises en charge par les élèves, tout en soulignant que cette prise en charge leur pose de nombreux défis : les élèves n'auraient pas le niveau de compétence requis ; cette prise en charge demande beaucoup de temps et conduit à des problèmes de gestion de classe ; etc. C'est donc souvent pour faciliter l'avancement dans les séquences d'enseignement-apprentissage que les enseignants décident de ne pas engager les élèves dans ces tâches.

2) Les modalités de l'exploitation de la mise en situation et du traitement des savoirs conceptuels refléteraient la compré-

hension que les enseignants ont des DIS. C'est ce qu'illustrent certains extraits rapportés précédemment :

- Les mises en situation n'ont pas comme fonction de formuler un problème scientifique, mais surtout d'introduire le thème à étudier ou les tâches à réaliser par les élèves. Dans plusieurs cas, elles ont comme fonction de motiver les élèves à s'engager dans la tâche. La contextualisation de ces mises en situation, ancrée dans le sens commun, constitue parfois un obstacle à l'apprentissage scientifique.

- L'élaboration conceptuelle (ce que les enseignants appellent généralement "la théorie") doit souvent précéder la démarche d'investigation. Pour certains, des explications conceptuelles supplémentaires sont fournies à la fin de cette démarche. Les données disponibles montrent que les DIS ne sont pas enseignées comme processus conduisant à la conceptualisation. Elles ont comme principale fonction d'illustrer "la théorie".

4. Discussion

Notre étude, malgré ses limites associées au nombre réduit de répondants (non représentatif de la population des enseignants), permet de dégager certains constats qui méritent d'être pris en considération dans les réflexions sur le curriculum, sur la formation à l'enseignement et sur la recherche.

1) L'analyse des publications dans le domaine montre que le statut des DIS comme contenu d'apprentissage n'est pas acquis. Elles sont vues par plusieurs avant tout comme des démarches pédagogiques favorisant l'engagement des élèves dans leurs apprentissages.

2) La caractérisation des DIS par les enseignants est fortement marquée par le modèle expérimental, qui ne reflète pas la diversité des processus d'établissement et de validation des faits

auxquels font appel les différentes disciplines scientifiques. Dans les séquences analysées, on note, par exemple, une absence de référence à des démarches d'investigation qui font appel à l'observation dissociée de l'expérimentation.

3) Le recours aux DIS semble privilégier trois principales visées : confirmer le savoir "théorique" appris préalablement ; vérifier les relations entre des variables ; faire apprendre aux élèves certaines habiletés (surtout techniques) et attitudes associées aux sciences. Certaines des activités centrales des processus scientifiques sont peu présentes dans les séquences décrites par les enseignants : la problématisation et la conceptualisation. D'une manière générale, les DIS ont peu d'ancrage dans les fondements épistémologiques qui caractérisent les processus scientifiques : apprendre les démarches d'investigation comme mode de pensée, comme posture (et non pas comme procédure) ; apprendre "par" les démarches d'investigation à problématiser et à conceptualiser le monde qui nous entoure ; apprendre "sur" les démarches d'investigation (la dimension épistémologique des sciences).

4) La prise en charge des démarches d'investigation par les élèves est centrée sur le recueil des données (expérimentation) et leur analyse, d'une part, parce que les enseignants considèrent que l'action constitue le meilleur moyen pour apprendre et, d'autre part, parce que l'engagement des élèves dans certains processus qui caractérisent les DIS (comme la formulation des questions et des hypothèses ou la proposition de protocoles de recherche) est accompagné de grands défis (manque de temps ; problème de gestion des interactions entre les élèves ; etc.).

Les résultats de notre étude, qui mettent en évidence un écart entre les DIS telles que véhiculées par les publications dans le domaine et par les curriculums, d'une part, et telles que mises en œuvre en classe par les enseignants, d'autre part, ne semblent pas surprenants. Ils rejoignent ceux d'études réalisées ailleurs, notamment aux États-Unis. Ces études montrent, entre autres, ce qui suit :

1) Peu d'occasions sont offertes aux élèves pour apprendre les processus scientifiques tels que véhiculés par le concept de *science practice* mis en avant dans les récents *standards* (Banilower, Smith, Weiss et Pasley, 2006 ; Barton et Tan, 2009 ; Crawford, 2007 ; Maskiewicz et Winters, 2012 ; McGinnis, Parker et Graeber, 2004 ; Newman, Abell, Hubbard, McDonald, Otaala et Martini, 2004 ; Stroupe, 2015). Ces résultats mettent également en évidence une "mise en activités" des élèves aux dépens de la compréhension. En s'appuyant sur les résultats de la recherche dans le domaine, Windschitl *et al.* (2008) résument ainsi l'état de l'enseignement scientifique aux États-Unis : « activity without understanding seems to be a regular feature of classroom life for science students in American schools » (p. 942). Duschl et Gitomer soulignaient déjà en 1997 que la vision qu'ont des enseignants de l'enseignement des sciences était « dominated by tasks and activities rather than conceptual structures and scientific reasoning » (p. 65).

   Ces constats, qui se dégagent de l'analyse des pratiques de classe, rejoignent également ceux qui découlent de l'analyse des ressources didactiques utilisées par les enseignants. Par exemple, Chinn et Malhotra (2002) ont analysé 468 tâches caractérisant l'investigation (*inquiry tasks*) dans neuf manuels scolaires. Dans 2 % des activités proposées par ces derniers, les élèves sont amenés à sélectionner leurs propres variables ; dans 13,3 % de ces activités les élèves sont invités à formuler des hypothèses ; dans 4,4 % on leur offre la possibilité de proposer un protocole. Dans une seule des activités analysées, il est demandé aux élèves d'identifier les variables indépendantes et dépendantes.

2) La caractérisation des DIS dans les classes est dominée par le modèle des sciences physiques. En ce sens, Gray (2014) note que « most inquiry experiences in secondary science

classrooms are heavily weighted toward experimentation, (whereas) many fields of science (e.g., evolutionary biology, cosmology, and paleontology) are not necessarily justified by experimental methodologies » (p. 327).

3) La séparation des DIS et de l'élaboration conceptuelle prédomine sur les pratiques de classe. Cette séparation, déjà mise en évidence dans l'étude *TIMSS video* (centration sur la performance des élèves aux dépens de la conceptualisation) (Roth *et al.*, 2009), est dénoncée par des auteurs comme Roth et Garnier (2007).

4) les enseignants font face à de nombreuses difficultés lorsqu'ils tentent de mettre en œuvre les DIS en classe (Crawford 2007).

5. Conclusion

Le but de ce chapitre était double. Le premier était de présenter une lecture critique des significations accordées à une des composantes principales des disciplines scientifiques à l'école. Il s'agit des processus scientifiques, désignés différemment selon les époques et les systèmes éducatifs : méthode scientifique, démarche scientifique, méthode expérimentale, démarche d'investigation scientifique, pratiques scientifiques, etc. Nous avons choisi de parler de ces processus en recourant à l'expression générique de démarches d'investigation scientifique (DIS).

Les changements des expressions utilisées pour parler de ces processus d'un curriculum à l'autre (méthode scientifique, puis démarche d'investigation scientifique, puis pratiques scientifiques, aux États-Unis par exemple) et des propositions de reconceptualisation de celles-ci, sont accompagnées des mêmes critiques : les publications scientifiques, les curriculums et les manuels scolaires continuent de définir les DIS en recourant à une série d'attributs (moments, phases, etc.) ; le modèle expérimental (inspiré de la physique) prédomine dans leur caractérisation ; la diversité de celles-ci est peu mise en évidence ; leur statut de contenu d'apprentissage n'est pas toujours affirmé ; etc.

Le deuxième but de ce chapitre était de présenter les résultats d'une étude portant sur la vision que des enseignants de secondaire au Québec ont des DIS. L'étude, qui s'est appuyée sur l'analyse de séquences d'enseignement mises en œuvre par ces enseignants dans leurs classes, montre que le recours aux DIS fait face à de nombreux défis : elles sont décrites comme une procédure formée d'étapes prédéterminées ; elles sont associées prioritairement à la démarche expérimentale ; elles sont centrées sur la réalisation de tâches techniques par les élèves ; elles fournissent très peu d'opportunités pour amener les élèves à problématiser et à conceptualiser ; etc. L'ambiguïté véhiculée dans les publications scientifiques, les curriculums et les manuels scolaires lorsqu'il est question de caractériser les DIS permettrait d'expliquer en grande partie les résultats de notre étude.

L'idée centrale qui traverse ce chapitre est celle qui appelle à une reconceptualisation des DIS à l'école. Pour développer l'esprit scientifique chez les élèves, il serait important d'abandonner la caractérisation de celles-ci en faisant appel à des habiletés particulières (attributs, moments, phases, etc.). En s'appuyant sur l'histoire et l'épistémologie des sciences, nous proposons de penser les DIS en faisant appel à trois principales questions : quel problème scientifique mérite d'être étudié et pourquoi ? Quels faits scientifiques à chercher ou à produire pour éclairer le problème en question ? Que nous apprennent les faits obtenus ?

Addendum
Des pistes pour la formation à l'enseignement

Une des pistes prioritaires de formation qui découle de notre analyse concerne la clarification du sens accordé aux DIS, en insistant entre autres sur leur ancrage épistémologique, sur la diversité et les convergences des processus auxquels elles font appel ainsi que sur leur relation avec les savoirs conceptuels. De manière à amener les enseignants à développer une réflexion sur le cadre conceptuel que nous présentons dans ce chapitre, nous leur offrons, en formation initiale et en exercice, des ateliers de formation que nous présentons ici de manière synthétique en trois phases.

1) Lors de la première phase, les enseignants sont invités (individuellement, puis en équipes) à réfléchir sur le potentiel de quelques mises en situation à engager les élèves dans des DIS. Ces mises en situation sont choisies de manière à refléter la diversité des DIS (nécessité ou non d'une hypothèse ; nécessité ou non d'une expérimentation ; potentiel de conceptualisation ou non ; etc.) et, souvent, adaptées à partir de séquences d'enseignement observées dans des classes d'enseignants en exercice. L'encadré 1 présente de manière succincte trois exemples de mise en situation utilisée dans ces formations.

Encadré 1
Exemples de mise en situation exploités avec les enseignants dans le cadre formations initiales et continues

Voici trois exemples très simplifiés de problèmes sur lesquels peuvent déboucher vos discussions avec les élèves à la suite de mises en situations appropriées.

1) Une enseignante du primaire présente aux élèves une situation (un dessin) « avec un poisson qui se pose des questions en regardant un gros bateau qui flotte au-dessus de lui et en dessous de lui, une toute petite roche qui est rendue dans le fond de l'eau »[17]. Les échanges en classe ont permis aux élèves de se poser plusieurs questions et l'enseignante les a orientés vers l'étude de la question suivante : « Pourquoi peut-il y avoir des gros objets qui flottent et des petits objets qui eux vont couler ? »
2) Un enseignant du primaire discute avec les élèves (en exploitant des photos) de l'apparition progressive des feuilles sur les arbres au début du printemps. Par la suite, il a lancé aux

[17] Il s'agit de la description telle que formulée par l'enseignante.

élèves le défi de décrire scientifiquement la manière avec laquelle les feuilles parviennent à couvrir les branches.

3) Un enseignant de secondaire présente aux élèves une mise en situation qui montre l'évolution de la population des phalènes claires et sombres observée en Grande-Bretagne au 19e siècle : alors que dans les régions non polluées par l'industrie, les phalènes claires ont continué à prédominer (plus de 90 % de la population), elles ont été majoritairement remplacées par les phalènes sombres dans les régions polluées par l'industrie. L'enseignant invite par la suite les élèves à proposer des hypothèses pour expliquer ce phénomène et des pistes de protocoles de vérification de ces dernières.

Chacune de ces mises en situation est analysée par les enseignants à l'aide d'une grille composée des éléments suivants : 1) le potentiel de la mise en situation à engager les élèves dans une DIS ; 2) les défis et les difficultés attendus ; 3) les pistes d'amélioration de la mise en situation ; 4) les processus d'enseignement-apprentissage découlant de la mise en situation dans le cadre d'une DIS. Les enseignants sont également invités à dégager les points communs et distinctifs des processus scientifiques auxquels fait appel chacune des trois situations.

2) Lors de la deuxième phase, les équipes présentent et discutent les résultats de leurs analyses et de leurs propositions.

3) La troisième phase vise à faire le point sur chacun des éléments de la grille. Il s'agit, entre autres, de dégager les points communs des DIS mobilisées par les trois situations :

   - Pour la situation 1, il s'agit par exemple de montrer que les élèves peuvent être amenés à formuler des hypothèses sur les facteurs (masse ; volume) qui pourraient influencer le phénomène observé. La vérification de chacune de ces hypothèses passe par l'expérimentation et le contrôle des variables (masse constante pour tester l'effet du volume et inversement). L'analyse et l'interprétation des résultats conduiraient à la modélisation des relations entre les deux variables et à l'élaboration des concepts de masse volumique et de densité.

- La situation 2 permettrait aux élèves de s'engager dans une DIS sans faire appel à une hypothèse (au sens strict) ni à l'expérimentation. Cette DIS repose plutôt sur l'observation systématique et planifiée : les élèves pourraient décider d'observer (et de prendre des photos) une tige bien identifiée sur une période déterminée en faisant appel à des critères pertinents (nombre de feuilles et leur taille ; évolution des autres parties de la tige ; etc.). Les données recueillies de cette manière leur permettraient de constater que chaque bourgeon se développe pour donner naissance à des feuilles, à de nouveaux bourgeons et à des entre-nœuds (figure 5). La DIS utilisée conduirait ainsi à construire les concepts de bourgeon, de feuille et de tige, entre autres. Notons qu'en raison de la longueur de la durée d'observation, une partie ou la totalité de celle-ci pourrait être remplacée par des données fournies par l'enseignant (photos ou vidéos, par exemple).

- La situation 3 fait appel à un devis de type expérimental comme pour la première : pour tester certaines hypothèses (l'effet de la nourriture souillée sur la coloration des phalènes ; la prédation ; etc.), les élèves pourraient imaginer des protocoles expérimentaux et les discuter sans pouvoir les mettre en œuvre en classe en raison de leur complexité. Des données tirées d'expérimentations réalisées par les chercheurs en lien avec cette problématique (voir, par exemple, Astolfi *et al.*, 1997 ; Raven *et al.*, 2007) pourraient être présentées aux élèves et analysées en vue de la conceptualisation du phénomène d'adaptation des êtres vivants à leurs milieux (comme préalable à la théorisation de l'évolution).

Bref, ces trois situations, discutées ici de manière sommaire, pourraient conduire à identifier les éléments de conceptualisation des DIS présentés dans le cadre d'analyse. Ces situations et d'autres pourraient également servir d'introduction à l'étude de la gestion en classe des difficultés et des défis associés aux DIS. Les situations 1 et 3, par exemple, illustrent la possibilité de faire appel à des données existantes lorsque le contexte ne permet pas aux élèves de produire par eux-mêmes des données (données premières).

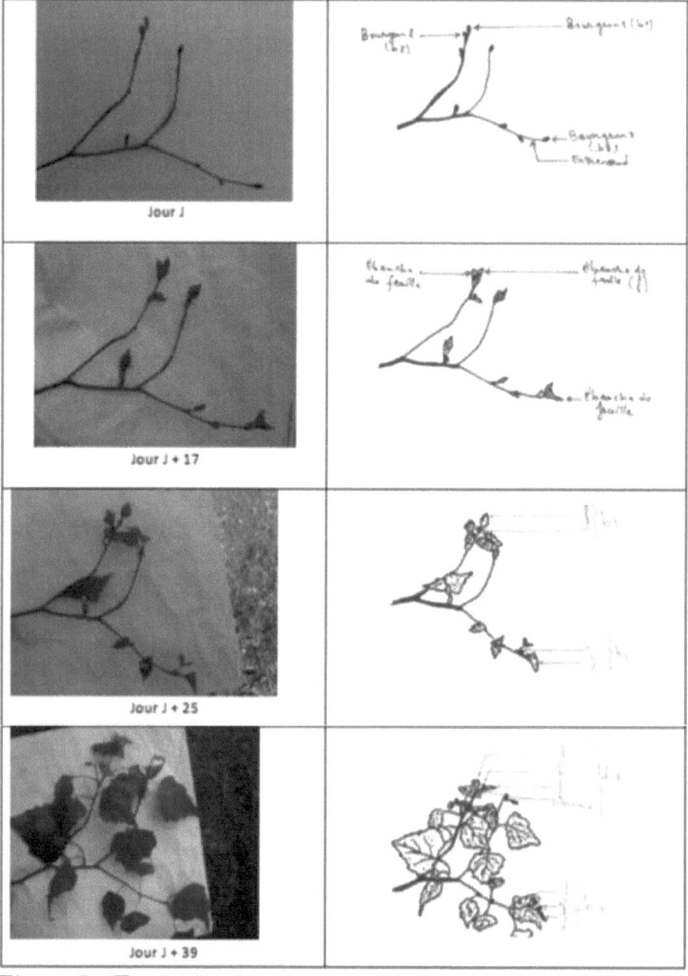

Figure 5 – Exemples de photos prises à des moments différents du développement d'une branche de bouleau

D'autres ateliers de formation pourraient conduire les enseignants à travailler sur des planifications annuelles afin de repérer des contenus "exemplaires" permettant aux élèves de s'engager dans des DIS complètes. Le reste de l'année, les enseignants pourraient viser d'autres aspects de la formation scientifique (le développement d'habiletés intellectuelles et techniques sur lesquelles reposent les DIS ; l'appropriation des dimensions épistémologique et sociale de l'éducation scientifique ; la communication et l'argumentation ; etc.). En effet, pour diverses raisons liées notamment à la diversité des finalités de l'éducation scientifique, à la quantité des contenus prescrits dans les programmes, au temps que nécessite le recours à ce type de démarches, celles-ci ne peuvent pas faire partie des pratiques de classe en tout temps.

Références

American Association for the Advancement of Science [AAAS] (1990). *Science for all Americans.* New York : Oxford University Press.

Astolfi, J.-P., Darot, É., Ginsburger-Vogel, Y. et Toussaint, J. (1997). *Pratiques de formation en didactique des sciences.* Bruxelles : De Boeck Université.

Avraamidou, L. et Zembal-Saul, C. (2005). Giving priority to evidence in science teaching : A first-year elementary teacher's specialized practices and knowledge. *Journal of Research in Science Education, 42*(9), 965-986.

Bachelard, G. (2004). *La formation de l'esprit scientifique : contribution à une psychanalyse de la connaissance objective.* Paris : Librairie philosophique (1re édition : 1938).

Banchi, H. et Bell, R. (2008). The many levels of inquiry. *Science and Children, 46*(2), 26–29.

Banilower, E., Smith, P. S., Weiss, I. R. et Pasley, J. D. (2006). The status of K-12 science teaching in the United States : Results from a national observation survey. *In* D. Sunal et E. Wright (dir.), *The impact of the state and national standards on K-12 science teaching* (p. 83-122). Greenwich, CT : Information Age.

Barton, A. C. et Tan, E. (2009). Funds of knowledge and discourses and hybrid space. *Journal of Research in Science Teaching, 46*(1), 50-73.

Bartos, S. A. et Lederman, N. G. (2014). Teachers' knowledge structures for nature of science and scientific inquiry : Conceptions and classroom practice. *Journal of Research in Science Teaching, 51*(9), 1150-1184.

Becher, T. (1989). *Academic tribes and territories. Intellectual enquiry and the cultures of disciplines.* Milton Keynes : Open University Press.

Bélanger, M., Chatel, J.-M. et St-André, B. (2006). *Univers, science et technologie. 1e cycle du secondaire.* Saint-Laurent : Éditions du Renouveau pédagogique Inc.

Blanchard, M. R., Southerland, S. A., Osborne, J. W., Sampson, V. D., Annetta, L. A. et Granger, E. M. (2010). Is inquiry possible in light of accountability ? A quantitative comparison of the relative effectiveness of guided inquiry and verification laboratory instruction. *Science Education, 94*(4), 577-616.

Boilevin, J.-M. (2013). La place des démarches d'investigation dans l'enseignement des sciences. *In* M. Grangeat (dir.), *Les enseignants de sciences face aux démarches d'investigation. Des formations et des pratiques de classe* (p. 27-53). Grenoble : Presses universitaires de Grenoble.

Bousadra, F. (2014). *L'enseignement par projets en sciences et technologies : étude des pratiques d'enseignement chez des enseignants du secondaire au Québec*. Thèse de doctorat en éducation, Université de Sherbrooke.

Bru, M., Altet, M. et Blanchard-Laville, C. (2004). À la recherche des processus caractéristiques des pratiques enseignantes dans leurs rapports aux apprentissages. *Revue française de pédagogie, 148*, 75-87.

Buty, C. et Plantin, C. (2008). *Argumenter en classe de sciences. Du débat à l'apprentissage.* Paris : Institut national de recherche pédagogique.

Cain, M. L., Damman, H., Lue, R. A. et Yoon., C. K. (2003). *Découvrir la biologie.* Bruxelles : De Boeck.

Cariou, J. Y. (2015). Quels critères pour quelles démarches d'investigation ? Articuler esprit créatif et esprit de contrôle. *Recherches en éducation, 21*, 12-33.

Chinn, C. A. et Malhotra, B. A. (2002). Epistemologically authentic inquiry in schools : A theoretical framework for evaluating inquiry tasks. *Science Education, 86*(2), 175-218.

Cook, L. M (2003). The rise and fall of the Carbonaria form of the peppered moth. *The quarterly review of biology, 78*(4), 399-417.

Crawford, B. A. (2007). Learning to teach science as inquiry in the rough and tumble of practice. *Journal of Research in Science Teaching, 44*(4), 613–642.

Cross, J. B., Dodge, J. H., Walter, J. A. et Haber-Schaim, U. (1971). *PSSC Physics* (3e éd.). Lexington, MA : Health.

DeBoer, G. E. (2013). Science for all : Historical perspectives on policy for science education reform. *In* J. A. Bianchini, V. L. Akerson, A. Calabrese Barton, O. Lee. et A. J. Rodriguez (dir.), *Moving the equity agenda forward : Equity research, practice, and policy in science education* (5-20). New York, NY : Springer.

Duschl, R. et Gitomer, D. (1997). Strategies and challenges to changing the focus of assessment and instruction in science classrooms. *Educational Assessment, 4*(1), 337-373.

Duschl, R. et Osborne, J. (2002). Supporting and promoting argumentation discourse in science education. *Studies in Science Education, 38*(1), 39-72.

Duval, L. C., Gauthier, C. et Tardif, M. (1995). Évolution des programmes de sciences de 1861 à nos jours. *Les cahiers du LABRAPS (Laboratoire de recherche en administration et politique scolaires), 26*, Université Laval.

Edelson, D. C. (2001). Learning-for-use : A framework for the design of technology-supported inquiry activities. *Journal of Research in Science Teaching, 38*(3), 355-385.

Fabre, M. (1999). *Situations-problèmes et savoir scolaire.* Paris : Presses universitaires de France.

Furtak, E. M., Seidel, T., Iverson, H. et Briggs, D. C. (2012). Experimental and quasi-experimental studies of inquiry-based science teaching : A meta-analysis. *Review of Educational Research, 82*(3), 300-329.

Goodlad, S. (1979). What is an academic discipline ? *In* R. Cox (dir.), *Cooperation and choice in higher education* (p. 10-20). London : University of London Press.

Gouvernement de la République française (2015). *Socle commun de connaissances, de compétences et de culture. Bulletin officiel de l'éducation nationale n°17.* Paris : Ministère de l'Éducation nationale, de l'Enseignement supérieur et de la Recherche.

Gouvernement du Québec (1967). *Programme d'études des écoles secondaires.* Québec : Ministère de l'Éducation, Direction générale de l'élémentaire et du secondaire.

Gouvernement du Québec (1982). *Programme d'étude secondaire : biologie humaine.* Québec : Ministère de l'Éducation, Direction générale du développement pédagogique.

Gouvernement du Québec (1988). *Programme d'étude secondaire : biologie générale.* Québec : Ministère de l'Éducation, Direction générale du développement pédagogique.

Gouvernement du Québec (2001). *Programme de formation de l'école québécoise. Premier cycle du secondaire.* Québec : Ministère de l'Éducation, du Loisir et du Sport.

Gouvernement du Québec (2004). *Programme de formation de l'école québécoise. Deuxième cycle du secondaire.* Québec : Ministère de l'Éducation, du Loisir et du Sport.

Gray, R. O. N. (2014). The distinction between experimental and historical sciences as a framework for improving classroom inquiry. *Science Education, 98*(2), 327-341.

Hagemans, M. G., van der Meij, H. et de Jong, T. (2013). The effects of a concept map-based support tool on simulation-based inquiry learning. *Journal of Educational Psychology, 105*(1), 1-24.

Hasni, A. (2001). *Les représentations d'une discipline scolaire – l'activité scientifique – et de sa place au sein des autres disciplines formant le curriculum chez des instituteurs marocains.* Thèse de doctorat en éducation, Université de Sherbrooke.

Hasni, A. (2015). La réforme par compétences et la discipline « science et technologie » au Québec. Analyse des programmes, de pratiques d'enseignement et de manuels scolaires. *In* F. Audigier, A. Sgard et N. Tutiaux-Guillon (dir.), *Sciences de la nature et sciences de la société dans une école en mutation. Fragmentations, recompositions, nouvelles alliances ?* (p. 89-101). Bruxelles : De Boeck.

Hasni, A. et Roy, P. (2006). Comment les manuels scolaires proposent-ils d'aborder les concepts scientifiques avec les élèves ? Cas des concepts de biologie. *In* J. Lebrun, J. Bédard et A. Hasni (dir.), *Matériel didactique et pédagogique : soutien à l'appropriation ou déterminant de l'intervention éducative ?* (p. 125-162). Ste-Foy : Presses de l'Université Laval.

Hasni, A. et Samson, G. (2008). Développer les compétences en gardant le cap sur les savoirs. Première partie : place de la problématisation dans les démarches à caractère scientifique. *Spectre, 37*(2), 26-29.

Jameau, A. et Boilevin, J.-M. (2015). Les déterminants de la construction et de la mise en œuvre de démarches d'investigation chez deux enseignants de physique-chimie au collège. *Recherches en éducation, 21*, 109-122.

Jenkins, E. (2007). School science : A questionable construct ? *Journal of Curriculum Studies, 39*(3), 265-282.

Kanari, Z. et Millar, R. (2004). Reasoning from data : How students collect and interpret data in science investigations. *Journal of Research in Science Teaching, 41*(7), 748-769.

Kramarski, B. et Dudai, V. (2009). Group-metacognitive support for online inquiry in mathematics with differential self-questioning. *Journal of Educational Computing Research, 40*(4), 377-404.

Kuhn, T. (1983). *La structure des révolutions scientifiques* (Trad. L. Meyer). Paris : Flammarion (1re éd. 1973).

Künsting, J., Kempf, J. et Wirth, J. (2013). Enhancing scientific discovery learning through metacognitive support. *Contemporary Educational Psychology, 38*(4), 349-360.

Lazonder, A. W. et Harmsen, R. (2016). Meta-analysis of inquiry-based learning : Effects of guidance. *Review of Educational Research, 86*(3), 681-718.

Lebeaume, J. (2011). L'investigation pour l'enseignement des sciences : actualités des enjeux. *In* M. Grangeat (dir.), *Les démarches d'investigation dans l'enseignement scientifique. Pratiques de classe, travail collectif, acquisitions des élèves* (p. 23-37). Lyon : Institut français d'éducation.

Lebeaume, J. (2014). Sciences et technologie dans la scolarité obligatoire : une coexistence discutée. *Recherches en didactiques, 17*, 11-32.

Lenoir, Y. (2014). *Les médiations au cœur des pratiques d'enseignement-apprentissage : une approche dialectique. Des fondements à leur actualisation en classe. Éléments pour une théorie de l'intervention éducative.* Longueuil : Groupéditions Éditeurs.

Lenoir, Y., Maubant, P., Hasni, A., Lebrun, J., Zaid, A., Habboub, E. *et al.* (2007). *À la recherche d'un cadre conceptuel pour analyser les pratiques d'enseignement.* Sherbrooke : Faculté d'éducation, CRCIE et CRIE (Documents du CRIE et de la CRCIE nº 2).

Maloney, J. et Simon, S. (2006). Mapping children's discussions of evidence in science to assess collaboration and argumentation. *International Journal of Science Education, 28*(15), 1817-1841.

Manlove, S., Lazonder, A. W. et de Jong, T. (2006). Regulative support for collaborative scientific inquiry learning. *Journal of Computer Assisted Learning, 22*(2), 87-98.

Maskiewicz, A. C. et Winters, V. A. (2012). Understanding the co-construction of inquiry practices : A case study of a responsive teaching environment. *Journal of Research in Science Teaching, 49*(4), 429-464.

McGinnis, R. Parker, P. et Graeber, A. (2004). A cultural perspective of the induction of five reform-minded beginning mathematics and science teachers. *Journal of Research in Science Teaching, 41*, 720–747.

National Research Council [NRC] (1996). *National science education standards.* Washington, DC : National Academy Press.

National Research Council [NRC] (2011). *A framework for K-12 science education : Practices, crosscutting concepts, and core ideas.* Washington, DC : National Academy Press.

Newman, W., Abell, S., Hubbard, P., McDonald, J., Otaala, J. et Martini, M. (2004). Dilemnas of teaching inquiry in elementary methods. *Journal of Science Teacher Education, 15*, 257–279.

NGSS Lead States (2013). *Next generation standards*. Document accessible à l'adresse <http://www.nextgenscience.org/next-generation-science-standards>.

Pedaste, M., Mäeots, M., Siiman, L. A., de Jong, T., van Riesen, S. A. N., Kamp, E. T. *et al.* (2015). Phases of inquiry-based learning : Definitions and the inquiry cycle. *Educational Research Review, 14*, 47-61.

Pimentel, G. C. (dir.). (1960). *The chemical materials study approach to introductory chemistry. Chimestry, an experimental science.* San Francisco, CA : W. H. Freeman and company, cooperating Publishers. Document accessible à l'adresse <https://archive.org/details/chemi stryexperim00chem>.

Poincaré, H. (1948). *La valeur de la science*. Paris : Flammarion.

Poincaré, H. (1960). *La science et l'hypothèse*. Paris : Flammarion.

Raven, P., Johnson, G., Losos, J. et Singer, S. (2007). *Biologie*. Bruxelles : De Boeck.

Rönnebeck, S., Bernholt, S. et Ropohl, M. (2016). Searching for a common ground – A literature review of empirical research on scientific inquiry activities. *Studies in Science Education*, *52*(2), 161-197.

Roth, K. J., Drucker, S. L., Garnier, H., Lemmens, M., Chen, C., Kawanaka, T. *et al.* (2009). *Teaching science in five countries : Results from the TIMMS 1999 video study. Statistical analysis report.* Washington, DC : National Center for Education Statistics.

Roth, K. et Garnier, H. (2007). What science teaching looks like : An international perspective. *Educational Leadership, 64*(4), 16-23.

Rudolph, J. L. (2005). Epistemology for the masses : The origins of "The Scientific Method" in American schools. *History of Education Quarterly, 45*(3), 341-376.

Schwab, J. J. (1962). *The teaching of science as enquiry*. Cambridge, MA : Harvard University Press.

Schwab, J. J. (1964). Structure of the disciplines : Meanings and significances. *In* G. W. Ford et L. Pugno (dir.), *The structure of knowledge and the curriculum* (p. 6-30). Chicago, IL : Rand McNally & Company.

Seidel, T., Prenzel, M. et Kobarg, M. (2005). *How to run a video study. Technical report of the IPN video study*. Münster–New York–München–Berlin : Waxmann.

Serres, M. (1989). *Éléments d'histoire des sciences*. Paris : Bordas.

Settlage, J. et Southerland, S. A. (2007). *Teaching science to all children : Using culture as a starting point*. New York, NY : Routledge.

Stichweh, R. (1991). *Étude sur la genèse du système scientifique actuel.* Lille : Presses universitaires de Lille.

Stroupe, D. (2015). Describing "science practice" in learning settings. *Science Education, 99*(6), 1033-1040.

Tiberghien, A., Malkoun, L. et Mohamadoune, S. (2008). Analyse des pratiques de classes de physique : aspects théoriques et méthodologiques. *Les dossiers des sciences de l'éducation, 19*, 61-73.

Venville, G. J. et Dawson, V. M. (2010). The impact of a classroom intervention on grade 10 students' argumentation skills, informal reasoning, and conceptual understanding of science. *Journal of Research in Science Teaching, 47*(8), 952-977.

Vygotski, L. (1997). *Pensée et langage.* Paris : La Dispute (1re éd. 1934).

Windschitl, M., Thompson, J. et Braaten, M. (2008). Beyond the scientific method : Model-based inquiry as a new paradigm of preference for school science investigations. *Science Education, 92*(5), 941-967.

Annexe 1
Exemples de questions considérées dans les entrevues préenregistrement

1) ***Quoi*** enseigner ? Exemples de questions :
   - 1.1 Quels sont les savoirs ou les contenus disciplinaires que vous souhaitez que les élèves apprennent dans le cours qui sera enregistré ?
   - 1.2 Que souhaitez-vous que les élèves retiennent de ces contenus ?
   - 1.3 Est-ce que les contenus visés dans le cours qui sera enregistré présentent des difficultés pour vos élèves ? Si oui, lesquelles ?
   - 1.4 Est-ce que les contenus visés dans le cours qui sera enregistré présentent des difficultés pour vous ? Si oui, lesquelles ?[18]

2) En vous basant sur quelles démarches ou approches (le ***comment***) ? Exemples :
   - 2.1 Pourriez-vous nous décrire le déroulement de la période qui sera enregistrée, en précisant vos tâches et les tâches que les élèves auront à réaliser en lien avec les apprentissages visés ?
   - 2.2 Parmi ces tâches, lesquelles vous semblent mieux favoriser les apprentissages des élèves ? Pourquoi ?
   - 2.3 Est-ce que le déroulement que vous venez de décrire fait appel à une démarche ou une méthode propre aux sciences et technologies ?
     - De quelle méthode ou démarche s'agit-il ?
     - D'une manière générale, pour vous, qu'est-ce qui caractérise cette démarche ?

[18] Considérant que nos recherches dans les classes ne ciblent pas des contenus particuliers, mais dépendent de ce que les enseignants acceptent de nous présenter, les contenus traités dans les séquences enregistrées ne sont pas connus à l'avance. Par conséquent, les questions d'entrevue sont formulées de manière générale, sans faire référence à des contenus spécifiques.

- Est-ce que le recours à cette démarche présente des difficultés ou des défis pour vos élèves ? Si oui, lesquels ?
- Est-ce que le recours à cette démarche présente des difficultés ou des défis pour vous ? Si oui, lesquels ?

3) En lien avec quelles visées éducatives (le ***pourquoi***) ? Exemples :
   3.1 Pourquoi le recours aux démarches et aux approches retenues ?

4) En recourant à quelles ressources didactiques (le ***avec quoi***) et comment ? Exemples :
   4.1 Quel matériel didactique avez-vous utilisé pour la préparation et pour l'enseignement de ce cours ?
   4.2 Quelle composante de ce matériel didactique avez-vous utilisé et comment l'avez-vous utilisé ?

Chapitre 3

Caractérisation de la démarche d'investigation en mathématiques, en sciences expérimentales et en technologie par des collégiens français

Béatrice Mouton-Legrand et Abdelkarim Zaid

Introduction : une généralisation de la démarche d'investigation

La recherche présentée se situe dans un contexte institutionnel caractérisé par des prescriptions officielles visant à remédier à la désaffection des jeunes pour les études scientifiques. En France, la démarche d'investigation (DI) apparaît dès 2005 dans une introduction commune à l'ensemble des disciplines scientifiques au collège (équivalent du secondaire inférieur) (Gouvernement de la République française, 2005). Similaire à celle qui est préconisée à l'école primaire, son appellation est alors *démarche d'investigation scientifique*. À cette époque, la technologie n'est pas intégrée à ce pôle scientifique et la DI y est préconisée exclusivement en classe de sixième. En 2008, elle est généralisée et donc étendue en technologie pour les quatre niveaux du collège (Gouvernement de la République française, 2008). Le texte présentant la DI dans l'introduction commune aux quatre disciplines est en tous points identique au précédent, hormis le fait que son appellation perd l'adjectif *scientifique*. Or, cette intégration ne va pas de soi, car, d'une part, sans nier les relations entre sciences et technologie, la technologie ne peut être assimilée ou limitée à une science appliquée (De Vries, 2005). D'autre part, cette démarche, est fortement associée aux sciences (Coquidé, Fortin et Rumelhard, 2009) et elle est « une démarche d'enseignement des sciences, entretenant des rapports avec les démarches scientifiques » (Boilevin, 2013, p. 39).

De nombreuses recherches en didactiques interrogent cette DI en focalisant son caractère pédagogique qui nierait les spécificités disciplinaires (Lebeaume, 2011) ou son caractère transversal, voire universel, indépendant des contenus (Boilevin et Brandt-Pomares, 2011 ; Calmettes, 2012 ; Mathé, Méheut et De Hosson, 2008). À cet égard, Grangeat (2011, 2013), Lhoste et Brandt-Pomares (2013) s'accordent à considérer que chaque discipline, actualisée dans les pratiques des enseignants, marque cette démarche d'une empreinte disciplinaire. L'enjeu de ce chapitre est de compléter ces études et travaux en apportant le point de vue des élèves et leur caractérisation de la DI en mathématiques, en sciences de la vie et de la Terre (SVT), en sciences physiques et chimiques (SPC) et en technologie.

1. La démarche d'investigation en sciences, mathématiques et technologie au collège

Le rapport Monod-Ansaldi et Prieur (2011) fait état des représentations des enseignants de sciences et technologie à propos de la DI à partir d'une enquête par questionnaire organisée autour de quatre concepts épistémologiques souvent utilisés dans la description de cette démarche : « Notre choix s'est porté sur les concepts épistémologiques de problème, hypothèse, expérience et modèle, souvent mobilisés dans la description des démarches d'investigation, mais plus généralement dans les démarches scientifiques et technologiques » (*Ibid.*, p. 7).

Mais si ces quatre concepts cités semblent relever de la DI en sciences expérimentales (SVT et SPC), qu'advient-il de chacun d'eux lorsqu'elle est généralisée et donc transposée en technologie et en mathématiques ? En prenant appui sur le point de vue de Lebeaume (2011) pour qui initier une DI nécessite de prendre en compte la discipline dans laquelle elle est mise en œuvre, ses activités et ses contenus, nous supposons que la DI est spécifiée par les disciplines dans lesquelles elle est développée et, par conséquent, que ces quatre concepts pourraient constituer des critères de différenciation de ses mises en œuvre disciplinaires. Reuter (2013) considère en effet que chaque discipline implique « des manières de penser, dire, agir » (p. 88) qui ne peuvent se désolidariser des savoirs ou savoir-faire visés. À cet égard, une analyse du discours de douze enseignants de technologie et de sciences physiques et chimiques (Mouton-Legrand, 2013) permet de caractériser la manière dont ceux-ci interprètent la DI dans leur discipline. Les divergences relevées dans leurs propos concernent les termes ou concepts “problème”, “hypothèse” et “expérience”, déjà mobilisés dans l'enquête de Monod-Ansaldi et Prieur (2011), auxquels s'ajoutent ceux d'erreur et de structuration des connaissances.

La recherche présentée s'intéresse aux élèves ainsi exposés à la DI et à ses variations au cours des enseignements disciplinaires auxquels ils participent. Trois questions sont centrales : la différenciation disciplinaire de la DI opérée par les enseignants apparaît-elle dans l'appropriation ou l'élaboration de la DI par les élèves ? Comment caractérisent-ils la manière de penser, de dire ou de mettre en œuvre la démarche d'investigation dans chaque discipline ? Le cas échéant, quelle est la variation éventuelle de leur caractérisation de la DI selon leurs performances scolaires ?

Cette recherche se centre ainsi sur les apprentissages des élèves et leurs élaborations intellectuelles correspondant à l'une des trois traditions de recherche identifiées par Anderson (2010), celle qui se concentre sur l'intégration d'une culture spécifique à une communauté de pratiques caractérisée par des normes langagières et sociales, des valeurs et des modes d'activité. Cette tradition se distingue à la fois de celle qui vise la transformation conceptuelle contre les croyances de l'apprenant et celle qui fait prévaloir l'interrogation critique de l'intrication entre savoir (notamment scientifique) et pouvoir.

Afin d'analyser la manière dont les élèves caractérisent la DI, les divergences relevées dans le discours des enseignants, et donc les cinq termes cités précédemment (problème, hypothèse et expérience, erreur, structuration des connaissances) sont au cœur du questionnaire soumis aux collégiens.

2. Le discours des collégiens : recueil et traitement

Le questionnaire (voir l'annexe 1) est adressé à cent cinquante collégiens, scolarisés en classe de quatrième (14 ans) dans trois établissements différents, codés A, B et C (Tableau 1), de l'Académie de Lille (France).

Tableau 1
Les trois collèges dont est issu l'échantillon d'élèves

Codage collège	Contexte géographique	Nombre d'élèves	Nombre d'élèves interrogés	Répartition des professions et catégories socioprofessionnelles de l'établissement (en 2013)
A	Ville moyenne, entre zone rurale et l'ancien bassin minier du Pas-de-Calais	Environ 350	3 classes, soit 63 élèves	Défavorisée : 53% Moyenne : 22% Favorisée et très favorisée : 22%
B	Ville résidentielle limitrophe de Lille	Environ 390	2 classes, soit 58 élèves	Défavorisée : 19% Moyenne : 28% Favorisée et très favorisée : 52%
C	Lille (chef-lieu de la région des Hauts-de-France)	Environ 500	2 classes, soit 36 élèves	Défavorisée : 78% (Seule donnée communiquée) Établissement classé en réseau d'éducation prioritaire

Le questionnaire comporte les mêmes questions pour chaque discipline afin de faciliter le repérage des récurrences et divergences dans le discours des collégiens. Le traitement des données recueillies a donné lieu à une analyse thématique manuelle avec catégorisation des réponses des collégiens. Les réponses qui ne sont indiquées que par un ou deux élèves ont été étudiées et considérées comme des "indications particulières" et non comme des énoncés marginaux, même si elles le sont du point de vue de leur fréquence d'apparition (Lahanier-Reuter, 2013). Sept entretiens semi-directifs (voir l'annexe 2) ont ensuite été menés. La sélection de ces élèves, exclusivement du collège A (voir *infra*) s'est effectuée à la fois en fonction des réponses au questionnaire, mais également selon le niveau de performance scolaire déclaré par les élèves, de manière à interroger un groupe de collégiens suffisamment hétérogène, annonçant des performances différenciées dans les quatre disciplines. L'échantillon est constitué de Valentin et Arnaud, élèves potentiellement décrocheurs, de Kassendra qui éprouve des difficultés d'apprentissage et d'Amélie, Élise, Margaux et Mathys, élèves performants ou très performants (voir le tableau 2).

Tableau 2
Résultats déclarés par les élèves

Élèves	Mathématiques	SVT	SPC	Technologie
Amélie	15	16	19.5	19.5
Arnaud	3.5	7.5	1.5	14.5
Kassendra	7.5	9.5	13.5	14.5
Élise	16.5	16.5	14.5	15.5
Margaux	17.5	16	20	16
Mathys	19.5	19.5	19.5	19.5
Valentin	1.5	8.5	1.5	8.5
Moyenne des trois classes	13.2	13.4	13.9	15.4

Remarque : dans la suite du texte, le prénom des élèves est accompagné des notes qu'ils ont déclarées pour la discipline concernée[1].

Le traitement de ces entretiens a fait appel à deux approches différentes, mais complémentaires : une analyse de contenu thématique et une analyse lexicale grâce au logiciel Iramuteq. Cette analyse automatique, par segmentation successive des discours, permet de rendre compte de l'organisation interne de ces discours et de mettre au jour le sens qui les sous-tendrait par rapport à l'usage de la DI. Ont été traités 85,55 % des segments de discours des répondants, pourcentage qui donne une validité acceptable à cette analyse. L'analyse des unités de contexte élémentaire (UCE)[2] a donné lieu à quatre classes lexicales, représentées dans le dendrogramme (Figure 1).

[1] Exemple de codage : Clara, B-14,5 : élève de l'établissement B, déclarant 14,5 de moyenne dans la discipline concernée par les propos. Dans le cas d'une non-réponse, la note est remplacée par NR.

[2] Segment du texte analysé, défini par le logiciel à partir d'un compromis entre la forme syntaxique et les contraintes statistiques. Le seuil d'UCE a été déterminé par le logiciel.

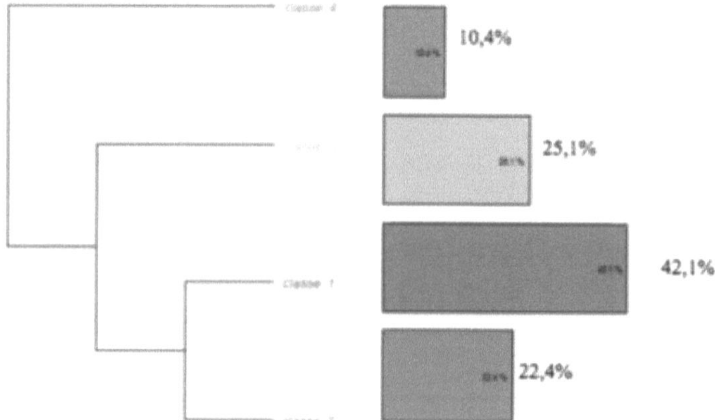

Figure 1 – Discours des collégiens de collège A

La classe 1 est constituée de 42,1 % d'UCE représentant la manière dont les collégiens caractérisent la DI en sciences expérimentales (SPC [sciences physiques et chimiques] et SVT [sciences de la vie et de la Terre]), alors que les classes 2 et 3 correspondent respectivement aux caractérisations de la DI opérées par les élèves en mathématiques et en technologie. Enfin, la classe 4 correspond aux singularités de la DI en technologie énoncées par les collégiens.

C'est à l'aune de l'analyse des questionnaires et des entretiens que l'association de la DI à chacune des quatre disciplines est recherchée et que les différenciations ou spécificités disciplinaires sont identifiées.

3. Le point de vue des élèves

3.1 Différentes mises en œuvre selon les classes interrogées

Bien que les prescriptions de 2015 réaffirment la transversalité de la démarche d'investigation (Lebeaume, 2016), l'analyse des questionnaires met en évidence que les élèves interrogés caractérisent cette démarche de manière différenciée, selon les disciplines et les établissements. En effet, en technologie, le terme “problème” est absent des discours des élèves des établissements B et C. Peu d'entre eux déclarent émettre des hypothèses (moins de 10 % pour l'établissement B et 25 % pour le collège C), car « le prof explique tout […] » (Clara, B-14.5), « la technologie, y a pas d'hypothèses » (Ayoub, C-NR), « car c'est un cours où on fait plus de travail à lire » (Thomas, C-15.5), ou encore « parce que le prof ne nous laisse pas nous exprimer » (Hubert, B-14.5). Pour ceux qui affirment formuler des hypothèses, ils sont peu nombreux à en donner un exemple recevable (3 % pour l'établissement B et 8 % pour le collège C). De plus, ils sont peu nombreux à affirmer réaliser des expériences en technologie, en précisant que cette décision relève des pratiques de l'enseignant : « le prof ne veut pas » (Baptiste, B-20), « le prof nous fait que remplir des fiches » (Héloïse, B-19) ou « car c'est la prof qui explique le plus » (Thiziri, C-15.5). Enfin, aucun lien n'est identifié entre les hypothèses émises et l'expérience réalisée, et aucun moment de recherche et d'institutionnalisation ne se retrouve dans les discours recueillis ; les élèves ne discernent donc pas de moment de structuration des savoirs. Ces indicateurs révèlent que les élèves n'identifient pas les étapes prescrites de la DI dans les activités vécues en technologie, qu'elle soit mise en œuvre dans ces établissements ou pas. Quant aux disciplines scientifiques, il n'est pas possible d'identifier le type de démarche initiée en sciences expérimentales.

En revanche, les élèves de l'établissement A déclarent majoritairement émettre des hypothèses et réaliser des expériences en technologie. En outre, ils caractérisent des articulations entre ces deux étapes prescrites de la DI. Ces indicateurs font supposer que ces collégiens vivent des expériences scolaires dans lesquelles ils mettent en œuvre des investigations. C'est la raison pour laquelle les entretiens ont été réalisés auprès des élèves de cet établissement. L'analyse lexicale des discours permet de conforter ce constat et de mettre en lumière une indexation de la DI par les élèves selon les pratiques scolaires vécues dans les différentes disciplines. Le croisement des analyses thématique et lexicale permet d'isoler trois caractérisations différentes de la DI : celle des mathématiques, celles des sciences expérimentales et celle de la technologie.

3.2 La démarche d'investigation spécifique aux mathématiques

À propos des mathématiques, le terme "problème" n'apparaît pas dans le discours des élèves de manière significative. Quand ils l'emploient, ils ne font pas référence à une situation problématique, une énigme, « une morsure » (Dewey, 1910, p. 207). Ils parlent plus volontiers d'activité ou d'exercice. Amélie (A-15) dit que parfois ce sont des « exercices sympas », c'est-à-dire une activité de recherche limitée dans le temps : « vingt minutes » selon elle. Amélie explique son intérêt pour cette activité de cette manière :

- « Ben c'est la découverte de la leçon. […] les exercices ça m'intéresse pas forcément donc euh … ça au moins, ça me fait réfléchir, des fois c'est trop compliqué … et après, quand … Ben moi j'aime bien, quoi ».

Cependant, l'aspect recherche de cette activité n'est identifié que par les élèves performants, et si près des deux tiers des collégiens de cet établissement disent émettre des "hypothèses" en mathématiques, ils ne sont qu'un sur sept à donner une définition de ce terme : une idée, une proposition de solution ou de propriété, dans la plupart des cas.

Un quart de ces collégiens affirme réaliser des "expériences" en mathématiques et, dans ce cas, celles-ci impliquent nécessairement le recours à des outils, des instruments et permettent de « comprendre la leçon ». Pour ce qui concerne l'"erreur", ils éprouvent des difficultés à définir ce terme, quelle que soit la discipline. L'erreur est surtout assimilée à une non-maîtrise des savoirs ou savoir-faire de la discipline. Pour 40 % des élèves interrogés, l'erreur en mathématiques est une erreur de calcul. Enfin, en ce qui concerne la "structuration", il n'y a pas de véritables moments consacrés à une construction des savoirs par les élèves puisqu'ils indiquent que la leçon est donnée par le professeur.

3.3 La démarche d'investigation spécifique aux sciences expérimentales

En sciences expérimentales, les élèves s'accordent à définir l'expérience et l'erreur de la même manière : l'expérience nécessite l'utilisation d'un dispositif témoin ; l'erreur est liée aux activités manipulatoires et assimilée au fait de ne pas « parler comme les scientifiques ». Néanmoins les collégiens opèrent une distinction entre SPC et SVT, essentiellement sur les termes problème/hypothèse/expérience.

3.3.1 Caractérisation de la démarche d'investigation en sciences physiques et chimiques

En SPC, la question formulée par l'enseignant n'est pas perçue comme une situation problématique. Margaux (A-20), seule élève interrogée qui affirme que le chapitre de SPC commence par une question, précise que cette question n'a pas la même finalité qu'en SVT puisqu'elle tient lieu de résumé introductif du chapitre. Seuls Élise (A-14.5) et Mathis (A-19.5) déclarent formuler des hypothèses en SPC. Élise explique l'action de l'enseignant :

- « Il va nous dire si c'est bon. Si c'est pas bon, il va nous expliquer pourquoi c'est pas en rapport et puis après c'est chacun qui trouve peu à peu ce qu'il pense par rapport au titre, mais c'est pas très précis par moment. [...] Si y'en a deux [hypothèses] qui [...] sont proches, il peut nous dire « prenez ces deux-là et réfléchissez sur ces deux-là ».

Les élèves interrogés, que ce soit lors de la passation des questionnaires ou lors des entretiens, parviennent difficilement à définir ce que peut être une hypothèse en SPC. De la même manière, ils sont 90 % à affirmer y réaliser des expériences, mais peu nombreux à en déterminer la fonction. La finalité des expériences est perçue comme une mise en application qui permet de mieux comprendre la leçon ou d'apprendre les gestes inhérents à la manipulation de produits chimiques et non comme la mise à l'épreuve des hypothèses par l'empirie :

- « [l'expérience sert] à bien comprendre ce qui va être écrit dans la leçon, en fait. […] et ça sert aussi à apprendre ce qui est dangereux, des produits qu'il faut bien … manipuler et puis voilà » (Amélie, A-19.5).

Les élèves ne mentionnent pas de moment dédié à la structuration des savoirs. Ils déclarent que la leçon est écrite par l'enseignant et qu'ils la recopient. Leurs propos correspondent à ce que déclare leur enseignant :

- « pour moi, […] la démarche d'investigation je m'en sers en introduction du cours. Derrière, y'a encore soit le cours qui est dicté, soit projeté sur rétroprojecteur avec les définitions […]. Mais y'a toujours un moment où, même après qu'ils aient terminé la démarche d'investigation, […] où on revient au cours … au cours tout fait. C'est ce […] qui joue le rôle, pour moi, de structuration » (SPC1).

3.3.2 Caractérisation de la démarche d'investigation en sciences de la vie et de la Terre

En SVT, la question que pose l'enseignante en début de chapitre amène les élèves à formuler des hypothèses. Ceux-ci ne font pas mention d'un *problème* posé qui serait énigmatique, ils emploient tous le terme "question" :

- « Ben elle [l'enseignante] met une question au tableau et après on doit répondre et puis après elle marque "idées" et puis elle marque toutes nos idées et puis après elle fait le chapitre » (Kassendra, A-9.5).

Les hypothèses sont donc des "idées" ou, pour les plus performants, leurs représentations : « [c'est plus] ce qu'on a dans la tête » (Élise, A-16.5).

Ils sont peu nombreux à affirmer pouvoir proposer le protocole de leur propre expérience et lorsque c'est le cas, ils ne semblent pas être en mesure de choisir le matériel :

- « La professeure, par exemple, pour savoir s'il y a du dioxyde de carbone, […] on propose, par exemple s'il faut mettre de l'eau de chaux et fermer le couvercle ou s'il faut laisser le couvercle ouvert et puis mettre sur le truc pour calculer la quantité de dioxygène » (Élise, A-16.5).

L'expérience permet de mettre à l'épreuve les hypothèses, mais cette fonction n'est perçue que par les élèves les plus performants. Pour les autres, elle ne sert à rien ou permet de mieux comprendre la leçon, « à voir, à la fin » (Valentin, A-8.5). À l'issue de l'expérience, les élèves déclarent rédiger un compte-rendu :

- « Après […] les expériences, on déduit en fait. […] après on fait la leçon qui correspond à notre déduction. […] on décrit l'expérience qu'on a faite […] et puis après, la prof marque avec ses mots, les notions » (Amélie, A-16).

Ainsi, du point de vue de la structuration, les élèves affirment que la leçon, « C'est la prof qui la dicte » (Mathys, A-19.5), mais qu'ils peuvent participer à la construction de phrases.

3.4 La démarche d'investigation spécifique à la technologie

La troisième caractérisation concerne la technologie, discipline pour laquelle une spécificité disciplinaire a été mise en évidence, à la fois par l'analyse thématique et par l'analyse lexicale. Les analyses des entretiens et questionnaires révèlent cette différenciation faite par les collégiens en technologie. Ainsi, la DI que les collégiens de A identifient correspond à ce que les enseignants interrogés nomment une démarche de résolution de problème. Il s'agit d'un problème ouvert pour lequel les hypothèses sont des propositions de solutions techniques. Pour le résoudre, les élèves sont amenés à formuler des hypothèses et on relève dans leur discours une caractérisation de l'hypothèse propre à la discipline : « Quand on fait un projet, il faut donner des hypothèses sur les solutions techniques de l'objet » (Margaux, A-16) ; « On formule des hypothèses pour savoir comment fonctionne un objet technique » (Aurélia, A-15.5). Élise (A-15.5) explique comment se déroule la recherche d'hypothèses :

- « Ben … en groupe, on cherche un peu la réponse à ce problème, on émet, chacun dans notre groupe […] une hypothèse et puis on dit si on en préfère une en particulier dans le groupe, laquelle serait la plus facile à faire. Et puis, souvent, on se met tous d'accord et après on n'a plus qu'à mettre en place qui fait quoi dans le groupe et à la fin on va faire la pièce ».

L'analyse lexicale permet de mettre en lumière le fait que le terme "problème" appartient à la classe lexicale 4, classe relative aux singularités de la DI en technologie énoncées par les collégiens. Ce terme apparaît explicitement et presque exclusivement dans les discours des collégiens à propos de ce qu'ils font en technologie. Du point de vue de l'analyse thématique, les propos des élèves corroborent cette assertion :

- « Ben, souvent la question c'est vraiment un problème à résoudre, en fait. C'est pas […] une question banale […] c'est vraiment un problème et il faut le résoudre » (Élise, A-15.5).
- « Ben on la [solution technique] réalise, on la met en œuvre pour résoudre le problème » (Mathys, A-19.5).

Les collégiens expliquent, d'une part, que le problème posé permet de les engager dans une démarche explicative, dans un cheminement de recherche de solutions techniques, de modélisation d'un fonctionnement ou encore dans un parcours de recherche de protocoles d'essai et, d'autre part, que l'aspect énigmatique de ce problème les déstabilise parfois. Amélie (A-19.5) explique sa difficulté face à un problème inattendu pour lequel les solutions sont plurielles :

- « Ben en fait, à chaque fois on est un peu perdu, mais … on doit avoir un objet, on doit expliquer son fonctionnement […] ben c'est surtout que … on sait pas quoi faire, en fait, à chaque fois ».

Les liens établis explicitement par les élèves entre les hypothèses qu'ils émettent pour résoudre le problème et l'expérience ou la manipulation qu'ils réalisent sont des indicateurs importants.

Ces liens sont présents à la fois dans les questionnaires et les entretiens :

- « D'abord on donne des hypothèses, après on essaye de voir si ces hypothèses sont vraies ou fausses. Donc il faut forcément une expérience ou une manipulation » (Amélie, A-19.5).
- « Bah, c'est une expérience, formuler une hypothèse et puis voir si elle est réalisable » (Mathys, A-19.5).

À l'issue de l'expérience, le résultat obtenu est présenté au reste de la classe, soit parce que les solutions proposées sont différentes, soit parce que tous les élèves n'ont pas mené leur recherche sur le même objet technique. Margaux (A-16) précise que si cet objet peut être différent, il aboutit toujours au même bilan puisqu'il permet de comprendre les mêmes notions :

- « c'est pas un même objet, mais que ça représente quelque chose de la même leçon, en fait. […] après on prend des notes sur les autres et puis après, on fait une synthèse ».

Ce travail fait l'objet d'un débat entre pairs, car ce moment de présentation est aussi une phase pendant laquelle les élèves vont apporter une critique constructive à ce qui leur est présenté :

- « les élèves, ils peuvent parler pour dire qu'est-ce qu'ils ont trouvé de bien, qu'est-ce qu'ils ont trouvé pas de bien, qu'est-ce qu'on devrait améliorer » (Kassendra, A-14.5).

Le terme “améliorer” employé par Kassendra renvoie à l'efficacité des solutions techniques et au statut spécifique de l'erreur dans l'enseignement de la technologie. En effet, 60 % des collégiens déclarent qu'il existe une pluralité de solutions au problème qui leur est soumis : « certains objets ont plusieurs solutions techniques » Théo (A-18.5) ou « […] par exemple quand on fait un pont, y'a plusieurs sortes de ponts, donc ça veut dire plusieurs solutions techniques » (Amélie, A-19.5). Ces propos font échos à ce que déclare un enseignant de technologie :

- « on a forcément, nous au préalable, imaginé une solution, […] et c'est là où ça devient intéressant, c'est parce qu'eux en ont d'autres de solutions. […] Et ces solutions-là, […] on peut les trouver que si on leur laisse l'autonomie de le faire et si on les met véritablement dans cette démarche d'investigation, et qu'on leur donne la possibilité de le faire. […] du point de vue technique, si le problème est résolu, la solution est valable. Après, une solution prévaut sur une autre parce que, économiquement, ce sera plus viable ; techniquement, c'est plus proche de la réalité, mais y'a des solutions qui sont tout à fait ingénieuses qui ne sont pas celles qu'on retrouvera dans le monde réel, mais qui, pour le coup, fonctionnent ».

4. Des manières de penser, d'agir et de discourir spécifiques aux disciplines

L'analyse des entretiens ne permet pas d'identifier une manière de penser ou de discourir propre aux mathématiques. Pour les élèves, il faut apprendre (63 %) et être attentif (53 %) au fil de l'alternance de leçons et d'exercices, ponctuée par des évaluations et marquée par quelques activités de recherche qui permettent aux élèves les plus en réussite de découvrir des propriétés. En revanche, au regard des discours analysés, une manière d'agir, de penser et de discourir propre aux sciences expérimentales, et une autre spécifique à la technologie peuvent être distinguées. En effet, dans les questionnaires, les élèves identifient les conditions de réussite en sciences par le fait qu'« il faut parler comme les scientifiques » et que leur résultat doit être conforme à ce qui a été validé par la communauté scientifique. À cet égard, Amélie explique que la solution qu'elle propose à l'issue de son expérience doit être validée par la science et que les savoirs, en sciences expérimentales, sont susceptibles de changements en fonction des découvertes qui seront, elles aussi, validées par la communauté scientifique :

- si c'est pas ce qu'ils ont dit les scientifiques, c'est forcément faux. […] la prof, elle a son programme, donc forcément, si on dit pas la même chose que le programme, c'est forcément faux. […] elle avait expliqué qu'avant, par exemple, on croyait que c'était les continents qui bougeaient, donc forcément, à ce moment-là, on devait apprendre aux élèves que c'étaient les continents qui bougeaient. Maintenant, on apprend aux élèves que c'est, au contraire, c'est des plaques qui bougent et qui fait bouger le continent. Bientôt, on va peut-être découvrir que c'est pas ces plaques qui bougent, mais c'est encore un truc en dessous. […] comme les scientifiques ils vont dire quelque chose, et ben on sera obligé de dire que c'est ça et que ça se passe vraiment comme ça et pas autrement ».

À propos de la technologie, les élèves déclarent qu'il est nécessaire d'« apprendre le langage » (Mathis, A-17.5) et de « raisonner comme un ingénieur et faire de belles phrases » (Amélie, A-19.5). Amélie explicite ses propos lors de l'entretien :

- « c'est comme la manière philosophique, c'est spécial, y'a pas tout le monde qui le peut [...] parce qu'en fait, par exemple, pour être ingénieur, [...] déjà faut avoir les connaissances. Ça, à la limite, tout le monde peut l'avoir, mais, faut avoir un peu d'imagination, y'a pas tout le monde qui peut l'avoir, l'imagination ».

5. Discussion et conclusion

Le nombre relativement restreint d'élèves rencontrés lors des entretiens constitue une limite à cette étude. Des entretiens avec l'intégralité des enseignants ayant en charge les élèves questionnés auraient également indéniablement permis d'approfondir cette recherche. Néanmoins, et sans qu'il soit possible de généraliser, les analyses présentées semblent révéler une tendance qui permettrait de dire que la DI est caractérisée différemment, par les élèves, selon les disciplines.

En mathématiques, la démarche que les élèves décrivent est très limitée dans le temps. Initiée en début de chapitre, cette activité de recherche n'est identifiée en tant que telle que par les élèves les plus performants. Pour les autres, le chapitre de mathématiques commence par des exercices ou directement par la leçon. Peu de collégiens déclarent réaliser des investigations ou activités expérimentales en mathématiques, car la leçon est dictée par l'enseignant. Il semble ainsi que les élèves ne perçoivent pas, si elles sont présentes, les traits caractéristiques associés aux conjectures et aux démonstrations.

En sciences expérimentales, des points communs existent en ce qui concerne l'expérience et l'erreur : l'expérience nécessite un dispositif témoin et l'erreur est de ne pas "parler comme les scientifiques", d'obtenir un résultat qui ne correspond pas au savoir validé par la communauté scientifique. Cependant, les situations décrites en SVT semblent davantage ouvertes qu'en SPC, discipline à laquelle les collégiens n'associent pas clairement la DI. En effet, en SPC, la question formulée par l'enseignant n'est pas perçue comme une situation problématique et les élèves parviennent difficilement à définir ce que peut être une hypothèse dans cette discipline. Sans doute faut-il attribuer cette difficulté à l'absence d'une véritable problématique et à la sélection des hypothèses opérée sous la seule autorité de l'enseignant. Ne pouvant mettre en relation

> le "fait-problème" […] et leurs connaissances antérieures », les élèves ne peuvent donc pas prendre conscience que pour avoir le statut d'hypothèse, toute proposition doit pouvoir être soumise à l'expérimentation et ne pas être en désaccord avec les données déjà disponibles (Bomchil et Darley, 1998, p. 98).

La finalité des expériences est vue comme une mise en application – à la façon des travaux pratiques – qui permet de mieux comprendre la leçon ou d'apprendre les gestes inhérents à la manipulation de produits chimiques, voire d'instruments, et non comme la mise à l'épreuve des hypothèses par l'empirie.

Les travaux de Windschitl (2002) qui propose quatre niveaux d'investigation indexés en fonction du degré d'autonomie laissé aux élèves permettent de caractériser la DI du point de vue des collégiens. Le premier niveau est celui qui permet à l'élève de vérifier des principes scientifiques connus, en suivant un protocole d'expérience imposé. Les éléments relevés dans les propos des collégiens permettent de rapprocher la démarche qu'ils décrivent en SPC de ce que Windschitl appelle "confirmation par expériences démonstratives" : l'investigation leur permet de confirmer ou de renforcer des apprentissages théoriques en suivant un protocole d'expérience imposé ou d'acquérir de la dextérité lors des manipulations.

En SVT, la question posée par l'enseignante en début de chapitre amène les élèves à formuler des hypothèses. Ces hypothèses sont indexées différemment selon le niveau de réussite scolaire des collégiens : pour ceux qui sont en réussite scolaire, la formulation d'hypothèses permet de faire émerger leurs représentations et ils discernent le lien entre les hypothèses qu'ils formulent et l'expérience qu'ils réalisent, expérience qui va leur permettre de mettre à l'épreuve ces hypothèses. Pour les autres élèves, les hypothèses ne sont que des idées et il n'y a pas d'articulation entre expérience et hypothèses. La DI modélisée par les collégiens en SVT se rapproche de l'investigation de second niveau, que Windschitl nomme "investigation guidée": la question posée par l'enseignant conduit les élèves à en rechercher la réponse en suivant une procédure imposée.

En technologie, la DI spécifiée par les élèves interrogés prend la forme d'une démarche de résolution d'un problème ouvert pour lequel les hypothèses sont des explications ou propositions de solutions techniques. Les expériences (activités) ont pour finalité l'explication ou la mise en œuvre de ces solutions techniques. Le statut de l'erreur y est spécifique : plusieurs solutions sont acceptées si elles sont efficaces. Cette DI s'apparente à l'investigation de troisième niveau de Windschitl, dénommée l'"investigation structurée" : l'enseignant propose un problème aux élèves dont les méthodes de résolution sont laissées à leur entière appréciation.

Le sens que les élèves portent aux termes "problème", "hypothèse" et "expérience", au rôle de l'erreur et à l'importance accordée à la structuration, sont autant d'éléments qui leur permettent de différencier les DI au gré de leur expérience scolaire dans les quatre disciplines étudiées ici. En outre, dans les relations décrites par les acteurs, il semble que les élèves ne bénéficient pas de la même autonomie selon les disciplines et que les enseignants ne régulent pas ou n'orientent pas les activités de leurs élèves de la même manière. Autrement dit, en SPC par exemple, l'enseignant contrôle à la fois les hypothèses et l'expérience puisque celle-ci est imposée, la part d'initiative laissée aux élèves interrogés y est donc relativement faible. Est-il possible de conclure que les modalités de cadrage (Bernstein, 2007) sont distinctes dans ces différentes disciplines, la technologie se révélant une discipline scolaire moins fortement cadrée ? Sans doute, pour répondre à cette question, faudrait-il observer les pratiques effectives des enseignants afin de comprendre ce que ce cadrage ou ce contrôle de l'activité des élèves leur permet ou les empêche de saisir les enjeux de la DI.

"Parler comme les scientifiques" et "raisonner comme un ingénieur" sont des expressions qui indiquent que les élèves identifient le contraste des manières de discourir, d'agir et de penser en sciences et en technologie. Ainsi, les collégiens interrogés agissent donc dans une rationalité scientifique ou technique, compte tenu de « la nature des problèmes posés, les objets ou systèmes techniques en référence, les visées d'ordre scientifique ou technologique » (Zaid et Lebeaume, 2015, p. 243).

Addendum
Implications pour la formation et l'enseignement : lever les implicites du vocabulaire usuel dans les disciplines

La capacité à concevoir une séquence d'investigation consiste d'abord à aider les élèves, notamment ceux qui sont les plus éloignés de la culture scolaire, à situer le lexique propre à chaque discipline et à y associer des sens pertinents selon la discipline considérée. Elle consiste aussi à anticiper les différentes acceptions des mots ou notions avec lesquelles l'élève doit jouer lorsqu'il passe d'une discipline à une autre. Plus spécifiquement, la formation doit amener les enseignants à prendre conscience de cette polysémie afin qu'ils puissent l'expliciter aux élèves lors des différentes situations d'enseignement-apprentissage.

Un même mot, des termes différents : l'exemple de "milieu"

Dans un premier temps, les enseignants recherchent des mots utilisés dans les différentes disciplines avec des acceptions différentes en tant que concepts disciplinaires. Par exemple ils sont invités à définir le mot "milieu" disciplinairement à partir d'extraits de manuels. Ils peuvent confronter leur étude aux résultats d'une enquête[3] réalisée auprès de 84 collégiens de troisième (14 à 15 ans). Cette analyse les amène à prendre conscience de cette polysémie et des difficultés potentiellement rencontrées par les élèves.

La vie dans un milieu naturel

Sur notre planète Terre, les milieux naturels sont très variés. Chaque milieu a des conditions environnementales qui lui sont propres, comme, par exemple la température ou la luminosité. Il se caractérise également par les organismes qui y vivent.

Extrait 1 : Inspiré du manuel Sciences et technologie au cycle 3 – Editions Bordas (p. 204)

100% des élèves identifient la discipline SVT, essentiellement par les termes naturels, êtres vivants, conditions environnementales et organismes. Selon eux, le terme milieu signifie endroit, lieu d'habitation, environnement.

Narration de recherche

Trace le trapèze ABCD et le trapèze ABGH de même base [AB].
Place le point I au milieu de [CD].
En utilisant seulement une règle non graduée, trouve une méthode pour obtenir le milieu de [GH]. Rédige ensuite un texte bref pour expliquer ta démarche.

Extrait 2 – Inspiré du manuel Maths Monde cyle 4 – Editions Didier (p. 347)

À l'exception de deux élèves, tous identifient la discipline mathématiques par le mode d'écriture, les termes trapèze, base et l'instrument qu'est la règle non graduée. Le milieu signifie majoritairement : centre, moitié, point à égale distance des extrémités. Deux élèves identifient la discipline français car il faut rédiger un texte bref.

Observer

1. Indiquer si l'air et la fumée sont des milieux transparents.
2. Expliquer en le décrivant le trajet de la lumière entre le laser et l'écran (documents 3 et 4)

Interpréter

3. Expliquer comment un milieu diffusant, comme la fumée, permet de voir le trajet de la lumière, en le matérialisant.

Conclure

4. **Comment se propage la lumière dans un milieu transparent ?**

Extrait 3 – Inspiré du manuel Physique – Chimie 5e - Editions Belin (p. 176)

De même, la quasi-totalité des élèves identifient la discipline sciences physiques par les termes fumée, laser, lumière ou parce qu'ils se souviennent avoir réalisé cette leçon dans cette discipline. Le terme milieu est majoritairement assimilé à un endroit ou un lieu. Deux élèves disent qu'il s'agit de technologie parce qu'il est question de lumière ou de français parce qu'il faut rédiger une conclusion.

[3] Dans cette enquête, réalisée en janvier 2017 par l'auteure, il s'agissait d'identifier la discipline, d'expliciter les critères d'identification et de donner la signification du terme milieu dans cette discipline.

Relation entre le milieu et le peuplement L'homme vit presque partout. […] La relation entre milieu physique et peuplement est indirecte. […] Les facteurs physiques n'agissent jamais mécaniquement sur les densités, sinon ce serait du déterminisme : « à telles conditions physiques, telle densité ». Au contraire, on remarque des différences étonnantes de densités parmi des milieux physiques comparables. En climat tempéré océanique, le Royaume-Unis compte ainsi près de 60 millions d'habitants contre 3,8 millions à la Nouvelle-Zélande pourtant un peu plus étendue. Ce ne sont pas des conditions naturelles qui peuvent expliquer des contrastes aussi différents. Extrait 4 – Inspiré du manuel Histoire-Géographie cycle 3 - 6e Editions Le livre scolaire (p. 283)	Trois élèves sur quatre associent le texte ci-contre à la discipline géographie (ou histoire-géographie) parce qu'il est question de pays ou d'habitants. Un élève sur douze environ dit qu'il s'agit de SVT parce que le texte « parle de l'homme » ou de « milieux physiques ». Le même nombre d'élève considère qu'il s'agit du français parce « c'est un texte » ou ne précisent pas les critères d'identification. 3 élèves n'identifient aucune discipline.
Construire un personnage selon la méthode naturaliste 1. Après avoir relu le document p. 295, vous choisirez deux milieux sociaux différents dans la France d'aujourd'hui et imaginerez un personnage provenant d'un de ces mondes et plongé dans l'autre. 2. Vous rédigerez ensuite une fiche pour votre personnage. Méthode Pour construire un personnage, il faut définir son identité (nom, prénom), ses qualités, son défaut principal, son milieu familial et social d'origine, l'univers dans lequel il est plongé, les personnages qui vont exercer une influence sur lui (dans le bon ou le mauvais sens), la manière dont ils vont l'influencer, la catastrophe qui va arriver ainsi que ses conséquences. Extrait 5 – Inspiré du manuel Cyclades cycle 4 – Editions Le livre scolaire (p. 298)	Les élèves identifient six disciplines à partir de la lecture de ce texte : ▪ le français pour 63 d'entre eux par le fait qu'une méthode leur soit proposée ou par les consignes (rédiger, imaginer un personnage). ▪ l'éducation morale et civique ou l'éducation civique pour 7 élèves : « on parle de la France », ou « de milieu social ». ▪ 6 élèves disent qu'il s'agit d'arts-plastiques parce qu'il faut inventer, dessiner ou réaliser ▪ deux élèves identifient la technologie « parce qu'il faut construire » ou la géographie « parce qu'on parle du monde ».

Au terme de ce travail, des enquêtes peuvent être suggérées sur d'autres identificateurs disciplinaires. Avec la même intention d'identifier les difficultés pour les élèves les plus fragiles, l'analyse critique, par exemple des « problèmes » proposés dans les manuels, permet de discuter leur sens et pertinence pour les élèves.

Pourquoi les canalisations peuvent-elle se fendre en hiver ?	
Au mois d'avril, Marius découvre une fuite d'eau dans son jardin : le tuyau sous le robinet a éclaté. Que s'est-il passé ? Pour comprendre, Marius fait congeler une petite quantité d'eau liquide.	**Investigation**
Exemple inspiré du manuel Sciences et Technologie 6e cycle 3 – Activité 3, p. 22 – Éditions Magnard	

Activité interdisciplinaire Comment choisir un matériau selon ses propriétés ?	
La grand-mère de Sacha lui a appris qu'autrefois, pour repasser un vêtement, on faisait chauffer des fers au feu et on les pressait sur le tissu avant qu'ils ne refroidissent. Sacha a ensuite observé un fer à repasser électrique moderne et a remarqué qu'il est constitué de plusieurs matériaux différents. Elle se demande si, aujourd'hui, le fer à repasser mérite toujours le nom de « fer ».	**Investigation**
Exemple inspiré du manuel Sciences et Technologie 6e cycle 3 – Activité interdisciplinaire 5, p. 178 – Éditions Magnard	

Discuter la notion d'hypothèse

De même, qu'est-ce qu'une hypothèse pour les élèves en sciences et en technologie ? Par exemple, voici ce qu'indique cet élève : « [en technologie] ben c'est pareil qu'en maths en fait, c'est [..] quand on donne des exemples […] » (Valentin, élève "décrocheur"[4]). Quel est le sens que les enseignants lui attribuent ? La discussion peut être engagée à partir d'exemples inspirés de deux manuels pour le cycle 3 qui introduisent la notion d'hypothèse.

[4] Résultats déclarés par Valentin : 1,5 en mathématiques, 8,5 en SVT, 1,5 en SPC et 8,5 en technologie.

Formuler une hypothèse

Reproduction de l'œuvre de Dali : La persistance de la mémoire (les montres molles)

Comprendre une œuvre d'art[5]

Pour la réalisation de cette peinture, Salvador Dali a été inspiré par du camembert mou.

Les montres sont composées de verre et de métal. En utilisant les documents ci-dessous, propose une hypothèse pour expliquer la forme des montres sur cette peinture. Tu utiliseras le terme « température »

Document 1 :

Photo Jean-Pierre Bazard

Ce voilier est construit pour naviguer dans les mers très froides. Il a une double coque en aluminium.

L'aluminium est un métal extrait dans des mines. Un métal est une matière qui laisse passer l'électricité et la chaleur.

Document 2 :

Une roche formée par un volcan : la péridotite est une roche qui compose la plus grande partie du manteau terrestre. Elle est faite d'un assemblage de formes géométriques, appelées cristaux. Les verres sont des roches qui ne contiennent pas de cristaux.

Le verre est fabriqué à partir de sable et devient liquide à partir de 1300°C.

Inspiré du manuel Sciences et Technologie 6e cycle 3 p. 23 – Editions Belin

Référence : *inspiré du manuel Sciences et Technologie 6ᵉ cycle 3, fiche compétence 4* – Éditions Bordas

Références

Anderson, C. W. (2010). Perspectives on science learning. *In* S. K. Abell et N. G. Lederman (dir.), *Handbook of research on science education* (p. 3-30). New York, NY : Routledge.

Bernstein, B. (2007). *Pédagogie, contrôle symbolique et identité*. Laval : Les Presses de l'Université Laval.

Boilevin, J.-M. (2013). La place des démarches d'investigation dans l'enseignement des sciences. *In* M. Grangeat (dir.), *Les enseignants de sciences face aux démarches d'investigation – Des formations et des pratiques de classe* (p. 23-44). Grenoble : Presses universitaires de Grenoble.

Boilevin, J.-M. et Brandt-Pomares, P. (2011). Démarches d'investigation en sciences et en technologie au collège : les conditions d'évolution des pratiques. *In* M. Grangeat (dir.), *Les démarches d'investigation dans l'enseignement scientifique – Pratiques de classes, travail collectif enseignant, acquisition des élèves* (p. 51-62). Lyon : École normale supérieure de Lyon.

Bomchil, S. et Darley, C. (1998). L'enseignement des sciences expérimentales est-il vraiment inductiviste ? *Aster, 26*, 86-108.

Calmettes, B. (2012). *Didactique des sciences et démarches d'investigation. Références, représentations, pratiques et formation.* Paris : L'Harmattan.

Coquidé, M., Fortin C. et Rumelhard, G. (2009). L'investigation : fondements et démarches, intérêts et limites. *Aster, 49*, 51-58.

De Vries, M. J. (2005). *Teaching about technology. An introduction to the philosophy of technology for non-philosophers.* Dordrecht : Springer.

Dewey, J. (1910). *How we think.* New York, NY : Amherst. Document accessible à l'adresse : <https://archive.org/stream/howwethink000838mbp#page/n219/mode/2up>.

Gouvernement de la République française (2005). *Programmes des collèges, introduction commune à l'ensemble des disciplines scientifiques. Bulletin officiel de l'éducation nationale, hors-série n° 5.* Paris : Ministère de l'Éducation nationale. Document accessible à l'adresse <http://w ww.education.gouv.fr/bo/BoAnnexes/2005/hs5/annexe1.pdf>.

Gouvernement de la République française (2008). *Programmes de l'enseignement de technologie. Bulletin officiel de l'éducation nationale, spécial n° 6.* Paris : Ministère de l'Éducation nationale. Document accessible à l'adresse <http://media.education.gouv.fr/file/special_6/53/1/Programme_technologie_33531.pdf>.

Grangeat, M. (2011). *Les démarches d'investigation dans l'enseignement scientifique – Pratiques de classes, travail collectif enseignant, acquisition des élèves.* Lyon : École normale supérieure de Lyon.

Grangeat, M. (2013). *Les enseignants de sciences face aux démarches d'investigation – Des formations et des pratiques de classe.* Grenoble : Presses universitaires de Grenoble.

Lahanier-Reuter, D. (2013). Mathématiques : configurations et conscience disciplinaires. *In* C. Cohen-Azria, D. Lahanier-Reuter et Y. Reuter (dir.), *Conscience disciplinaire – Les représentations des disciplines à la fin de l'école primaire* (p. 61-74). Rennes : Presses universitaires de Rennes.

Lebeaume, J. (2011). Investigation et technologie : questions et problèmes didactiques. *In Actes du colloque ANFTech de Lyon.* Partie 2.

Document accessible à l'adresse : <http://anftech.blogspirit.com/archive/2011/05/index.html>.

Lebeaume, J. (2016). En technologie, l'investigation est-elle suffisante ? *Cahiers pédagogiques, 533*. Document accessible à l'adresse <http://www.cahiers-pedagogiques.com/En-technologie-l-investigation-est-elle-suffisante>.

Lhoste, Y. et Brandt-Pomares, P. (2013). L'éducation scientifique et technologique : quelles évolutions ? *Recherche en didactique des sciences et des technologies, 7*, 9-18.

Mathé, S., Méheut, M. et De Hosson, C. (2008). Démarche d'investigation au collège : quels enjeux ? *Didaskalia, 32*, 41-76.

Monod-Ansaldi, R. et Prieur, M. (2011). *Démarches d'investigation dans l'enseignement secondaire : représentations des enseignants de mathématiques, SPC, SVT et technologie. Rapport d'enquête.* Lyon : École normale supérieure de Lyon, Institut français de l'éducation.

Mouton-Legrand, B. (2013). *Définitions, statuts et modalités de fonctionnement de la démarche d'investigation. Analyse des discours d'enseignants en technologie et en sciences physiques et chimiques au collège.* Mémoire de Master, Université de Lille 3 Charles de Gaulle.

Reuter, Y. (2013). Élève – Apprenant – Sujet didactique. *In* Y. Reuter, C. Cohen-Azria, B. Daunay, I. Delcambre et D. Lahanier-Reuter (dir.), *Dictionnaire des concepts fondamentaux des didactiques* (3e éd.) (p. 87-94). Bruxelles : De Boeck Université.

Windschitl, M. (2002). Inquiry projects in science teacher education : What can investigative experiences reveal about teacher thinking and eventual classroom practice ? *Science Education, 87*, 112–143.

Zaid, A. **et** Lebeaume, J. (2015). Une histoire de l'agrégation de mécanique : constitution et évolutions de la mécanique en tant qu'enseignement technologique (1968-2012). *Recherche en didactique des sciences et technologies, 12*, 237-263.

Annexe 1
Questionnaire d'enquête

Prénom : ……………………………Classe : …………………
Collège : …………………………

Indique tes résultats dans les quatre matières en entourant zone dans laquelle ils se situent selon l'exemple ci-dessous :

1	2	3	4	5	6	7	8	9	10	11	12	13	14	15	16	17	18	19	20

Exemple pour des résultats entre 11 et 12 :

Mathématiques	1	2	3	4	5	6	7	8	9	10	11	12	13	14	15	16	17	18	19	20
Sciences de la vie et de la terre	1	2	3	4	5	6	7	8	9	10	11	12	13	14	15	16	17	18	19	20
Sciences physiques et chimiques	1	2	3	4	5	6	7	8	9	10	11	12	13	14	15	16	17	18	19	20
Technologie	1	2	3	4	5	6	7	8	9	10	11	12	13	14	15	16	17	18	19	20

Pour chaque discipline, les mêmes thèmes sont abordés. Exemple pour les mathématiques :

1. Qu'est-ce que tu fais quand tu es en cours de mathématiques ? C'est-à-dire, qu'est-ce que tu fais comme activité en rapport avec les mathématiques lorsque tu es dans ce cours ?
2. À ton avis, comment faut-il faire pour réussir en mathématiques ?
3. Est-ce qu'il arrive que les élèves donnent des hypothèses en mathématiques ? ☐ oui ☐ non Si oui, peux-tu me donner un exemple de ce qu'est pour toi une hypothèse en mathématiques ? Si non, pourquoi, selon toi, les élèves ne formulent-ils pas d'hypothèses en mathématiques ?
4. Est-ce que les élèves font des expériences en mathématiques ? ☐ oui ☐ non Si oui, peux-tu me raconter une expérience en mathématiques ? Si non, pourquoi, selon toi, les élèves ne font-ils pas d'expérience en mathématiques ?
5. Selon toi, que peut être une erreur en mathématiques ? Peux-tu me donner un exemple de ce qu'est pour toi une erreur en mathématiques ?
6. À ton avis, y-a-t-il plusieurs solutions ou résultats possibles à une activité de mathématiques ? ☐ oui ☐ non Si oui, peux-tu me raconter une situation où il y a eu plusieurs solutions ou résultats possibles à une activité de mathématiques ? Si non, peux-tu m'expliquer pourquoi, selon toi, il n'y a pas plusieurs solutions possibles à une activité de mathématiques ?

Annexe 2
Guide des entretiens semi-directifs

Ces entretiens ont pour visée d'expliquer certains points restés obscurs ou de trouver des éléments de réponse aux questions qui émergent à l'issue du premier traitement des réponses au questionnaire. Il existe donc des thèmes communs aux sept entretiens et des questions davantage spécifiques afin de croiser les informations recueillies lors du dépouillement du questionnaire, de confronter les points de vue des collégiens, d'affiner l'analyse et d'obtenir des informations supplémentaires.

Thèmes communs :

- Le déroulement des cours pour chaque discipline
- Les hypothèses : leur fonction et la perception d'une différence entre les hypothèses que l'élève dit formuler dans chaque discipline, ou pourquoi, selon lui (elle) on ne formule pas d'hypothèse dans telle ou telle discipline.
- Les expériences : leur fonction et la perception d'une différence entre les expériences que l'élève dit réaliser dans chaque discipline, ou pourquoi, selon lui (elle) on ne réalise pas d'expérience dans telle ou telle discipline.
- La perception d'un lien entre les hypothèses et l'expérience que l'élève dit réaliser dans chaque discipline.
- Le type de problème posé dans les différentes disciplines.
- La construction de la leçon.

Questions spécifiques en fonction des réponses au questionnaire :

Exemples pour Amélie (LGM1) :

- Tu m'as dit qu'en maths, tu faisais le travail demandé et des exercices sympas. […] Pourquoi c'est sympa pour toi ?
- Tu m'as dit : « pour réussir en technologie, il faut raisonner comme un ingénieur et faire de belles phrases »

Exemple pour Élise (LGM2) :

- Et tu m'as dit que vous formuliez des hypothèses en mathématiques, je voudrais revenir sur ce que tu m'as dit quand tu as écrit : "quand on va apprendre une nouvelle propriété ou un nouveau théorème, le prof nous laisse proposer des solutions".

Exemple pour Valentin (LGM3)

- Tu m'as dit que vous faites des expériences avec Géogébra [en mathématiques]. […]et pour toi, ça c'est une expérience ?

Chapitre 4

Enseigner des contenus technologiques au secondaire au Québec en recourant à des projets : des enjeux et des dérives

Fatima Bousadra, Abdelkrim Hasni et Danielle Boucher

Introduction

Depuis presque deux décennies, à l'instar de plusieurs pays de l'Organisation de coopération et de développement économiques (OCDE), la réforme éducative québécoise a conduit à une restructuration profonde de l'enseignement des sciences au secondaire. Celui-ci intègre désormais l'éducation technologique. Non seulement celle-ci est devenue obligatoire pour l'ensemble des élèves de la 1re à la 4e année du secondaire (11 à 15 ans), mais de nouveaux choix d'itinéraires s'offrent également aux élèves : un au régulier, "La science et la technologie", et un autre appliqué, "Applications technologiques et scientifiques". Quant aux contenus de formation prescrits dans les programmes, ils sont organisés en quatre univers qui incluent les sciences (à travers les univers suivants : Vivant, Matériel, Terre et Espace) et l'univers technologique qui se réfère à différents domaines des pratiques industrielles comme « la technologie de conception mécanique, les technologies médicales, alimentaires, minières, etc. » (Gouvernement du Québec, 2006, p. 267). Des objets de savoir technologiques incluant des savoirs conceptuels, des savoir-faire et des démarches propres à ces domaines font ainsi partie des contenus que les enseignants doivent aborder en classe. Pour y arriver, ces derniers doivent prendre en charge autant l'enseignement des sciences que celui de la technologie. Ils sont invités à se former, à mobiliser les ressources de l'école, mais aussi d'autres ressources communautaires que sont « les firmes d'ingénieurs, le milieu médical, les industries et entreprises locales » (*Ibid.*, p. 272). Parmi les choix curriculaires retenus, mentionnons aussi le recours au concept de compétence comme cadre organisateur de la formation ainsi que l'adoption d'une perspective épistémologique d'inspiration constructiviste. Sur le plan pédagogique, le discours officiel place l'enseignement par projets (EPP) parmi les dispositifs pédagogiques qui permettraient de mettre en œuvre ces orientations.

Dans ce chapitre, nous présentons les résultats d'une recherche qui porte sur l'analyse des pratiques et des significations que les enseignants associent à l'EPP en technologie. Nous questionnons, d'un point de vue didactique, les intentions d'apprentissage et les tâches réalisées par les élèves dans le cadre d'une dizaine de projets en technologie. Le texte se divise en cinq sections portant respectivement sur le rappel de quelques enjeux de l'enseignement des contenus technologiques, la présentation des cadres conceptuel et méthodologique orientant la recherche, la présentation et la discussion des résultats, la présentation de pistes de réflexion pour la formation des enseignants.

1. Les enjeux de l'enseignement des contenus technologiques

Si l'importance d'une éducation technologique de base pour l'ensemble des élèves est de plus en plus reconnue, plusieurs grands défis se posent encore à l'école. Trois nous semblent importants à rappeler : 1) le choix d'intégrer la technologie aux sciences dans une même discipline scolaire ; 2) l'absence d'un consensus sur les principaux contenus composant la technologie à l'école, même si plusieurs curriculums sont déjà implantés ; 3) la diversité des sens et des finalités associés à l'éducation technologique. Premièrement, en ce qui concerne l'intégration des sciences et de la technologie (ST), même si plusieurs travaux en histoire et en philosophie des techniques ont répondu largement aux questions entourant la nature des liens entre ces ST (Combarnous, 1984 ; De Vries, 2005 ; Gille, 1969), les effets ne se manifestent pas encore dans la sphère éducative. Que doit-on mettre sous le vocable “technologie” : des applications des sciences ? Une branche des sciences comme elle l'était à ses débuts au XVIIe siècle (Gille, 1969) ? Une discipline qui utilise les sciences, mais avec ses propres finalités (Asunda et Hill 2007 ; Fourez, 1994) ? Pour plusieurs acteurs scolaires, ces questions se posent encore. Lebeaume (2012) rapporte plusieurs perceptions de l'éducation technologique qui la réduisent soit à “sciences + internet” ou à “éducation scientifique + exercices d'habiletés manuelles”. Ces auteurs et d'autres (Honey, Pearson et Schweingruber, 2014 ; Martinand, 2003 ; Williams, 2013) soutiennent qu'au-delà des intentions louables en faveur d'un enseignement intégré des ST, les problèmes liés à une prise en charge adéquate des contenus technologiques sont de taille.

Deuxièmement, en lien avec les contenus d'enseignement, les écrits scientifiques montrent que même dans des pays qui ont amorcé la réflexion sur la technologie depuis plusieurs années, voire plusieurs décennies pour certains, comme la France, les États-Unis, l'Angleterre, etc., le choix des contenus ne fait pas encore consensus pour différentes raisons. Par exemple, Cunningham et Carlsen (2014) ainsi qu'Asunda *et al.* (2007) montrent que le choix des contenus d'enseignement prescrits dans les programmes étasuniens révèle une absence des savoirs de type conceptuel, l'emphase étant mise sur des contenus qui renvoient à des savoir-faire techniques et procéduraux. Pour leur part, Custer, Daugherty et Meyer (2011) montrent que la technologie s'est construite historiquement en référence à plusieurs domaines techniques différents, lesquels ont généré des savoirs qui composent sa structure disciplinaire : l'intelligence artificielle ; les théories de l'information et l'ingénierie industrielle. Cette diversité des champs de référence, dont chacun a tendance à mobiliser ses propres connaissances, rend complexe la détermination d'un noyau conceptuel qui peut servir de base pour une matrice disciplinaire capable de représenter les champs d'origine. Dès lors, la question des contenus scolaires se pose : quels contenus seraient alors pertinents, mais surtout comment concilier la logique épistémologique et les contraintes didactico-pédagogiques (Custer et *al.*, 2011 ; Dakers, 2006) ? Sur cette question, un récent rapport commandé par le National Research Council (2014) dressant un bilan de la situation de l'enseignement des STEM (*science, technology, engineering and mathematic*) montre qu'encore aujourd'hui « there is no formal agreement on what constitutes engineering knowledge and skills at the K–12 level » (p. 19). Pour des auteurs francophones comme Martinand (2003) et Lebeaume (2000), les activités scolaires en technologie peuvent être vues comme des "images" d'activités sociales réelles (production, service, usage, etc.). Identifier les savoirs scolaires technologiques revient en fait à déterminer ce qui peut être enseignable de ces pratiques sociales. Cependant, comme le souligne bien Martinand (1995), l'authenticité n'est pas à confondre avec une reproduction simplifiée. Pour qu'elles soient porteuses d'apprentissages, les activités scolaires doivent être contrôlées en s'assurant de la pertinence entre d'une part, les contenus abordés et les modalités de leur enseignement proposées et, d'autre part, les vraies activités sociales desquelles les contenus d'enseignement s'inspirent.

En parallèle avec cette posture défendant une éducation technologique ayant ses propres objets et finalités, émerge depuis quelques années une autre, portée par des chercheurs étatsuniens et australiens, qui considère que l'intégration, en sciences, de ses applications technologiques est une occasion pour remédier aux problèmes de plus en plus croissants de la désaffection des élèves des études en sciences. Des modèles comme le *Design-based science* (DBS) ou le *Learning by Design* (LB) illustrent cette vision qui utilise la démarche de conception issue de l'ingénierie « as a vehicle for learning science » (Fortus, Krajcik, Dershimer, Marx et Mamlok-Naaman, 2004, p. 1082). Pour ces auteurs, « DBS aims to help students construct scientific understanding and real-world problem-solving skills by engaging them in the design of artifacts » (*Ibid.*). Ce positionnement repose sur quelques arguments mis en avant dans quelques recherches.

Premièrement, l'engagement des élèves augmente lorsque ceux-ci sont placés dans des situations sollicitant leur intuition pratique et leurs facultés créatives, ce que garantirait l'enseignement de la technologie (Barnett, 2005 ; Levy, 2013). Deuxièmement, le fait de relier des objets de savoir scientifiques considérés abstraits à des applications technologiques les contextualisant dans le cadre de la démarche de conception favorise à la fois la conceptualisation de plusieurs concepts en physique (Levy, 2013), mais également le développement chez l'élève du raisonnement scientifique et des habiletés qu'il nécessite (Silk, Shunn et Cary, 2009). Troisièmement, l'intégration des applications technologiques permettrait d'humaniser les sciences en mettant en évidence le caractère social de leurs réalisations humaines (Levy, 2013 ; Morford et Warner, 2004). Ainsi, comme on peut le constater, les visées associées à l'éducation technologique sont multiples, voire divergentes.

Par ailleurs, si plusieurs auteurs soutiennent que le recours à l'EPP peut bien se prêter à l'enseignement de contenus technologiques (Barak, 2004 ; Franck, 2006), la complexité de ses fondements théoriques soulève par ailleurs la question des conditions de réussite de la conciliation entre la logique pédagogique et les enjeux épistémologiques des savoirs entourant les artefacts produits dans le cadre des projets (Bousadra et Hasni, 2012). La relation entre l'EPP comme dispositif pédagogique et les contenus technologiques nous semble importante à saisir du fait qu'elle renvoie à plusieurs enjeux : comment les enseignants transposent-ils des savoirs issus des pratiques industrielles ayant une logique économique en objets scolaires avec une visée éducative (Lebeaume, 2012 ; Williams, 2013) ? Quelles relations existent-ils entre les tâches d'apprentissage structurées autour et par l'artefact conçu et les savoirs visés ? Quels types de contenus sont visés parmi tous les apprentissages associés au recours à des projets en classe ?

2. Le cadre conceptuel

Pour aborder l'enseignement de contenus propres à la technologie dans le contexte du recours à l'EPP, nous mobilisons un cadre conceptuel qui combine deux axes : 1) les principes fondateurs de l'EPP ; 2) les caractéristiques d'une situation d'enseignement-apprentissages en technologie.

2. 1 L'enseignement par projets : principes fondateurs et caractéristiques

Bien que l'EPP soit associé à plusieurs courants psychologiques, la majorité des écrits se réfèrent surtout aux travaux de Dewey (1967, 1975). Si les travaux de cet auteur ont profondément marqué la pédagogie au tournant du XXe siècle (Ducharme, 1993 ; Not, 1979), O'Neill et Polman (2004) soutiennent qu'en ce qui concerne l'EPP, cette influence perdure encore : « although today we may view project-based teaching through new theoretical lenses, such as situated cognition […] and social constructivist views of learning and intelligence […] the fundamentals of the project-based approach remain unchanged » (O'Neill et Polman, 2004, p. 234). Le pragmatisme de Dewey repose sur le principe que le savoir n'a pas de fin en soi ; il n'est significatif que dans ses rapports avec la vie. Not (1979) explique que cette vision de la pensée revient à dire que « nous ne vivons pas pour penser, nous pensons pour vivre » (p. 116). Dans cette perspective, la connaissance ne peut se former qu'à travers la confrontation avec le réel qui la met à l'épreuve. Le modèle de Dewey marque une rupture profonde avec les méthodes traditionnelles ; il va jusqu'à inverser l'ordre connu jusqu'alors de la manière dont l'enfant structure sa connaissance : « on ne va pas de la connaissance à l'action, mais de l'action à la connaissance […]. C'est pour cette raison que Dewey place les actes de la vie courante à l'origine du développement cognitif » (Not, 1979, p. 118). Si le pragmatisme de Dewey est fondamentalement lié à l'expérience vécue, celle-ci a une signification particulière en ce sens qu'elle n'est pas entendue au sens de l'expérience courante qui signifie simplement vivre quelque chose. Pour qu'une expérience soit éducative au sens de Dewey, elle doit premièrement amener l'individu, en interaction avec son environnement, à prendre conscience que ses mécanismes de réaction face à une action qu'il a entreprise sur cet environnement ne suffisent pas. Cette prise de conscience revient à dire en fait que l'individu saisit le sens du problème auquel il est confronté avec les facultés cognitives dont il dispose.

En d'autres termes, si Dewey invite l'école à relier les activités de l'élève à sa vie quotidienne, il insiste surtout sur le rôle de l'enseignant qui doit s'arranger pour que l'élève comprenne le sens de l'activité qui lui est proposée. En effet, pour lui, une des absurdités des méthodes traditionnelles d'enseignement est le fait qu'elles confondent les problèmes du maître et ceux de l'élève et qu'elles supposent que le simple fait d'accoler l'étiquette "problème" à une situation fait qu'il en est un :

> Pour que l'enfant se rende compte qu'il a affaire à un problème réel, il faut qu'une difficulté lui apparaisse comme *sa*[1] difficulté à lui, comme un obstacle né dans et au cours de son expérience, et qu'il s'agit de surmonter s'il veut sa fin personnelle (Dewey, 1967, p. 87).

Et si l'élève ne saisit pas ce sens, l'enseignant « lui présente les connaissances nouvelles de manière qu'il en saisisse la portée, en comprenne la nécessité et voit ce qui les relie à ses besoins » (*Ibid.*, p. 60). De plus, l'expérience doit guider la pensée à évoluer selon les phases qui se rapprochent de celles d'une démarche scientifique : « le sens d'un problème, l'observation des conditions, la formation et l'élaboration rationnelle d'une conclusion suggérée et la mise à l'épreuve expérimentale active » (Dewey, 1975, p. 186). Selon Fabre (2009), le point crucial de la pédagogie de Dewey se situe dans le passage de l'intérêt pratique à l'intérêt théorique. À ses détracteurs qui qualifient sa pédagogie d'utilitariste, Dewey répond : « l'idée fondamentale n'est pas d'amuser

[1] Souligné par l'auteur.

ni d'instruire avec le minimum d'ennui, pas plus que d'acquérir des savoir-faire – bien que cela puisse être un produit secondaire des activités scolaires – mais d'élargir et d'enrichir la portée de l'expérience et de maintenir vivant et actif le désir de progresser intellectuellement » (Dewey, 1975, p. 280).

2.2 Les caractéristiques d'une situation d'enseignement-apprentissages en technologie

La prise en compte de la dimension technique[1] dans les tâches d'apprentissage est l'un des nœuds des disciplines technologiques. L'occulter, c'est condamner les activités scolaires à se transformer en tâches artificielles non fécondes en termes d'élaboration intellectuelle. L'étude de l'objet technique est au cœur de l'enseignement. Or, comme le précise Lasson (2004), implicitement on considère « qu'un objet est technique en soi, et donc catégorisable en tant que tel, à côté, par exemple, d'objets naturels. La technicité est appréhendée dans la relation à l'objet et non dans l'objet lui-même » (p. 2). Dans le même sens, Lebeaume (2000), citant Haudricourt (1964), précise que l'objet « n'est technique que si le point de vue d'analyse le révèle ainsi » (p. 58). Autrement dit, c'est l'enseignant qui doit amener l'élève à apprendre à poser "un regard technique" sur l'objet. Qu'est-ce qui caractérise alors cet angle d'approche ?

Ainsi que le précise Combarnous (1984),

> L'existence des objets, machines et équipements, constitue certainement la partie la plus visible concrète du monde des techniques ; mais les techniques ne se limitent pas à ces créations matérielles. Il est important d'associer à l'examen des objets, la reconnaissance des méthodes de pensée et de cheminement qui ont abouti aux réalisations [...]. Si l'ensemble constitué des objets créés, des méthodes et du processus d'évolution de ces objets est un tout, il n'est pas isolé, il dépend fortement de toutes les

---

[1] Contrairement à l'usage anglosaxon du terme *technology* (qui englobe celui de technique), son utilisation en langue française est connotée idéologiquement. En effet, le terme "technique" a une acception associée au travail manuel, concret, opposé à théorique, ce qui le dévalorise. L'ajout du suffixe "logie" serait d'ailleurs une tentative pour mettre en avant la dimension scientifique dans le traitement de la situation technique, rendant ainsi la technique "plus scientifique", plus noble (Hörner, 1986).

> circonstances économiques, sociales et politiques extérieures (p. 21).

De ce point de vue, les activités techniques possèdent des traits distinctifs. À l'instar de cet auteur et d'autres (Deforge, 1970 ; Gille, 1969 ; Martinand, 1995), nous considérons que ce qui distingue cette activité, c'est son caractère de technicité. Cette technicité se définit par la réunion permanente de quatre dimensions inter reliées :

1) La dimension intellectuelle, la rationalité technique (Combarnous, 1984) dans sa forme particulière de réflexion qui se traduit par des habitudes de pensée comme l'analyse logique, l'analyse systématique des problèmes, le fractionnement des problèmes à résoudre, l'obligation de la reproductibilité, le primat de l'action efficace, etc.) (Gille, 1969) ;

2) Une dimension matérielle qui renvoie à l'emploi d'engins, qui incluent « toutes sortes de moyens matériels fabriqués par l'homme, comme les instruments et les machines » (Combarnous, 1984, p. 87). Médiums entre des intentions et des actions, les objets manipulés doivent avoir une fonction technique. Celle-ci est la relation que cet objet établit entre les données d'un problème traduisant un besoin et les résultats attendus (Gille, 1969). Or, cette relation n'est pas issue d'un instinct ou d'une intuition, elle a une particularité, elle est raisonnée, car basée sur une analyse systématique du problème ne rejetant aucune de ses facettes en tenant compte des contraintes de la situation (*Ibid.*). Ainsi conçu, l'objet technique est soumis à un système de conditions imposées par sa nature physique et les lois auxquelles elle obéit ainsi que par son rôle économique et social dont celui qui l'a créé doit s'accommoder (Deforge, 1985). Pour y arriver, il doit convoquer plusieurs savoirs qui peuvent provenir de sciences diverses, mais également de faits purement pratiques (adapter l'objet au client), ce qui lui impose de concilier des points de vue différents, voire opposés ;

3) Une dimension sociologique traduisant la spécialisation des individus et des groupes dans l'exécution de la tâche (concepteur, analyste, opérateur, dessinateur, utilisateur, etc.), ce que les auteurs désignent par "les rôles sociaux" (Combarnous, 1984 ; Deforge, 1970 ; Martinand, 1995) ;

4) Une dimension sémiotique qui traduit l'utilisation d'un graphisme technique, car celui-ci est le support de la création ou de la recherche depuis les premiers croquis fonctionnels jusqu'aux dessins achevés (Rabardel et Pastré, 2005). De manière générale, un graphisme technique est défini comme un dispositif sémiotique (un code) qui permet de produire des représentations externes de réalités techniques (objets, système, processus, etc.) matérialisées graphiquement (Rabardel et Weill-Fassina, 1992). Ce graphisme (par exemple un schéma de principe, de construction ou de câblage, un chronogramme, etc.) permet de déplacer le problème technique en question du monde réel au monde virtuel moins coûteux. Pour le concepteur ou l'analyste, l'objet réel existe virtuellement avant de l'être réellement. Ceci implique qu'il doit faire fonctionner mentalement les différents modèles graphiques représentés pour juger de la pertinence de la solution en fonction des conditions.

La transposition de l'activité technique au champ éducatif doit donc, soutiennent les auteurs, se traduire par des intentions d'apprentissage qui visent 1) le développement et la mobilisation d'habitudes de travail bien définies comme « la recherche systématique d'une véritable connaissance rationnelle des objets techniques, c'est une discipline de l'esprit » (Combarnous, 1984, p. 39), 2) une certaine connaissance des fonctions d'un objet, 3) la compréhension des principes scientifiques et des procédés techniques qu'il renferme dans sa conception et dans sa réalisation, 4) la réflexion sur son impact social et sur les individus (Deforge, 1970 ; De Vries, 2005 ; Martinand, 2003).

3. Le cadre méthodologique

Les pratiques des enseignants dans leur contexte réel (sans l'intervention du chercheur à aucun moment dans la situation d'enseignement) sont les objets centraux du dispositif d'analyse que nous utilisons pour répondre à nos objectifs de recherche. Ainsi, la planification de l'enseignement est entièrement sous la responsabilité des enseignants. Le choix de cet angle d'approche nécessite la prise en compte d'un ensemble de contraintes méthodologiques : 1) la centralité du point de vue de l'enseignant dans l'analyse (son discours sur ses pratiques et sur ses choix) ; 2) la prise en compte de son contexte organisationnel et institutionnel. Les données ont été recueillies dans le cadre d'un projet[2] portant sur le développement professionnel des enseignants. Elles sont de trois sortes :

1) l'enregistrement vidéo en classe des situations d'enseignement-apprentissage ;

2) la réalisation et l'enregistrement audio d'entrevues avec les enseignants avant et après l'enregistrement vidéo. Ces entrevues visent à reconstruire le sens que les acteurs donnent à leurs pratiques.

3) les planifications des enseignants et le matériel didactique utilisé.

Les données présentées dans ce chapitre concernent un échantillon composé de 10 enseignants qui ont mis en œuvre des projets de leurs choix avec des élèves du premier cycle du secondaire (élèves de 13 à 15 ans). Le tableau 1 présente de manière synthétique le processus de recueil et de traitement des données.

Tableau 1
processus de recueil et de traitement des données

[2] Recherche subventionnée par les fonds québécois de recherche en sciences humaines (FQRSC) : *Compétences professionnelles en enseignement des sciences,* technologies et mathématiques (2009-2014, sous la direction de A. Hasni).

Recueil des données			
	Avant chaque séance de cours	Durant le cours[3]	Après le cours
	Entrevue pré (40mn)	Enregistrement vidéo en classe	Entrevue post (15-20 min)
Données	Entrevues, planifications détaillées, matériel didactique utilisé dans la planification	Enregistrement vidéo Ressources utilisées en classe	Entrevues; Traces des élèves (cahiers des élèves, produits conçus); Traces des évaluations
Corpus d'analyse : Toutes les traces écrites recueillies + Transcriptions des entrevues			

Traitement des données		
Dimensions d'analyse	Caractéristiques de l'EPP Intentions d'apprentissage Types de savoirs visés, Tâches prévues; Difficultés prévues	Composantes des contenus traités; Tâches didactiques; Ressources; Références évoquées; Rôles sociaux
Techniques d'analyse	Analyse de contenu (Thématique : Bardin, 2007).	
Logiciels d'analyse : Entrevues et traces écrites : Nvivo		

4. Les résultats

4.1 Les caractéristiques générales associées à l'EPP

Le corpus considéré ici provient de deux sections complémentaires des entrevues :

a) Les réponses des enseignants aux questions qui concernent leurs définitions de l'EPP de manière générale :
   - a.1. D'une manière générale, pour vous, qu'est-ce qui caractérise l'approche par projets ?
   - a.2. Pourquoi vous avez choisi de recourir à cette approche pour l'enseignement des contenus visés ?

b) Les réponses portant sur la description détaillée du déroulement anticipé de la séquence d'enseignement :
   b.1. Décrivez-nous le déroulement de chaque période, en précisant vos tâches et les tâches que les élèves auront à réaliser en lien avec les apprentissages visés ?
   b.2. Vous venez de nous décrire de manière détaillée les périodes qui seront enregistrées. Maintenant, pouvez-vous nous dire comment ces périodes s'inscrivent dans l'ensemble de la situation d'enseignement ?
   b.3. Parmi les tâches décrites, lesquelles selon vous favorisent les apprentissages visés ?

Le tableau 2 présente une synthèse des caractéristiques dégagées des deux types de corpus. Nous les avons séparés en deux sections (nuances de gris), mais placés en parallèle pour illustrer le type d'analyse effectuée. En effet, nous avons mis en relation deux types de discours distincts de l'enseignant : le premier porte sur sa description des tâches réalisées dans le cadre du projet (ce qu'il dit faire dans un contexte particulier), le deuxième porte sur ses conceptions de l'EPP (ce qu'il pense de l'EPP de manière générale).

Pour des fins d'uniformisation de la présentation, la durée des projets est exprimée en périodes. Notons qu'au Québec, une période varie de 65 à 75 minutes selon les écoles. La catégorie intitulée "Fil directeur du projet" a été reconstituée à partir des réponses aux questions *b1*, *b2* et *b3*. Cette catégorie a permis de diviser les projets en deux configurations : l'une renvoie à la fabrication du produit attendu qui structure le projet en ce sens que toutes les tâches d'apprentissages sont présentées aux élèves en fonction de leurs liens avec le produit à réaliser. Dans l'autre catégorie, les tâches sont plutôt décrites en fonction de leurs liens avec un problème à résoudre, le produit devenant secondaire.

Tableau 2
Caractéristiques des projets mis en œuvre

Dégagées des pratiques						Dégagées de la définition de l'EPP					
Code du projet	Durée en périodes	Contexte situant le projet tel que présenté à l'élève	Produits finaux attendus et réalisés	Fil directeur structurant le projet : Fabrication d'un produit	Fil directeur structurant le projet : Problème à résoudre	Produit final à réaliser	Problèmes à résoudre	Rôle de l'élève	Lien entre les disciplines	Mobilisation des savoirs disciplinaires	Recours à des démarches en ST
P1	5	Promotion de l'activité physique	Grande boîte de médicament agrémentée d'un texte	x		x		x	x		
P2	6	Compétition	Véhicule à roues propulsé par le vent	x				x	x		
P3	6	Compétition	Véhicule à roues propulsé par le vent	x			x	x		x	
P4	6	Compétition	Véhicule à roues propulsé par le vent	x				x		x	
P5	4	Évaluation des compétences	Une roue	x			x	x		x	x
P6	5	Compétition	Version miniature d'un parcours de billes		x		x	x	x		
P7	5	Compétition	Version miniature d'un parcours de billes		x	x	x	x	x	x	
P8	5	Compétition	Machine simple efficace pour déplacer une masse m		x	x		x		x	x
P9	5	Firme d'ingénierie	Moulin mécanique	x			x	x			x
P10	8	Compétition	Moulin mécanique		x	x		x		x	x

4.1.1 Des projets à visée ludique ou évaluative menant à des produits finaux semblables pour l'ensemble de la classe

Lors de la mise en œuvre des projets, tous les enseignants ont commencé par un moment nommé "mise en situation" dans leurs planifications écrites. Ils s'y référent de différentes manières dans leurs discours (mise en situation, mise en contexte). Le texte de cette mise en situation apparaît à la première page du cahier du projet remis aux élèves au début de la première période de chacun des projets. Comme le montre le tableau 2, pour introduire les projets, les enseignants adoptent des approches variées : le jeu (la compétition) ; la fantaisie (construire une boîte décorée visant la promotion de l'activité physique) ; des justifications scolaires (l'évaluation des compétences) ; des pratiques sociales de référence (ingénierie). L'extrait suivant illustre cette dernière catégorie :

- « On est comme une mini-firme d'ingénieurs auxquels on demande d'inventer un objet pour aider quelqu'un à faire une tâche X, qui répond à son besoin. En gros, c'est ça. On doit le faire de façon, "professionnelle". C'est la procédure qu'on devrait suivre, ou si on faisait appel à quelqu'un pour inventer un objet, c'est le processus par lequel il passerait pour réaliser cet objet-là » (S9[3]).

De plus, dans tous les projets, l'usage attendu des produits est de l'ordre du fictif. Les produits ont surtout servi pour l'évaluation des compétences ciblées par chaque projet. Le discours des enseignants montre également que dans la majorité des cas (8/10), les élèves ont eu à présenter leurs produits au reste de la classe dans le cadre d'une compétition.

4.1.2 Un souci d'amener l'élève à prendre en charge ses apprentissages de manière autonome

En considérant uniquement le discours des enseignants sur leurs manières de définir l'EPP, nous remarquons que la caractéristique qui a été systématiquement citée est celle reliée au rôle de l'élève au regard de son processus d'apprentissage. Ce constat est prévisible dans la mesure où cette catégorie exprime une préoccupation qui rejoint les orientations officielles d'inspiration constructiviste. Bien qu'elle s'exprime avec une terminologie différente selon les enseignants, elle renvoie généralement à

[3] Afin de préserver l'anonymat des sujets participants, nous utilisons le code S suivi d'un chiffre pour désigner le sujet et le code P pour le projet mis en œuvre.

l'autonomie de l'élève et au fait que l'EPP implique "la mise en action" de l'élève, comme l'illustrent les extraits suivants :

- « L'approche par projets, cela consiste à mettre en action les élèves » (S5).
- « Évidemment, ils (les élèves) apprennent par eux-mêmes » (S9).
- « Ce sont eux qui doivent trouver la réponse » (S2).

4.1.3 Une relation ambiguë et de nature exclusive entre le problème de départ et le produit final à réaliser dans un projet

Même si la présentation du produit final attendu a fait systématiquement l'objet d'un échange avec les élèves par tous les enseignants, plus de la moitié de ceux-ci ne semblent pas associer cette caractéristique à l'EPP. Plus encore, ce lien est absent même chez des sujets qui ont structuré l'ensemble des activités d'apprentissage en fonction des étapes de réalisation du produit. Le même constat est valable pour la caractéristique portant sur l'identification d'un problème de départ (ou besoin). Un seul enseignant évoque ces deux caractéristiques dans sa définition de l'EPP (S7). Tout se passe comme si, pour les enseignants, ces deux caractéristiques sont mutuellement exclusives dans un projet (l'une ou l'autre, mais pas les deux à la fois). En mettant de côté l'effet d'un simple oubli de la part des enseignants au moment de définir ce qu'est l'EPP, différentes explications sont possibles.

Premièrement, la différence entre l'EPP et l'enseignement par problèmes est souvent vague pour plusieurs enseignants comme dans le cas de S8 pour qui le projet n'est qu'un ensemble d'étapes :

- « En fait, ils (les élèves) ont un problème, un défi à la fin à résoudre. Mais pour y arriver, on va d'abord faire un projet, par étapes » (S8).

Deuxièmement, l'importance qu'un enseignant accorde réellement au produit dans un projet peut également expliquer ces résultats. En effet, la force de la relation entre ses intentions d'apprentissage et les tâches engendrées (ou imposées) par la réalisation du produit peut affecter le poids que l'enseignant attribue à cette caractéristique. Ainsi, prenons par exemple les projets 9 et 10. Même si les deux aboutissent au même produit (la fabrication d'un moulin), les objectifs d'apprentissage ciblés par chacun des enseignants varient. Comme nous le verrons plus loin, alors que pour le premier, l'objectif central du projet est d'amener ses élèves à s'approprier la démarche de conception (et la gamme de fabrication d'un produit) en mobilisant des machines simples, le deuxième vise plutôt à amener les élèves à s'approprier surtout les types de machines simples ; le produit n'arrive qu'à la fin comme contexte pour appliquer leurs apprentissages.

En ce qui concerne la définition du problème de départ du projet, seul un enseignant a consacré volontairement un moment à l'analyse du problème pour rendre les apprentissages visés légitimes aux yeux des élèves tout en explicitant tout au long du projet le lien entre chaque action requise et la connaissance en jeu :

- « J'ai présenté le défi de la conception technologique. Alors, on a fait la première étape qui était l'identification du besoin et on a aussi réalisé l'analyse du problème technologique. On a fait l'étude de principe, donc les élèves ont procédé à des études de principes en classe, puis, par expérimentation dans la classe laboratoire » (S9).

Pour le reste des enseignants, le discours sur cette caractéristique est très limité, le problème est perçu comme un défi (la compétition devient le problème).

4.1.4 Une conception de l'enseignement par projets centrée sur "le réinvestissement-intégration" des apprentissages

Si plus de la moitié des enseignants se réfèrent au traitement des contenus disciplinaires comme caractéristiques de l'EPP, il est à noter que l'analyse des planifications des enseignants et des réponses des enseignants à la question sur les tâches favorisant le plus les apprentissages des élèves montre que pour la majorité (9/10) le projet est un lieu d'application ou de synthèse de notions vues antérieurement, ce qu'ils désignent par "réinvestissement" ou intégration comme l'illustrent les extraits suivants :

- « On réutilise les outils vus. Donc, avant Noël, on a appris à faire des proportions, on a appris à faire la règle de trois, on a appris les différentes échelles mathématiques, puis les échelles d'unité, puis on a appris aussi les pourcentages. Et là, on va vraiment les utiliser dans le cas d'une construction complète » (S6).
- « On commence par prendre connaissance des notions, ensuite de les travailler plutôt théoriquement, et lorsque c'est acquis à ce moment-là on va faire des projets sur plusieurs périodes » (S7).

La description des tâches d'apprentissage montre en effet que les projets suivent des schémas de configuration semblables composés de phases successives qu'on peut regrouper comme suit : a) mise en situation présentant les grandes lignes du projet ; b) exposition de l'élève aux objets de savoirs à couvrir soit par explication magistrale utilisant ou non un support visuel soit par la lecture du manuel ; c) exercices ou devoir extrait du manuel ; d) moments de laboratoire demandant à l'élève d'appliquer les connaissances acquises dans la fabrication du produit ; e) présentation finale du produit et évaluation. Cette configuration rappelle une conception de l'apprentissage qui place l'élève en situation d'apprendre en premier et de valider (ou consolider) ensuite ses apprentissages en manipulant des objets, lui déléguant ainsi la responsabilité de reconstituer les liens entre ses actions et ses connaissances.

4.2 Le traitement des contenus technologiques dans le cadre de l'enseignement par projets

Cette section présente les résultats de l'analyse combinée des planifications et des réponses des sujets aux trois questions suivantes :

1) Quels sont les contenus ou les savoirs disciplinaires que vous visez dans les périodes du projet ?

2) Que souhaitez-vous que les élèves retiennent de ces contenus ?

3) Est-ce qu'il y a des savoirs que vous avez déjà enseignés dans d'autres cours et que vous souhaitez que les élèves mobilisent dans le cours enregistré ? Si oui, lesquels ?

Le tableau 3 présente une synthèse des notions citées dans le discours des enseignants (en italiques). Pour chacune d'elles, nous résumons également les dimensions particulièrement ciblées. Par ailleurs, lors de l'analyse, nous avons cherché dans le discours de l'enseignant des indices qui renseignent sur le statut de chaque notion évoquée. Celui-ci est entendu au sens de sa nouveauté ou non dans la progression des apprentissages des élèves (Tiberghien, Malkoun, Buty, Souassy et Mortimer, 2007).

Tableau 3
Intentions d'apprentissages annoncées, dimensions ciblées

Code du projet	1	2	3	4	5	6	7	8	9	10
Contenus du programme de ST (Univers technologique)										
Schéma de principe										
Définition terminologique	x	x	x	x						
Codes (représenter les mouvements à l'aide de symboles)	x	x	x	x	x	x	x	x	x	
Fonction									x	
Schéma de construction										
Codes (représenter le schéma d'assemblage d'un objet)	x				x	x	x		x	
Forces et mouvements										
Repérer une force		x	x	x						
Repérer le mouvement d'une pièce		x	x	x		x	x			x
Machines simples										
Vocabulaire (leviers :inter appui, inter résistant, inter moteur, etc.)					x	x	x	x	x	x
Gain mécanique (calcul)					x			x	x	x
Cahier des charges										
Définition d'une contrainte	x	x	x	x	x	x	x		x	x
Fonctions constitutives (d'usage, d'estime, technique, etc.)									x	
Gamme de fabrication										
Suivre une gamme									x	x
Concevoir une gamme									x	
Techniques d'usinage et d'utilisation d'outils (perceuse, scies, pistolet à colle, etc.)	x	x	x	x	x	x	x	x	x	x
Démarche de conception										
Processus et étapes d'une démarche de conception									x	
Contenus du programme de mathématique										
Proportionnalité						x	x			
Géométrie (Homothéties, Mesure d'un angle)						x	x			

Une notion est donc, dans cette classification, soit nouvelle ou mobilisée (abordé antérieurement) dans le projet. L'extrait suivant illustre les modalités de repérage de cette catégorie.

- « Schéma de principe, on en a fait à quelques reprises. C'est quand on indique les forces qui sont en jeu avec des flèches » (S4).
- « Pour les mécanismes de transmission et de transformation, on a déjà vu la théorie. Même chose pour les mathématiques, la théorie par rapport aux calculs a déjà été vue » (S6).

Lorsqu'une case du tableau correspondant à une notion est grisée, cela indique que celle-ci a été abordée pour la première fois dans le cadre du projet.

4.2.1 Des intentions d'apprentissage qui traduisent fidèlement les prescriptions officielles

Globalement, on peut noter que les apprentissages ciblés suivent étroitement l'organisation des contenus du programme de l'univers technologique, particulièrement celle proposée dans le document intitulé *progression des apprentissages*, produit par le ministère de l'Éducation, du Loisir et du Sport (MELS] en 2011 Gouvernement du Québec, 2001). Les extraits suivants illustrent quelques dimensions ciblées de ces apprentissages :

- « Je veux qu'ils retiennent, c'est quoi un schéma de principe puis, qu'est-ce que ça comprend » (S4).
- « Je veux qu'ils trouvent la manière d'installer les différentes machines simples pour pouvoir soulever une masse en faisant le moins d'effort possible » (S6).
- « C'est une initiation au local de technologie, je veux qu'ils apprennent à se servir de différents outils et de différents matériaux » (S5).

Un seul enseignant déclare viser la démarche de conception en tant qu'objet d'apprentissage parmi ses intentions :

- « Je veux que les élèves assimilent et utilisent la démarche de conception technologique. À l'intérieur de cette démarche, les savoirs traités sont des savoirs en technologie au niveau de la transmission de mouvements » (S9).

On peut également remarquer que les enseignants ont utilisé les projets dans une grande majorité des cas pour revenir sur des contenus vus antérieurement, soit pour les réviser, soit pour les évaluer. Comme mentionné plus haut, cela s'explique probablement par une conception de l'EPP l'associant à un contexte d'application et de synthèse de contenus vus antérieurement.

Si on combine les réponses des enseignants portant sur les intentions, la description détaillée des tâches des projets ainsi que les liens qu'ils font entre la séquence d'enseignement et une démarche technologique quelconque, on peut dégager plusieurs constats que nous présentons progressivement dans ce qui suit.

4.2.2 Des contenus-prétextes (ou alibis) au service d'autres apprentissages scientifiques ou mathématiques

En effet, dans les projets P6 et P7, même si les enseignants évoquent à la fois des notions technologiques (comme les machines simples et les graphismes techniques) et des notions mathématiques (comme la proportionnalité et l'échelle), lorsqu'on considère les intentions ciblées réellement par les projets, les contenus technologiques ne sont qu'un prétexte, ce que l'enseignant reconnaît d'ailleurs :

- « En mathématiques, je veux qu'ils (les élèves) soient capables, en fait, de façon concrète, de calculer une proportion et de la réaliser dans la réalité à partir d'un plan » (S6).

Lorsqu'on considère les intentions ciblées réellement par les projets, les contenus technologiques ne sont qu'un prétexte, ce que l'enseignant reconnaît d'ailleurs :

- « Je dirais qu'on a plus de bénéfices pour les maths que pour les sciences, parce qu'en sciences, je pourrais leur faire suivre une gamme de fabrication déjà faite et ce serait correct. Mais pour les mathématiques, c'est difficile de leur faire comprendre que c'est important de choisir les bonnes mesures, de savoir où l'on s'en va parce que ça peut servir concrètement à quelque chose. Ils posent souvent la question classique : ça va servir à quoi ? Là, avec la construction qu'ils doivent faire, ils le voient à quoi ça va servir » (S6).

Dans les projets 1, 2, 3 et 4, le discours des enseignants sur les aspects essentiels qu'ils aimeraient que les élèves retiennent de la notion du schéma de principe montre que ceux-ci sont abordés uniquement en lien avec les notions des force et de mouvement dans un système :

- « Donc, mes élèves vont avoir à travailler les types de mouvements, les façons de les représenter, autant les mouvements rectilignes que les mouvements de rotation » (S8).

Quant aux enseignants dont les intentions d'apprentissage portent spécifiquement sur l'étude de quelques fonctions mécaniques élémentaires (S5, S6, S7, S8 et S10) et sur la démarche de conception (S9), ce qui laisserait supposer que le degré de prise en charge du raisonnement technologique serait plus élevé, seulement deux enseignants (S8 et S9) ont évoqué des considérations technologiques.

- « Je vous dirais que les tâches qui favorisent le plus les apprentissages sont la fabrication de la roue et les tests. Pourquoi ? Parce que les élèves voient vraiment qu'est-ce que la performance. […] Ils sont capables de comprendre que finalement leur roue, ils auraient pu la modifier de plusieurs façons » (S8).
- « Donc, c'est ce qu'on va faire, le suivi du prototypage, c'est-à-dire qu'on conçoit et qu'on apporte les améliorations nécessaires à notre objet pour arriver à une version finale. Et, après ça, on va faire la mise à l'essai du prototype et la validation : est-ce que cet objet-là, qu'on vient de concevoir, répond au cahier des charges ? Est-ce qu'il répond au besoin ? » (S9).

Pour les trois autres enseignants, les investigations effectuées se rapprochent davantage d'une analyse scientifique. Ce que les enseignants confirment d'ailleurs dans leurs réponses aux questions sur les tâches qu'ils associent le plus aux apprentissages visés :

- « Bien évidemment, c'est au laboratoire, je crois que c'est une très bonne façon pour les élèves, de comprendre le phénomène, le principe des machines simples. C'est en l'expérimentant qu'ils le voient vraiment… Ce sont des laboratoires qui suivent la méthode scientifique. C'est vraiment imbriqué dans la démarche scientifique » (S10).

D'ailleurs, à la question sur l'éventuel lien entre leurs séquences d'enseignement et une quelconque démarche technologique, moins de la moitié évoque des démarches technologiques comme le montre le tableau 4 synthétisant leurs réponses à cette question (« Est-ce que vous faites appel à des démarches ou à des manières de faire qui sont propres aux sciences et technologies ? Si oui, lesquelles ? »).

Tableau 4
Démarches propres aux ST mobilisées dans le projet (déclarées par l'enseignant)

Code du projet	1	2	3	4	5	6	7	8	9	10
Conception technologique						x	x		x	
Démarche scientifique					x					x
Aucune démarche	x									
Ne sait pas		x	x	x				x		

De plus, comme l'illustrent les extraits suivants, leurs réponses témoignent d'un malaise manifeste :

- « Pour moi, les principes pédagogiques et didactiques s'appliquent de la même façon à toutes les matières » (S1).
- « Je ne sais pas. C'est peut-être une démarche scientifique, technologique à long terme » (S2).
- « C'est sûr que ça fait partie de la démarche scientifique. Mais, pousser plus loin, j'ai de la misère à voir » (S3).
- « C'est vraiment une démarche de conception technologique qui veut dire partir de rien du tout. Construire quelque chose de techno, ça veut dire faire un objet qui va répondre à un cahier des charges » (S6).

En somme, on peut noter que dans l'ensemble des projets, même si la majorité des enseignants évoquent des contenus et des démarches technologiques, l'enjeu réel du projet est soit d'ordre mathématique ou scientifique.

4.2.3 *Une approche scolaire des contenus technologiques occultant les principales caractéristiques de l'activité technique*

Si on exclut l'enseignant qui a visé principalement la démarche de conception (DC) dans son projet (S9), de tous ceux ayant traité du cahier des charges (8), aucun n'associe spontanément ce dernier à une caractéristique ou à un moment dans un processus technologique quelconque. De plus, lorsqu'on considère le discours des enseignants sur la description des tâches d'apprentissage au sujet du cahier des charges, à l'exception de S9[4], aucune référence n'est faite à une quelconque fonction technique, même chez les enseignants ayant évoqué les mécanismes de transmission et de transformation de mouvement. Pourtant, dans tous les projets ayant traité des machines simples (6/10), à la question portant sur les objectifs d'apprentissage, les enseignants évoquent les « mécanismes de transmission et de transformation de mouvement », comme l'illustrent les extraits suivants :

- « Nous allons traiter des mécanismes de transmission et de transformation du mouvement. L'objectif est d'avoir un peu une idée de… quand le mouvement est transmis, ce que ça peut être. Et quand le mouvement est transformé, qu'est-ce que ça peut être aussi » (S6).
- « Ce que je désire qu'ils retiennent c'est les différentes machines simples, lesquelles vont nous aider à réduire l'effort ou le travail pour faire un effort quelconque, soulever une masse dans cette situation-là donc j'aimerais ça qu'ils analysent les différentes machines simples pour voir lesquelles sont les plus efficaces dans différentes situations » (S10).

Si la notion de fonction technique comme objet d'apprentissage passe sous silence dans le discours de l'ensemble des sujets, on peut supposer qu'elle peut apparaître même indirectement au moment de l'étude du principe technique (en acceptant le

[4] Il est à noter que cet enseignant a précisé avoir suivi intégralement un projet développé par un organisme de promotion des sciences sous la supervision d'un professeur en génie mécanique : « Le matériel que j'ai utilisé, bon, dans l'ensemble de la démarche, le projet comme tel en première secondaire, c'est "le défi apprenti génie" […] il vient du Conseil du loisir scientifique » (S9).

glissement de sens). Or cela ne se produit que dans le cas d'un seul enseignant (S9). Tout se passe comme si, pour ces enseignants,

1) le principe mécanique est étudié pour lui-même (il n'est pas perçu comme une solution technique parmi plusieurs pouvant répondre à une même fonction) ;

2) la fonction technique à combler est déconnectée du cahier des charges lequel est réduit à des contraintes à respecter comme le coût, les dimensions et des aspects esthétiques.

À la limite, le cahier des charges serait une sorte de cahier de "consignes" (il arrive d'ailleurs que les enseignants utilisent ces termes de manière interchangeable avec les élèves). Ainsi, on peut relever ici une conception scolaire du cahier des charges qui, premièrement, ampute ce dernier de son caractère fonctionnel et, deuxièmement, le considère comme un objet à apprendre pour lui-même indépendamment du processus technique qui l'implique. C'est d'ailleurs le même constat qu'on peut faire pour le schéma de principe qui apparaît aussi dans les intentions d'apprentissage dans la majorité des projets.

Dissocier le cahier des charges à la fois de sa dimension fonctionnelle et du processus englobant qui lui donne sens peut s'expliquer par la compréhension qu'un enseignant peut avoir, mais également par l'architecture du programme lui-même. En effet, comme le montre l'extrait ci-dessous du document sur la progression des apprentissages (Gouvernement du Québec, 2011), le cahier des charges est situé dans la section fabrication, laquelle est davantage associée à l'exécution manuelle (tableau 5).

Tableau 5
Extrait condensé du document officiel de la progression des apprentissages au premier cycle du secondaire

A. Langage des lignes
Schéma de principes
Schéma de construction
B. Ingénierie mécanique
Forces et mouvements (Type de mouvements, effets d'une force, machines simples)
Ingénierie
- Fonctions mécaniques élémentaires
- Mécanismes de transformation du mouvement
- Mécanismes de transmission du mouvement
D. Matériaux
Ressources matérielles (matière première, matériau, Matériel)
E. Fabrication
Cahier des charges
Gamme de fabrication

Référence : Gouvernement du Québec (2011)

4.2.3 Le schéma de principe : un exemple d'obstacle didactique créé par la confusion entre un outil de représentations et le référent technique représenté

L'analyse du déroulement des projets montre que l'usage de ce schéma est identique chez les enseignants : au début de la conception du produit, les élèves sont tenus de faire le schéma de principe de leurs objets. Tout se passe comme si l'étude du principe technique se confond avec celle du schéma le représentant. Ajoutons que dans l'ensemble des projets, le destinataire de ce schéma est l'enseignant (pour évaluation), ce qui évacue sa pertinence aux yeux des élèves (aucune fonction ne lui est associée sauf celle de l'évaluation). D'ailleurs, comme le montrent les extraits suivants, n'ayant aucune idée du rôle de ce schéma, les élèves résistent à le faire :

- « Plusieurs voudraient aller essayer leur véhicule avant de faire leur schéma de principe. Puis, ça, je m'oppose à ça » (S2).
- « Des fois, ils (les élèves) peuvent même avoir de la misère à savoir pourquoi on a besoin de ça » (S3).

En fait, dans le programme, le schéma de principe est défini « comme étant une représentation permettant d'expliquer efficacement le fonctionnement d'un objet technique » (Gouvernement du Québec, 2011, p. 35). Or, même si cette notion est présentée comme faisant partie du registre des graphismes techniques (le langage des lignes au sens du MELS), les prescriptions sur son enseignement glissent implicitement vers l'étude d'un ensemble de principes (au moins pour les représenter) comme en témoigne l'extrait suivant du programme qui formule une partie de ce que devrait contenir l'apprentissage du schéma de principe : « Indiquer certains principes des machines simples mis en évidence dans un objet technique (ex. : un levier dans une brouette et un coin dans une hache) » (*Ibid.*, p. 35). Ainsi, comme nous l'avons montré dans des études antérieures dédiées à cette notion (Bousadra, Hasni, Lefebvre et Drouet, 2011 ; Hasni et Bousadra, 2015), aux difficultés connues de l'enseignement des graphismes techniques (Hamon, 2009), s'ajoute l'ambiguïté du programme, ce qui explique en grande partie les difficultés des élèves constatées par les enseignants au moment de réaliser ce schéma comme le résume bien l'extrait suivant d'un enseignant :

- « J'ai des élèves qui ont encore énormément de misère à faire un schéma de principe… à être capable de faire des dispositifs pour transformer puis transmettre le mouvement… Mon grand défi est d'aller chercher ceux qui, même au troisième schéma de principe, ils n'ont toujours pas compris ce qu'il fallait mettre dedans » (S6).

Si les enseignants identifient bien ces difficultés, ils ne perçoivent pas leur origine qui se situe dans le choix même de la manière d'aborder le schéma de principe, créant ainsi une sorte d'obstacle didactique.

5. Discussion et pistes de réflexion

Les résultats de cette étude montrent que malgré des apparences de différence entre les projets, liées notamment aux objets d'apprentissage visés et aux caractéristiques matérielles des productions réalisées, des régularités se dégagent autant dans les conceptions des enseignants de l'EPP que dans les modalités de mise en œuvre en classe. Premièrement, sur le plan des savoirs traités, les résultats montrent que la prise en compte des enjeux épistémologiques de l'activité technique fait défaut dans la majorité des projets. Que ce soit pour le cahier de charge et ses composantes ou pour la démarche de conception, les résultats mettent en évidence, d'une part, une compréhension de sens commun de certains savoirs (particulièrement la notion de contrainte) et, d'autre part, une réduction des activités technologiques à une forme d'investigation scientifique sur des objets techniques. Outre la formation déficiente des enseignants qui peut expliquer ces dérives, la structure du programme (la progression des apprentissages) renforce également cette dérive en divisant les contenus en concepts indépendants que l'enseignant peut explorer de manière isolée, ce qui s'oppose sur le plan didactique à une appréhension globale du processus structurant, évacuant ainsi la rationalité technique.

Deuxièmement, il se dégage une vision pédagogique de l'EPP réduisant un projet à une succession d'activités que l'extrait suivant d'un participant résume bien : « L'approche par projet, c'est d'avoir un but final. Pour lequel sont mis en commun tous les efforts des élèves » (S1). Certes, à un moment ou à un autre, l'élève est mis en mode "manipulation d'objets", mais d'un point de vue didactique, les savoirs visés dans les projets sont surtout considérés comme des ressources acquises antérieurement à appliquer pour réaliser un produit. Tout se passe comme si le projet est un moyen pédagogique permettant aux enseignants de répondre simultanément à deux types de prescriptions officielles. D'une part, on garantit, le rôle "actif" de l'élève. D'autre part, le processus du projet, qui amène celui-ci à mobiliser ses connaissances à différents moments, permet à l'enseignant d'évaluer des compétences. Ces résultats s'inscrivent dans la même tendance que ceux d'autres études menées antérieurement (Bousadra, 2014 ; Bousadra et Hasni, 2012 ; Hasni et Bousadra, 2011). En fait, si on réduit l'EPP à des considérations évaluatives et psychopédagogiques et si on l'associe moins à une démarche permettant à l'élève de s'approprier des savoirs nouveaux, l'avantage pédagogique s'estompe, et à la limite, on peut questionner à l'instar de Thomas (2000) sa valeur ajoutée : « […] what are both the costs (e.g., opportunity costs) and the benefits of a six-week PBL (project-based learning) experience, in terms of the quality and amount of knowledge gained, in comparison to students taught with a traditional model ? » (p. 36).

Bien que non généralisables considérant la taille réduite de l'échantillon, les résultats de cette étude confirment également la difficulté de la vérification des déterminants épistémologiques de l'EPP. Rappelons que même dans les écrits fondateurs, on retrouve des références à la complexité de la vérification des principes du concept d'expérience de Dewey revisité par un de ses disciples, Tsuin-Chen (1958)[5] :

> Une véritable expérience éducative se distingue d'une part de l'activité routinière et d'autre part de l'activité capricieuse. Dans le premier cas, une relation fixe s'établit entre l'individu et le milieu par l'action de la routine ; elle n'entraîne pas de perceptions nouvelles des significations et des connexions, et par conséquent, limite plutôt qu'élargit l'horizon de la signification. Dans le second cas, l'individu ne fait pas attention aux conséquences d'un acte ; il n'agit que par impulsion. Dans aucun des deux cas, il n'existe d'élément éducatif ; par conséquent, le développement de l'expérience s'arrête, soit par fixation, soit par extinction (p. 147-148).

La précision apportée par Tsuin-Chen (*Ibid.*) illustre toute l'importance du choix de l'expérience à faire vivre à l'élève qui peut réduire celle-ci à l'exercisation automatisante (ce qui n'est pas mauvais, pourvu que ce soit intentionnel) ou encore au tâtonnement impulsif traduisant un manque de régulation qui ne conduit pas à rendre consciente la distinction entre l'objet lui-même et l'objet de l'action.

---

[5] L'ouvrage de Tsuin-Chen (1958) a été préfacé par Dewey.

Addendum
Repère pour la formation : l'EPP sous un angle didactique

Le recours à l'EPP en ST, en tenant compte des caractéristiques spécifiques de ces disciplines scolaires, soulève la question de la formation tant initiale que continue des enseignants à ce type d'enseignement. La perspective d'une mise en œuvre réussie passe par la prise de conscience par les enseignants des fondements et de la logique sur laquelle repose l'EPP. Il s'agit, pour l'enseignant, d'abord de comprendre que « la rationalité du projet est l'intelligence des moyens en vue des buts poursuivis » (Fabre, 2009, p. 62). Dès lors, il est question pour l'enseignant de souscrire à cette logique. En guise de rappel, nous avons synthétisé, sous forme d'un tableau, un ensemble de repères didactiques à garder en vue lors de la planification et de la mise œuvre d'un projet. Le tableau 6 se compose de deux sections distinctes. La première expose quelques principes généraux regroupés autour de deux pôles majeurs traduisant les points de vue respectivement des savoirs en jeu et des caractéristiques de l'apprenant. Chaque pôle est associé à des critères de réussite lesquels sont accompagnés d'un ensemble de questions repères (des indicateurs). Dans la colonne de droite sont présentées des suggestions opérationnelles qui peuvent guider la planification et le déroulement du projet. La deuxième section rappelle les points communs et les différences entre un projet scientifique et un projet technologique.

Tableau 6
Quelques repères à considérer lors de la mise en œuvre d'un projet dans une perspective d'apprentissage

1. Lors de la planification et de la mise en œuvre d'un projet, garder constamment en vue qu'il faut concilier des pôles de différents ordres.

Pôles du projet et conditions à respecter	Repères à considérer en lien avec ce pôle
1.1 Le savoir en jeu (pertinence sur le plan épistémologique)	
Critère de **nécessité** traduisant *le caractère fonctionnel* du savoir au regard des tâches à accomplir : - Jusqu'à quel point les objets de savoir visés sont vraiment nécessaires pour accomplir les tâches d'apprentissage? - Jusqu'à quel point les tâches effectuées durant le projet (productions intermédiaires) portent des traces des savoirs visés ?	- Partir des savoirs visés pour déterminer les activités du projet et non l'inverse - Effectuer une analyse conceptuelle des savoirs visés - Identifier clairement le principe organisateur du projet du point de vus des savoirs (les contenus ou le processus) - Identifier au moins un problème qui rend **nécessaire** l'exécution des tâches indépendamment de l'évaluation - Distinguer une simple mise en situation de l'analyse du besoin - Consacrer un moment à l'analyse explicite du problème
1.2 L'élève et ses caractéristiques (pertinence sur le plan psychologique)	
Critères ***d'insuffisance** et **d'intelligibilité*** traduisant le caractère utile du savoir aux yeux des élèves: - Est-ce que l'élève peut réussir à accomplir les tâches même s'il n'a pas acquis les objets visés ? - Jusqu'à quel point l'élève perçoit le problème en fonction de ses propres connaissances ? - Jusqu'à quel point la connaissance acquise modifie la perception ou le comportement de l'élève ?	- Le problème à l'étude ne doit pas être imposé. Même si l'enseignant choisit le problème, il faut que l'élève perçoive ce qui fait que ce problème en est un qui mérite qu'on s'y attarde indépendamment du fait qu'il faut apprendre quelque chose - Demander à l'élève de justifier ce qui fait problème et non simplement lui demander de décrire la situation - Durant le projet, choisir des tâches qui confrontent l'élève à l'insuffisance de ses connaissances - Porter une attention particulière au raisonnement de sens commun de l'élève (la centration sur l'utilisateur). Par exemple, dans la détermination de la fonction d'usage d'un objet, les manuels proposent généralement à l'élève de se poser la question : à quoi ça sert ? Dans le cas d'une bouteille (objet technique), la réponse : ça sert à boire montre un point de vue de l'utilisateur alors que la fonction d'usage est plutôt contenir un liquide.

2. Dans le contexte d'un enseignement intégré des ST, distinguer les spécificités de chaque type de projet

PROJECT-BASED TECHNOLOGY

Design

- Identifying needs
- Determining system requirements (what would be required of the system)
- Collecting and analyzing data: conducting a feasibility study
- Examining alternative solutions and choosing optimal solution
- Designing the system
- Producing and testing a prototype/physical model
- Presenting outcomes

Small team collaboration

Literature review

Continued assessment

PROJECT-BASED SCIENCE

Inquiry

- Research question
- Formulating scientific prediction
- Designing and conducting investigation
- Gathering and analyzing information and data
- Making interpretations and identifying alternative explanations
- Drawing conclusions
- Reporting finding

Tirée de Franck (2006)

Alors que la démarche scientifique est structurée par une question (expliquer-comprendre un phénomène naturel), la démarche technologique est orientée par un souci d'agir efficacement sur la base d'un besoin identifié (tout en soulignantq que la technologie cherche aussi à comprendre un phénomène pour le contrôler). Le moment de la problématisation en sciences qui vise à dégager les questions ou les hypothèses de recherche se traduit en technologies par le moment de la construction du cahier des charges fonctionnel. Les processus de recherche utilisés varient également (contenu théorique comme fin en soi versus théorie appliquée; hypothèse versus solution; variable versus contrainte, etc.).

Références

Asunda, P. A. et Hill, R. B. (2007). Critical features of engineering design in technology education. *Journal of Industrial Teacher Education, 44*(1), 25-48.

Barak, M. (2004). Issues involved in attempting to develop independent learning in pupils working on technological projects. *Research in Science & Technological Education, 22*(2), 171-183.

Bardin, L. (2007). *L'analyse de contenu* (10e éd.) Paris : Presses universitaires de France.

Barnett, M. (2005). Engaging inner city students in learning through designing remote operated vehicles. *Journal of Science Education and Technology, 14*(1), 87-100.

Bousadra, F. (2014). *L'enseignement par projets en sciences et technologies : études des pratiques d'enseignement chez des enseignants du secondaire au Québec.* Thèse de doctorat en sciences de l'éducation. Université de Sherbrooke, Sherbrooke.

Bousadra, F. et Hasni, A. (2012). L'approche par projets et les savoirs disciplinaires en classe de sciences et technologies au Québec : Compatibilité ou incompatibilité ? Présentation d'études de cas. *Recherches en didactique, 13*, 67-84.

Bousadra, F., Hasni, A., Lefebvre, D. et Drouet, J.-M. (2011). L'enseignement de la technologie au secondaire : analyse d'un cours sur l'apprentissage du schéma de principe. *In* A. Hasni, H. Squalli, A. Bronner et M.-T. Nicolas (dir.), *La classe de sciences, mathématiques et technologies comme objet d'étude : quels problématiques, cadres de références et méthodologies et pour quels résultats ?* (p. 131-158). Sherbrooke-Montpellier : Actes des troisièmes rencontres scientifiques universitaires Sherbrooke-Montpellier. Centre de recherche sur l'enseignement et l'apprentissage des sciences (CREAS, Université de Sherbrooke) – Laboratoire interdisciplinaire de recherche en didactique éducation et formation (LIRDEF, Université de Montpellier 2).

Combarnous, M. (1984). *Les techniques et la technicité.* Paris : Éditions sociales.

Cunningham, C. M. et Carlsen, W. S. (2014). Teaching engineering practices. *Journal of Science Teacher Education, 25*, 197–210.

Custer, R., Daugherty, J. et Meyer, J. (2011). Formulating a concept base for secondary level engineering : A review and synthesis. *Journal of Technology Education, 22*(1), 4-21

Dakers, J. R. (2006). Towards a philosophy for technology education. *In* J. Dakers (dir.), *Defining technological literacy : Toward an epistemological framework* (p. 146-158). New York, NY : Palgrave Macmillan.

Deforge, Y. (1970). *L'éducation technologique.* Bruxelles : Casterman

Deforge, Y. (1985). *Technologie et génétique de l'objet industriel.* Paris : Maloine.

De Vries, M. (2005). The nature of technological knowledge : philosophical reflections and educational consequences. *International Journal of Technology and Design Education, 15*, 149–154.

Dewey, J. (1967). *L'école et l'enfant* (Trad. par L. S. Pidoux et introduit par E. Claparède). Genève : Institut des sciences de l'éducation de l'Université de Genève.

Dewey, J. (1975). *Démocratie et éducation* (Trad. par G. Deledalle). Paris : Armand Colin et Nouveaux Horizons (1re éd. 1916).

Ducharme, C. C. (1993). *Historical roots of the project approach in the United States : 1850-1930.* Communication présentée à l'Annual Convention of the National Association for the Education of Young Children, Anaheim, CA, 10-13 novembre.

Fabre, M. (2009). *Philosophie et pédagogie du problème.* Paris : Vrin.

Fortus, D., Krajcik, J. S., Dershimer, R. C., Marx, R. et Mamlok-Naaman, R. (2004). Design-based science and student learning. *Journal of research in science teaching, 41*(10), 1081–1110.

Fourez, G. (1994). *Alphabétisation scientifique et technique. Essai sur les finalités de l'enseignement des sciences.* Bruxelles : De Boeck.

Frank, M. (2006). A systems approach for developing technological literacy. *Journal of Technology Education, 17*(1), 19-34.

Gille, B. (1969). Essai sur la connaissance technique. *In* B. Gille (dir.), *Histoire des techniques* (p. 1417-1450). Paris : Gallimard.

Gouvernement du Québec (2006). *Programme de formation de l'école québécoise. Enseignement secondaire, 1er cycle.* Québec : Ministère de l'Éducation, du Loisir et du Sport.

Gouvernement du Québec (2011). *Progression des apprentissages au secondaire.* Québec : Ministère de l'Éducation, du Loisir et du Sport. Document accessible à l'adresse <http://www1.education.gouv.qc.ca/progressionSecondaire/domaine_mathematique/science/index.asp>.

Hamon, C. (2009). Graphismes techniques : tâches, natures et causes des difficultés des apprenants. *Aster, 48*, 39-96.

Hasni, A. et Bousadra, F. (2011). Les enseignants de sciences et technologies au Québec face aux nouvelles orientations curriculaires. *In* J. Lebeaume, A. Hasni et I. Hallée (dir.), *Recherches et expertises pour l'enseignement de la technologie, des sciences et des mathématiques* (p. 113-123). Bruxelles : De Boeck Université.

Hasni, A. Bousadra, F. et Lefebvre, D. (2015). L'enseignement et l'apprentissage du schéma de principe au premier cycle du secondaire général : analyse de pratiques de classe. *In* J. Lebeaum et A. Hasni (dir.), *Éducation technologique et sciences de l'ingénieur : regards sur les curricula et les pratiques* (79-97). Lille : Presses universitaires du Septentrion.

Honey, M., Pearson, G. et Schweingruber, H. (2014). *STEM integration in K-12 education : Status, prospects, and an agenda for research.* Washington, DA : The National Academies of Sciences, Engineering, and Medicine. Document accessible à l'adresse <http://www.nap.edu/catalog/18612/stem-integration-in-k-12-education-status-prospects-and-an>.

Lasson, C. (2004). Qu'est-ce qu'un objet ? *Cahiers pédagogiques, 455.* Document accessible à l'adresse <http://www.cahiers-pedagogiques.com/Qu-est-ce-qu-un-objet>.

Lebeaume, J. (2000). *L'éducation technologique : histoires et méthodes.* Issy-les-Moulineaux : ESF

Lebeaume, J. (2012). L'enseignement régulier de la technologie dans l'hétérogénéité des acteurs et des contextes. *Aster*, *35*, 65-83.

Levy, S. T. (2013). Young children's learning of water physics by constructing working systems. *International Journal of Technology and Design Education, 23*, 537-566.

Martinand, J.-L. (1995). Rudiments d'épistémologie appliquée pour une discipline nouvelle : la technologie. *In* M. Develay (dir.), *Savoirs scolaires et didactiques des disciplines : une encyclopédie pour aujourd'hui* (p. 339-352). Paris : ESF.

Martinand, J.-L. (2003). L'éducation technologique à l'école moyenne en France : problèmes de didactique curriculaire. *Revue canadienne de l'enseignement des sciences, des mathématiques et des technologies*, *3*(1), 101-106.

Morford, L. L. et Warner, S. A. (2004). The status of design in technology teacher education in the United States. *Technology Education, 75*(2), 33-45.

National Research Council (2014). *STEM integration in K-12 education : Status, prospects, and an agenda for research.* Washington, DC : National Academies Press.

Not, L. (1979). *Les pédagogies de la connaissance.* Toulouse : Privat.

O'Neill, D. K. et Polman, J. L. (2004). Why educate little scientists ? Examining the potential of practice-based scientific literacy. *Journal of Research in Science Teaching, 41*(3), 234–266.

Rabardel, P. et Pastré, P. (dir.) (2005). *Modèles du sujet pour la conception. Dialectique activités développement.* Toulouse : OCTARÈS.

Rabardel, P. et Weill-Fassina, A. (1987). *Le dessin technique : apprentissage, utilisation, évolution.* Paris : Hermès.

Rabardel, P. et Weill-Fassina, A. (1992). Fonctionnalités et compétences : dans la mise en œuvre de systèmes graphiques techniques. *Intellectica, 15*, 215-240

Silk, E. M., Schunn, C. D. et Cary, M. S. (2009). The impact of an engineering design curriculum on science reasoning in an urban setting. *Journal of Science Education and Technology*, *18*(3), 209-223.

Tiberghien, A. Malkoun, L. Buty, C., Souassy, N. et Mortimer, E. (2007). Analyse des savoirs en jeu en classe de physique à différentes échelles de temps. *In* G. Sensevy et A. Mercier (dir.), *Agir ensemble : l'action didactique conjointe du professeur et des élèves* (p. 73-98). Rennes : Presses universitaires de Rennes.

Thomas, J.W. (2000). *A review of research on project-based learning.* Document téléaccessible à l'adresse http://www.bie.org.

Tsuin-Chen, O. (1958). *La doctrine pédagogique de John Dewey* (2e éd.). Paris : Vrin (1re éd. 1931).

Williams, J. P. (2013). Research in technology education : Looking back to move forward. *International Journal of Technology and Design Education, 23*, 1-9.

Chapitre 5

Nature et enjeux de l'introduction en France de la démarche d'investigation en technologie et sciences de l'ingénieur : approche historique

Christian Hamon

1. L'introduction de la démarche d'investigation en technologie et sciences de l'ingénieur au lycée en France

Le désintérêt des jeunes pour les sciences et la désaffection pour les études scientifiques, mais d'une façon moindre pour les technologies, sont avérés tant au niveau européen qu'au plan mondial (Organisation de coopération et de développement économiques [OCDE], 2006). Face à ce déclin inquiétant, le rapport Bach-Sarmant (Bach, 2004) recommande de privilégier une « pédagogie d'investigation expérimentale » (p. 2), tandis que le rapport Rocard (Rocard et Hemmo, 2007) insiste sur l'importance de mettre en œuvre dans les écoles primaires et secondaires des méthodes d'enseignement jugées très prometteuses « basées sur l'investigation », c'est-à-dire à l'opposé des cours magistraux et des méthodes déductives. Pour les auteurs de ce rapport européen, l'objectif est « d'augmenter l'intérêt des jeunes pour les sciences » (p. 3).

En France, les prescriptions relatives au recours à la démarche d'investigation (DI) se généralisent en une décennie. Elle est préconisée en 2002 à l'école primaire (Gouvernement de la République française, 2002*a*), et c'est en 2005 (Gouvernement de la République française, 2005) qu'elle est privilégiée dans les programmes du collège (secondaire inférieur), toutes disciplines dites scientifiques confondues : mathématiques ; sciences physiques et chimiques (SPC) ; sciences de la vie et de la Terre (SVT) ; technologie. Cependant, en technologie, la DI est mentionnée pour la première fois dès 2004 dans le programme de la classe de sixième (première année du collège) (Gouvernement de la République française, 2003) avant d'être officiellement généralisée aux autres classes en 2008 (Gouvernement de la République française, 2008). En 2009 (Gouvernement de la République française, 2009), la DI est inscrite dans les objectifs des programmes de sciences des baccalauréats professionnels. Ensuite, lors de la réforme du lycée (secondaire supérieur) initiée en 2010, la référence à la DI est introduite dans le curriculum de technologie industrielle des programmes de sciences de l'ingénieur et de technologie de la classe de seconde (Gouvernement de la République française, 2010*a*), puis en 2011 (Gouvernement de la République française, 2011*a*), dans les documents d'accompagnement des programmes du baccalauréat technologique STI2D (sciences et technologies de l'industrie et du développement durable) et de ceux de l'option SI (sciences de l'ingénieur) du baccalauréat scientifique. Enfin, en 2013 (Gouvernement de la République française, 2013), c'est au tour des programmes de sciences industrielles de l'ingénieur de la filière physique-technologie (PTSI) des classes préparatoires aux grandes écoles de valoriser les étapes du raisonnement de l'ingénieur reposant sur les démarches d'investigation.

Ainsi, en moins de dix ans, le « curriculum disciplinaire des sciences de l'ingénieur » (Hamon, 2012*a*, p. 35) intègre-t-il une nouvelle méthode pédagogique (figure 1). Cette adoption rapide des injonctions relatives à l'emploi de la démarche d'investigation s'inscrit dans un contexte où la technologie revendique un statut valorisant de discipline scientifique. Cependant, si cette appropriation des rites et des démarches des sciences expérimentales sert cette fonction, elle fait courir le risque à la technologie et aux sciences de l'ingénieur de ne plus valoriser les principaux fondements, comme l'analyse fonctionnelle par exemple, qui ont forgé son identité (voir le chapitre 1). Dès lors, ce chapitre propose d'interroger la nature et les enjeux de l'introduction dans le curriculum des sciences de l'ingénieur d'une démarche importée des sciences expérimentales, c'est-à-dire sans fondements épistémologiques disciplinaires.

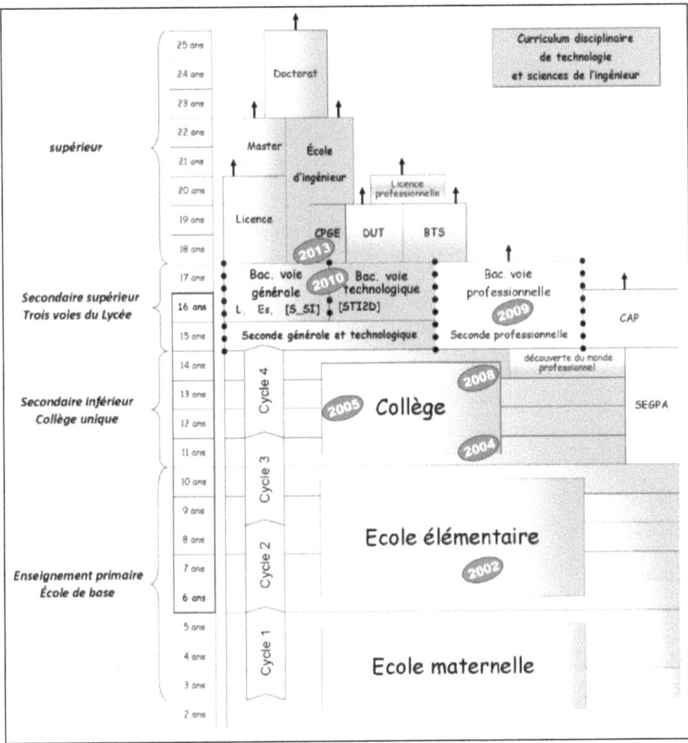

Figure 1 – Dates d'introduction de la démarche d'investigation en France

La première partie de ce chapitre propose un rapide survol des problématiques qui émergent des recherches liées à la DI (questions largement développées par ailleurs dans cet ouvrage). La deuxième partie compare la manière dont la DI est envisagée en technologie par les textes officiels au premier cycle du secondaire au Québec et au lycée en France. La troisième partie propose un détour par l'histoire de l'élaboration des outils et des méthodes de l'enseignement de la technologie dans l'enseignement technique (voir le chapitre 1). Enfin, sur la base des éclairages distincts qu'apportent ces trois approches, la dernière partie discute la question initialement posée sur la nature et les enjeux de l'introduction de la DI dans le curriculum de sciences de l'ingénieur. Pour clore ce chapitre, la conclusion propose une approche pragmatique de l'investigation technologique.

2. La démarche d'investigation et les travaux de recherche

Au niveau international, les premiers travaux de recherche en didactique sur le recours à l'expérimentation dans l'enseignement des sciences, l'*inquiry*[1] ou encore l'investigation, sont initiés au milieu des années 1980 (Dimarcq, 2009). En France, l'introduction récente de la DI dans les programmes scolaires a contribué au développement de ces recherches. Les résultats, publiés à quelques années d'intervalle dans des numéros de revues (Beorchia et Boilevin, 2009 ; Calmettes et Matheron, 2015) ou dernièrement dans un ouvrage entièrement consacré à la DI (Marlot et Morge, 2016) éclairent les problématiques générales liées à la DI, mais aussi celles spécifiques aux différentes disciplines scolaires concernées.

Partant de l'analyse, d'une part, des prescriptions et, d'autre part, des pratiques en classe, ces recherches montrent toutes la variabilité des éléments susceptibles de caractériser une DI et, par là, l'impossibilité d'en proposer une définition qui fasse l'unanimité. Néanmoins, les résultats convergent sur un certain nombre de points. En premier lieu, les travaux s'accordent sur l'importance des théories constructivistes de l'apprentissage, c'est-à-dire sur l'intérêt de favoriser « la construction du savoir par l'élève », pour reprendre l'expression utilisée dans l' "Introduction commune à l'ensemble des disciplines scientifiques" du collège (Gouvernement de la République française, 2005). Cependant,

[1] Inquiry-based science education (ISBE). Inquiry-based instruction (IBI). Inquiry-based learning (IBL). Inquiry-based teaching (IBT).

le repérage des tâches proposées aux élèves révèle de façon récurrente l'usage d'une démarche stéréotypée qui obère les potentialités d'une réelle investigation. Deux autres volets rapportés dans les recherches consultées concernent, d'une part, les enseignants, notamment la conception erronée de certains d'entre eux vis-à-vis de la DI ou les difficultés qu'ils éprouvent lors de sa mise en œuvre (méthode chronophage et manque de formation), et, d'autre part, l'analyse des activités effectives des élèves confrontés à la DI. Dernier constat, si les textes officiels précisent que « les programmes […] privilégient pour les disciplines scientifiques et la technologie une démarche d'investigation » (Gouvernement de la République française, 2008), la technologie est la grande absente des recherches, notamment au lycée, où l'inexistence totale d'études ne permet pas de confirmer l'efficience de la DI dans cette discipline. Cette absence d'études constitue un contexte favorable aux polémiques. En effet, les injonctions concernant la mise en place de la DI en technologie divisent. Celles-ci sont soit encouragées[2], soit critiquées par une partie des syndicats (Syndicat national des enseignements de second degré - Fédération syndicale unitaire, SNES – FSU)[3] et des associations de professeurs4. La comparaison de la DI telle qu'elle est préconisée au Québec et en France révèle alors des différences susceptibles d'expliquer certaines de ces contestations.

---

[2] « La démarche d'investigation et le travail en projet collaboratif […] permettent de mettre les élèves dans des situations aux enjeux intellectuels forts et riches de sens ». (Union des professeurs de sciences et techniques industrielles [UPSTI], Communiqué de presse, 13 mars 2015).

[3] « La démarche d'investigation, imposée comme pédagogie, reste totalement inadaptée pour aborder la plupart des concepts sur lesquels se fonde la discipline [de technologie] » (Déclaration du syndicat SNES-FSU, novembre 2014).

[4] Car « inadaptée à l'enseignement de la technologie ». (Rencontre entre associations contribuant à l'éducation technologique et aux enseignements et formations technologiques. 17 décembre 2012, Siège de l'Association européenne pour l'éducation technologique (AEET), Association française pour le développement de l'enseignement technique (AFDET), Paris. Informations accessible à l'adresse <http://aeet.fr/Documents/cr_rencontre_asso_ techno_17_12_12.pdf>.

3. La démarche d'investigation et la technologie au Québec et en France

L'analyse des textes de référence relatifs aux sciences et technologies au Québec et à la technologie et aux sciences de l'ingénieur en France révèle des différences d'organisation et de méthodes.

Au Québec, « Le programme de science et technologie [du premier cycle du secondaire] regroupe en une seule discipline cinq champs disciplinaires d'ordre scientifique […] et divers champs d'applications technologiques accessibles par des repères culturels » (Gouvernement du Québec, 2006, p. 267). Cet enseignement est donc pris en charge par un seul professeur, dans un unique laboratoire. Dans ce cadre, il pourrait sembler logique que la démarche pédagogique soit similaire en sciences et en technologie. Cependant, celle-ci se décline selon deux scénarios distincts de démarches d'investigation scientifique d'un côté, ou de conception technologique de l'autre. Il y a donc une démarcation effective entre les démarches scientifique ou technologique qui recourent à des étapes communes et d'autres différentes (figure 2).

En France la situation apparaît plus complexe. L'enseignement des sciences (SPC et SVT) et de la technologie est pris en charge par trois professeurs distincts dans trois laboratoires différents. En effet, la technologie est progressivement devenue une discipline à part entière, autonome, du collège (Lebeaume, 2003) à l'enseignement supérieur (Hamon, 2015). Dans ce contexte, la DI telle qu'elle est présentée dans le document ressource (Gouvernement de la République française, 2011*a*) relatif au baccalauréat STI2D[5] s'appuie sur la définition du programme de technologie du collège :

[5] La même définition est proposée dans le document ressource de l'option sciences de l'ingénieur du baccalauréat général scientifique (Gouvernement de la République française, 2011*b*).

> Démarche d'investigation : démarche inductive qui s'applique à tous les domaines scientifiques. C'est la démarche pratiquée au collège et en classe de seconde dans les enseignements d'exploration. C'est un ensemble d'actions et de réflexions qui vise à observer le comportement, le fonctionnement, la constitution d'un produit, à rechercher des informations et à identifier les solutions retenues ainsi que les principes qui les régissent. (p. 161).

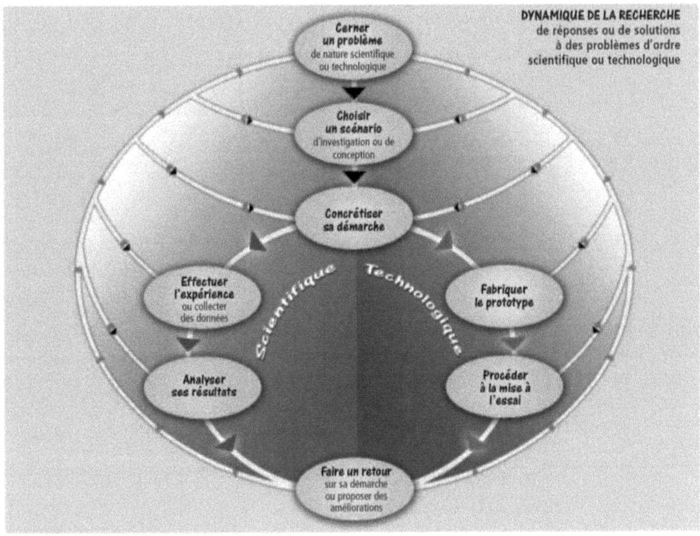

Figure 2 – Démarches d'investigation scientifique et de conception technologique au Québec (GouverQuébec, 2006, p. 276)

Ce document précise également que « les méthodes pédagogiques de l'enseignement technologique STI2D s'appuient sur trois démarches d'apprentissage : la démarche d'investigation, la démarche de résolution de problème technique, le projet technologique. » (*Ibid.*, p. 116). Ces démarches s'imbriquent à la manière des poupées russes (figures 3.1 à 3.3).

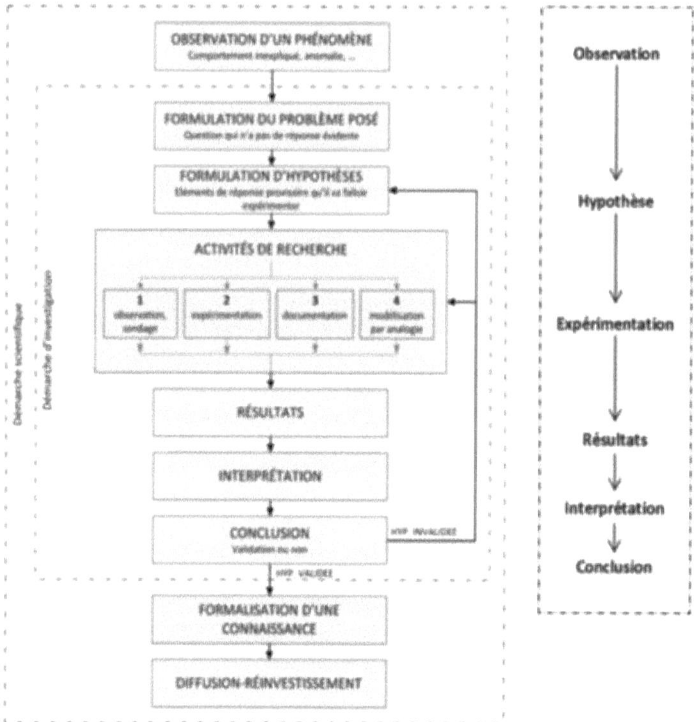

Figure 3.1 – Similitude entre démarche d'investigation (Gouvernement de la République française, 2011*a*, p. 133) **et méthode OHERIC**

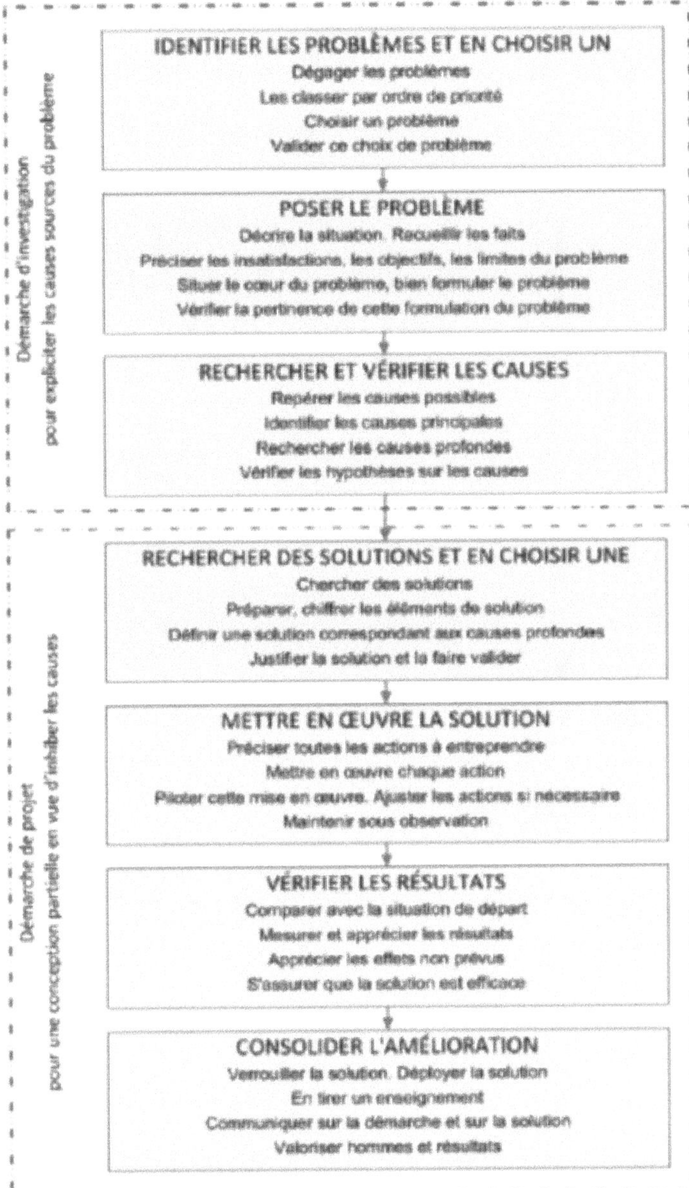

Figure 3.2 – Démarche de résolution d'un problème technique
(Gouvernement de la République française, 2011*a*, p. 134)

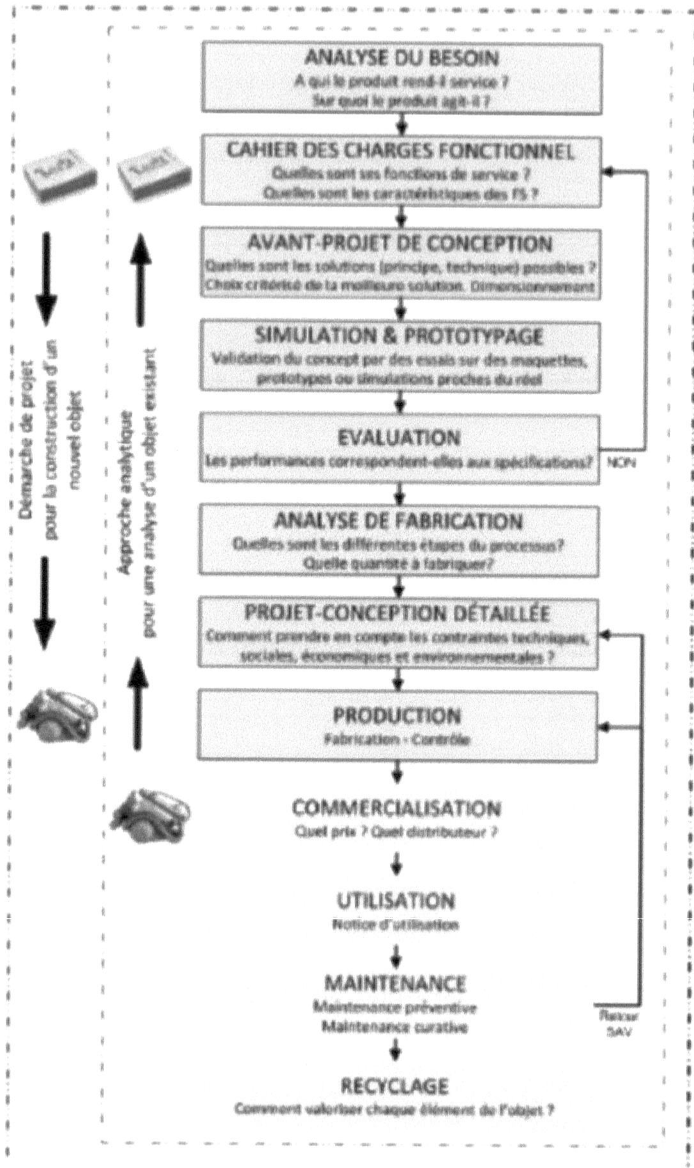

Figure 3.3 – Démarche de projet et rétro-ingénierie (analyse de constatation) (Gouvernement de la République française, 2011*a*, p. 135)

La démarche de résolution de problème est présentée comme l'enchaînement de deux démarches distinctes et successives : 1) la démarche d'investigation, elle-même sous-partie de la démarche scientifique ; 2) la démarche de projet, intégrant d'autres démarches relatives à la conception (créativité ou ingénierie des systèmes).

Dans ce cadre formel, la manière dont est présentée la DI, comme une succession d'étapes, n'est pas sans rappeler la démarche scientifique dite méthode OHERIC (observation, hypothèse, expérimentation, résultats, interprétation, conclusion)[6], fortement contestée, car elle renvoie à un modèle idéalisé tel que ceux construits a posteriori par les scientifiques lorsqu'ils présentent leurs travaux (Giordan, 1978).

Une troisième façon d'éclairer l'introduction de la DI en technologie est de faire appel à l'histoire, notamment afin d'analyser la manière dont se sont construits les contenus et les méthodes d'enseignement.

4. Ce que nous dit l'histoire de l'enseignement technique sur ses contenus et ses méthodes

L'analyse croisée sur une longue période des textes officiels (plans d'études et programmes scolaires), des revues pédagogiques, syndicales et professionnelles, des manuels scolaires, des normes industrielles, associée à des entrevues d'acteurs, révèle les déterminants et les processus d'élaboration des paradigmes technologiques successifs qui structurent les contenus et les méthodes de l'enseignement de la technologie en France.

---

[6] Cependant, si comme le signalent Larcher et Peterfalvi (2006), la méthode OHERIC omet la modélisation, celle-ci est bien envisagée par la DI version STI2D.

4.1 Une situation nouvelle à la Libération et la quête de reconnaissance

Dès la libération de la France en 1945, l'enseignement technique est sollicité pour participer à la reconstruction du pays ravagé par la guerre. Ses responsables profitent de cette situation inédite pour restructurer son organisation administrative et pédagogique afin de prendre en charge au sein d'établissements distincts la formation des ouvriers, des techniciens et des cadres destinés à devenir ingénieurs des "Arts et métiers" ou professeurs et inspecteurs de l'éducation nationale[7]. Cette période est favorable à l'enseignement technique. Sa valorisation et la revendication de la reconnaissance de sa valeur culturelle sont en partie obtenues par la création d'un véritable baccalauréat technique (1946). Ce nouveau diplôme est un baccalauréat moderne auquel sont ajoutées les trois matières, travaux d'usinage à l'atelier[8], technologie[9] et dessin industriel[10], qui forment à l'époque le triptyque de tout enseignement technique.

Cependant, avec l'inscription nouvelle dans les plans d'étude de la « technologie de construction » qui vise à « faire connaître [aux élèves] l'esprit et la méthode des constructions […], dégager les principes […] du fonctionnement des organes » (Gouvernement de la République française, 1946, p. 51), le dessin industriel et la technologie ne suffisent plus tels qu'ils sont enseignés. En effet, les outils didactiques nécessaires pour atteindre ces nouveaux objectifs n'existent pas. Il faut inventer d'autres formes d'analyse et de représentation des organes de machines qui constituent la base de l'enseignement technique. S'engage alors une quête, résumée par le psychopédagogue et professeur d'École normale

---

[7] Cette restructuration en trois filières explique l'organisation actuelle du système éducatif français au lycée, structuré par les trois voies, professionnelle, technologie et générale.

[8] À l'aide d'outils à main ou sur machines-outils.

[9] « La technologie comprend l'étude 1° des matériaux industriels, 2° de l'outillage et des procédés pour les mettre en œuvre » (Sébire et Navet, 1935, p. 1).

[10] Le dessin industriel, la langue des techniciens, est censé faire jeu égal avec l'étude d'une langue étrangère.

nationale d'apprentissage (ENNA) Fernand Canonge (1949) : « Le problème, c'est de faire de la technologie une discipline de l'esprit, c'est de lui donner une méthode de recherche et d'exposition qui permette de la comparer aux autres disciplines » (p. 39).

De plus, ce besoin et cette volonté de changement sont encouragés par le courant de l'éducation nouvelle qui prône les méthodes actives. Débute alors un travail d'élaboration didactique continu qui accompagne les différentes phases d'un long « processus de disciplinarisation de la technologie » (Hamon, 2015, p. 331), c'est-à-dire le passage progressif d'un enseignement à finalité professionnalisante à celui d'un enseignement désintéressé tel qu'il existe après la réforme du baccalauréat technologique opérée en 2010.

De nombreux acteurs, issus du sérail, ont contribué à l'élaboration de contenus nouveaux selon un processus original, semble-t-il spécifique à l'enseignement technique.

4.2 Un processus original d'élaboration de contenus enseignables

L'enseignement technique a maintes fois fait preuve de plasticité comme le prouve, par exemple, le passage en douceur de la pédagogie par objectifs initiée au milieu des années 1950 à l'approche par compétences des années 1980. Durant 70 ans, l'évolution de ses enseignements, structurés autour de paradigmes technologiques, a systématiquement accompagné, voire précédé, les réformes d'ordres organisationnel, administratif et pédagogique.

De plus, si, par essence, l'enseignement de la technologie est en prise directe avec les évolutions sociétale, scientifique et technique, aux sources desquelles il puise ses références, il contribue lui-même à ces évolutions. En effet, au cours de son histoire, dans le cadre d'une construction didactique destinée aux élèves, l'enseignement technique élabore des modes de représentations graphiques, des outils d'analyse et des méthodes de conception-modélisation (fonctionnelle, structurelle et comportementale) dont certaines sont réinvesties dans l'industrie.

Les acteurs, véritables novateurs à l'origine de ces nouveautés, sont principalement des professeurs et inspecteurs, ou encore des ingénieurs des Arts et métiers. Ils sont souvent "passés" par l'École normale supérieure de l'enseignement technique (ENSET) puis, plus tard, par l'École normale supérieure (ENS) de Cachan. Les professeurs d'ENNA chargés de former les professeurs de l'enseignement professionnel ont également très largement contribué à l'élaboration et la diffusion de méthodes et contenus nouveaux.

Cette élaboration de contenus enseignables semble spécifique à l'enseignement technique. Il résulte en effet d'un processus original selon un mode opératoire itératif qui mêle transpositions de savoirs savants (Chevallard, 1985), pratiques sociotechniques (Martinand, 1986, 2003), innovations (Cros, 2005) et évolutions didactiques. Il en résulte une sédimentation de couches paradigmatiques constituées de multiples modifications, de raffinements successifs des méthodes et des outils d'analyse qui aboutissent finalement à l'élaboration de nouveautés selon une généalogie qui inclut innovation et transposition (figure 4).

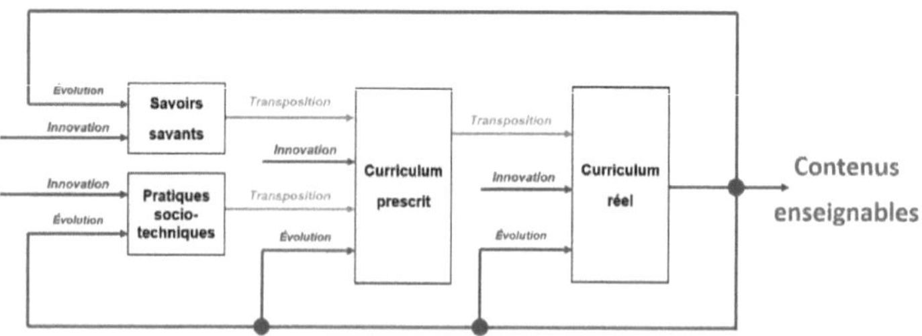

Figure 4 – Processus d'élaboration des paradigmes d'enseignement technologique (Hamon, 2012*b*)

Le cas de l'analyse fonctionnelle est particulièrement instructif à cet égard.

4.3 La réussite de l'analyse fonctionnelle

L'analyse fonctionnelle (AF) est un outil spécifique à l'enseignement technique et à l'industrie. En France, cette méthode d'étude des constructions humaines a vu le jour dans les centres d'apprentissage après la libération et est toujours présente, après maintes évolutions, dans les programmes de technologie du XXIe siècle. Elle a pour but fondamental, tout en s'interdisant de faire référence aux choix technologiques des concepteurs, de répondre à trois questions : à quoi cela sert-il ? Comment est-ce fait ? Comment cela fonctionne-t-il ? De plus, l'AF est révélatrice de la manière dont les contenus technologiques sont élaborés, travaillés, affinés. En effet, parmi les élaborations didactiques forgées par les pédagogues novateurs dans et hors les classes, l'analyse fonctionnelle est sans doute celle qui a le plus marqué l'enseignement technique. Celle-ci forme en effet, à toutes les époques, le liant des enseignements, leur attribue une justification et permet une approche interne et externe de l'étude et de la conception des systèmes techniques. Au cours du temps, les évolutions de l'analyse fonctionnelle sont identifiables à travers les représentations graphiques qui l'accompagnent.

4.3.1 Une approche radicalement nouevelle avec le paradigme des organes de machine, 1944-1959

À partir des années 1950, l'analyse fonctionnelle naissante se construit par touches successives et accompagne toutes les évolutions des programmes d'étude de l'enseignement technique. L'étude critique des organes de machines s'affirme alors comme nouvel outil d'analyse technique. Les psychopédagogues, tel Fernand Canonge, responsable de la formation des professeurs de l'enseignement professionnel, y voient un moyen de former l'esprit des futurs ouvriers en plus de leur habileté manuelle.

L'analyse fonctionnelle connaît alors un début de formalisme. Loin du dessin industriel (figure 5) qui constitue depuis des décennies le socle de l'enseignement technique, les premiers schémas fonctionnels apparaissent dans les manuels scolaires. Ces derniers proposent des représentations simplifiées du fonctionnement des mécanismes étudiés (figure 6.1). L'utilisation de tableaux d'analyse vient compléter ce nouvel outil didactique (figure 6.2). L'emprunt de notions à la technologie allemande ouvre la voie à la diversification des sources de conceptualisation de ce nouveau contenu d'enseignement (figure 6.3).

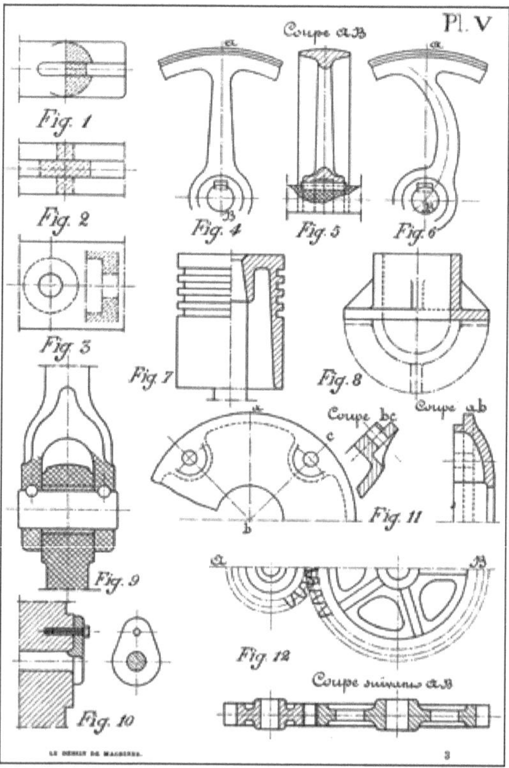

Figure 5 – Dessin technique (dessin industriel ou dessin de machines) (Labbé et Beauvais, 1913, p. 3)

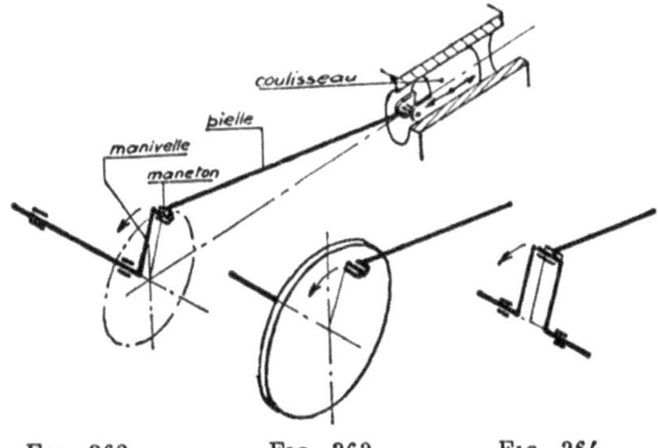

Figure 6.1 – Premiers schémas fonctionnels (Giet et Pasquet, 1959, p. 217)

Tableau d'analyse fonctionnelle

ÉLÉMENTS À ANALYSER	FONCTIONS À SATISFAIRE OU CONDITIONS À REMPLIR	FACTEURS INTERVENANT DANS LA DÉTERMINATION DE CHAQUE FONCTION OU CONDITION	ÉTUDE DE L'ACTION DES FACTEURS	SOLUTIONS PARTIELLES	SYNTHÈSE ET SOLUTION DÉFINITIVE
1er élément à analyser	1re fonction ou condition	1er facteur	Effets — Conséquences	1re solution	Solutions
		2e facteur	....	2e solution	
		....	....	....	
	2e fonction ou condition	1er facteur			
	etc.				
....					

Figure 6.2 – Tableau d'analyse fonctionnelle (Baudo, 1958, p. 158)

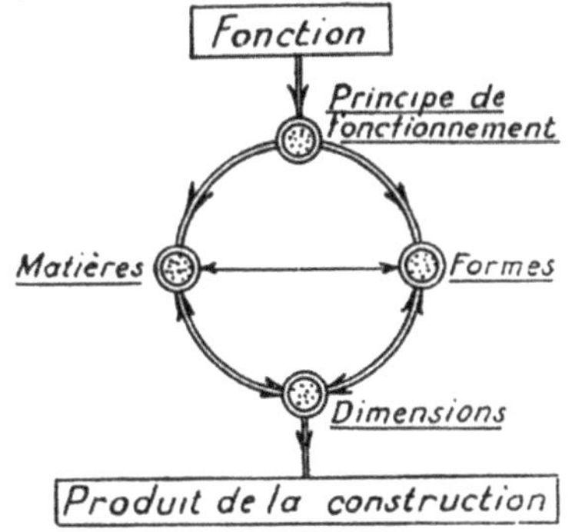

Figure 6.3 – Emprunt à la technologie allemande (Tschochner, 1957, p. 49)

4.3.2 Les emprunts aux autres disciplines et le paradigme des machines, 1959-1970

Les années 1960 sont marquées par le début de l'incorporation de l'enseignement technique dans un système éducatif unifié. De nouveaux diplômes apparaissent. L'enseignement technique est alors sollicité pour participer à la démocratisation de l'enseignement, ce qui favorise l'évolution de ses contenus vers des finalités moins utilitaristes. C'est une période bouillonnante en matière de réflexion et de production pédagogiques. Le paradigme des machines supplante celui des organes de machines. Les concepts de l'analyse fonctionnelle naissent d'innovations (schéma de type boîte noire) ou par des emprunts judicieux à d'autres disciplines : la biologie (organes) (figure 7.1) ; la cybernétique (matière d'œuvre, entrée-sorties, milieu et environnement) ; les mathématiques modernes (théorie des ensembles, logique et analyse combinatoire) ; l'analyse de la valeur (figure 7.2). Avec l'analyse fonctionnelle, les concepts de fonction et de solution technologique sont maintenant clairement dissociés (figure 7.3).

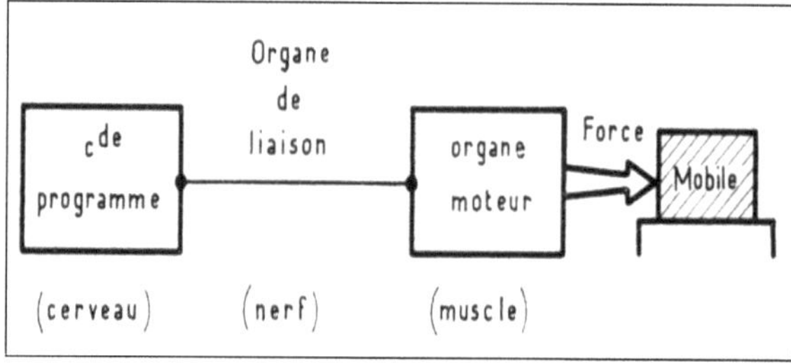

Figure 7.1 – Blocs fonctionnels (Fort, 1966, p. 14)

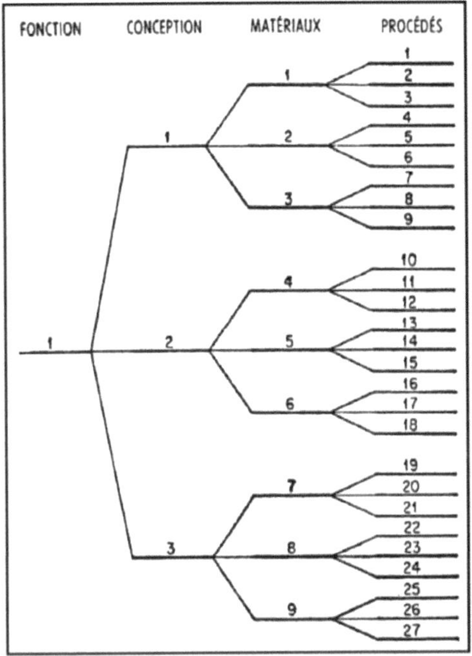

Figure 7.2 – Arbre d'analyse de la valeur (Miles, 1966, p. 91)

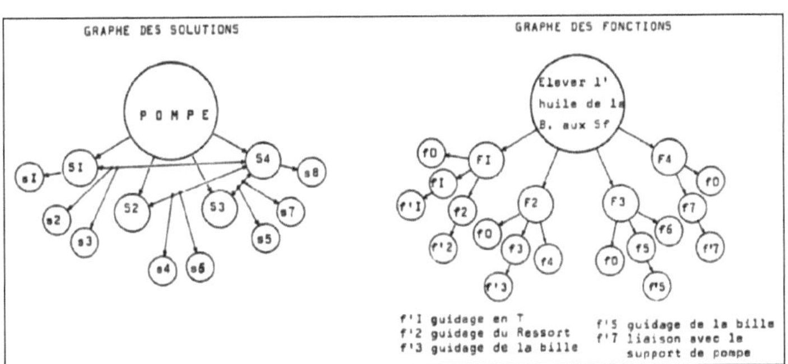

Figure 7.3 – Graphes fonctionnels (Postic et Tilagone, 1968, p. 264)

4.3.3 *Les bases de l'analyse fonctionnelle moderne et le paradigme des objets techniques, 1970 – 1979*

Les années 1970 voient naître le collège unique tandis que l'enseignement technique est scindé entre, d'une part, divers enseignements professionnels et, d'autre part, en un enseignement technologique à finalité de formation plus généraliste. L'étude d'observation des organes mécaniques cède la place à l'analyse de constatation selon une approche pratique, manipulatoire et expérimentale. Il s'agit, pour les élèves, de comprendre pourquoi et comment les objets techniques ont été conçus et fabriqués par l'homme. Le paradigme des objets techniques favorise alors le développement de méthodes nouvelles d'analyse de conception, réservées jusque-là aux ingénieurs (figure 8.1).

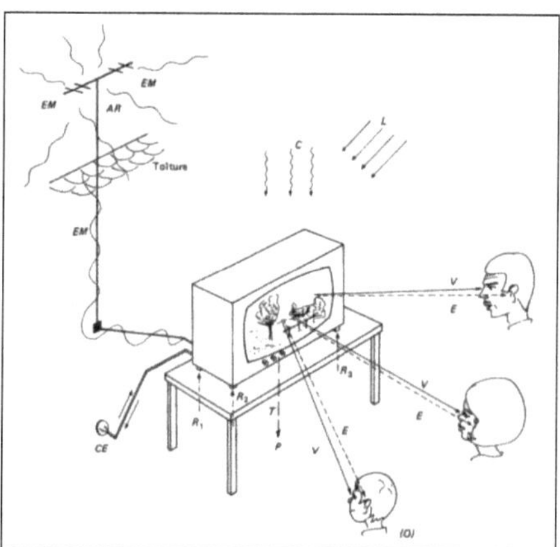

Figure 8.1 – Notions d'entrée sortie (Géminard, 1970, p. 7)

Le recours aux représentations graphiques sans lien avec le dessin industriel (schémas et organigrammes) se multiplie. Le concept de fonction s'affine et se décline par des verbes d'action conjugués à l'infinitif (figure 8.2). Il s'agit d'étudier un objet technique dont la fonction globale est assurée par des fonctions élémentaires (figure 8.3). Enfin, le triptyque matière-énergie-information est mis en avant (figure 8.4). Quatre ouvrages synthétisent et développent ces nouveaux outils théoriques et pédagogiques en un ensemble qui intègre élaboration intellectuelle des raisonnements et dimension culturelle et formatrice pour l'esprit des élèves (chronologiquement : Canonge et Ducel, 1969 ; Géminard, 1970 ; Postic, 1971 ; Chabal, De Preester, Sclafer et Ducel, 1973).

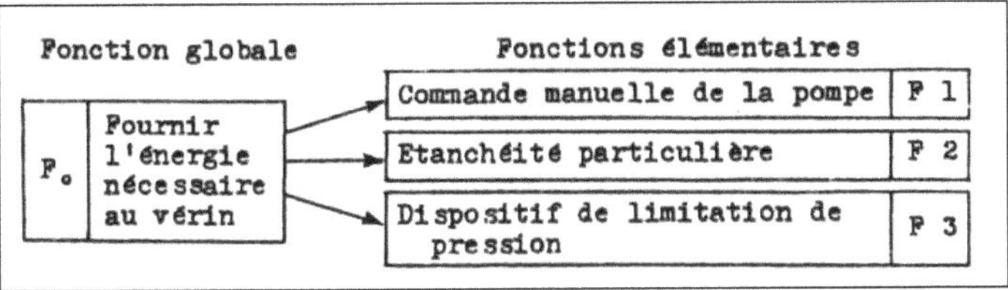

Figure 8.2 – Concept de fonction (Postic, 1971, p. 33)

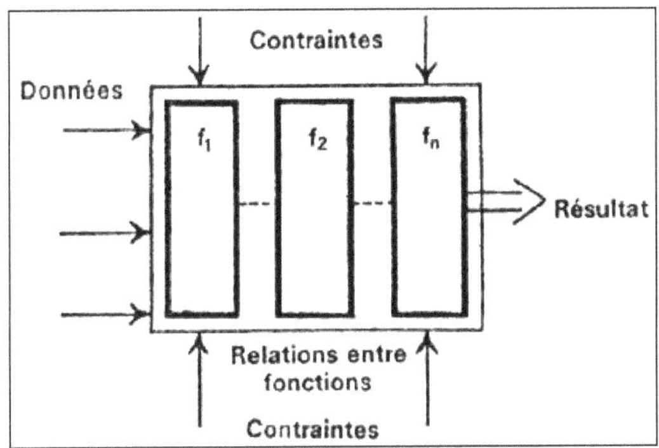

Figure 8.3 – Décomposition de fonction en blocs fonctionnels (Deforge, 1970, p. 116)

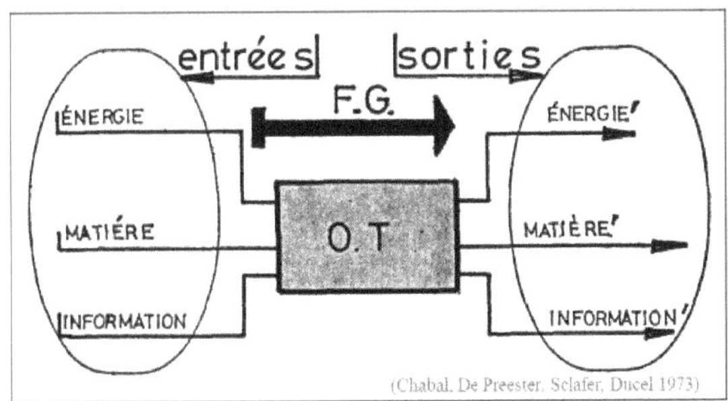

Figure 8.4 – Triptyque matière-énergie-information (Chabal, De Preester, Sclafer et Ducel, 1973, p. 18)

4.3.4 L'apport de la recherche et le paradigme de systèmes automatisés, 1979-1985

Au tournant des années 1980, l'enseignement technologique se développe. En vue de répondre aux besoins nouveaux des entreprises confrontées à l'automatisation croissante de la production, l'analyse fonctionnelle favorise l'élaboration du concept de cahier des charges fonctionnel. La distinction fonctionnelle entre parties opératives et parties commandes des systèmes automatisés sous forme de systèmes bouclés (figure 9.1) donne naissance au langage Graphe de commande étape transition (Grafcet)[11] (figure 9.2), fruit d'une collaboration entre l'industrie et la recherche, notamment au sein de l'ENSET.

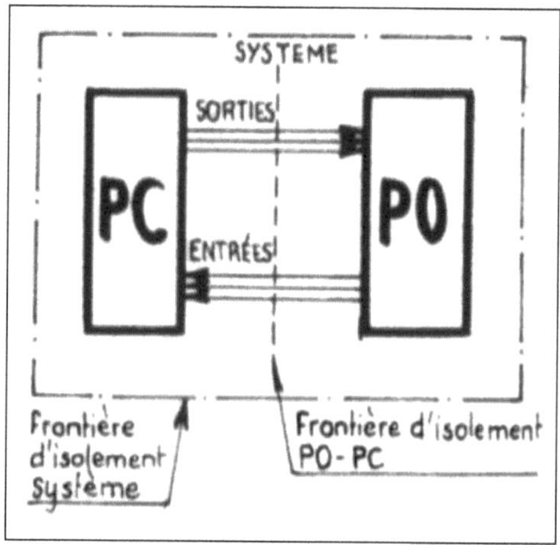

Figure 9.1 – Distinction fonctionnelle entre parties opératives et commande (Merlaud, 1984, p. 25)

[11] Graphe de commande étape transition. Langage de spécification normalisé par l'Association française de la normalisation (AFNOR) en 1981 et par l'*International Organization for Standardization* (ISO) en 1985..

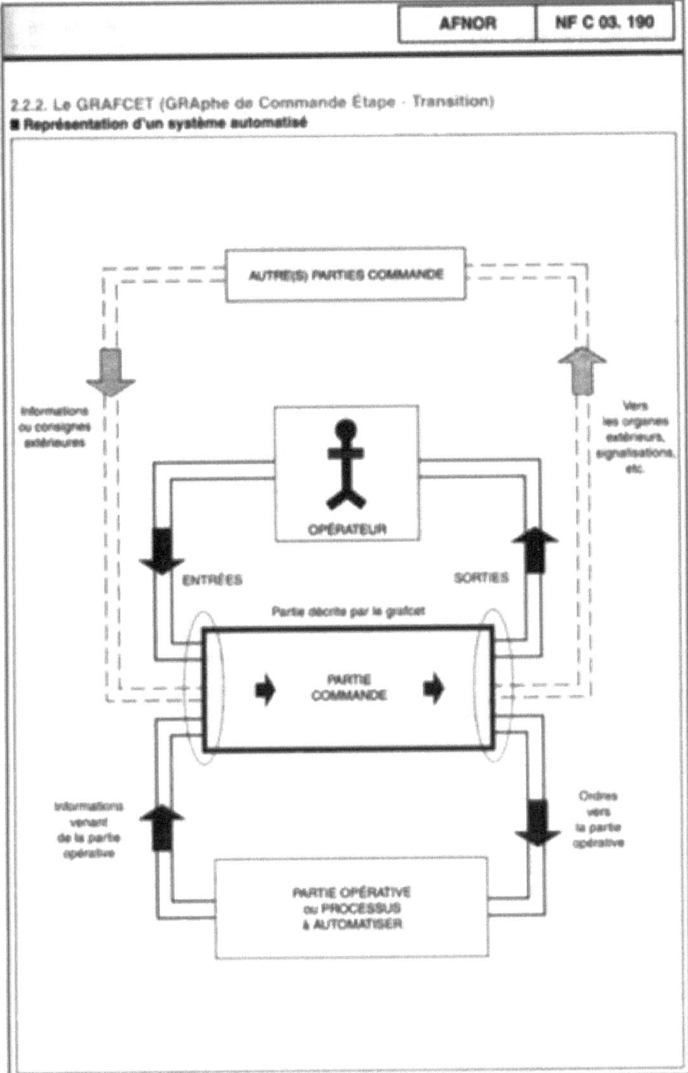

Figure 9.2 — Normalisation du Grafcet (AFNOR, 1982)

4.3.5 *La mise en concurrence des méthodes et le paradigme des systèmes pluritechniques, 1985 – 1992*

Au milieu des années 1980, l'introduction de la productique dans les entreprises est corrélée aux besoins d'une élévation générale des qualifications techniques. L'analyse fonctionnelle rivalise avec l'analyse systémique développée par des professeurs d'ENNA d'électronique (figure 10.1). Elles entrent toutes deux en concurrence avec la méthode APTE[12] (figure 10.2), utilisée dans l'industrie, qui connaît également un grand succès du fait d'une démarche procédurale et prête à l'emploi, très prisée par les enseignants. *In fine*, la confrontation entre ces approches concourt à la normalisation de l'analyse de la valeur (figure 10.3). Dans les lycées techniques, le paradigme des systèmes pluritechniques succède alors à celui des systèmes automatisés. Dans ce contexte, la méthode graphique de communication dite *SADT* (*Structured analysis design technique*) (figure 10.4), importée des États-Unis et introduite en 1986 en classe de seconde de technologie des systèmes automatisés (TSA), est abandonnée quelques années plus tard.

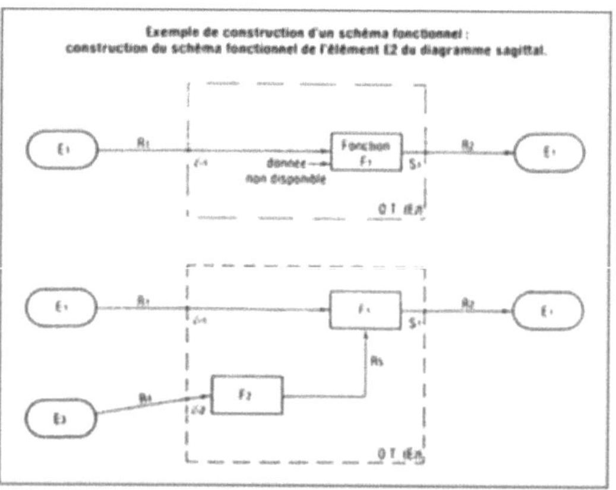

Figure 10.1 – Analyse systémique (ENNA Paris-Nord, 1987, p. 35)

[12] Cette méthode a été éveloppée en France par le cabinet APTE (Application des techniques d'entreprises).

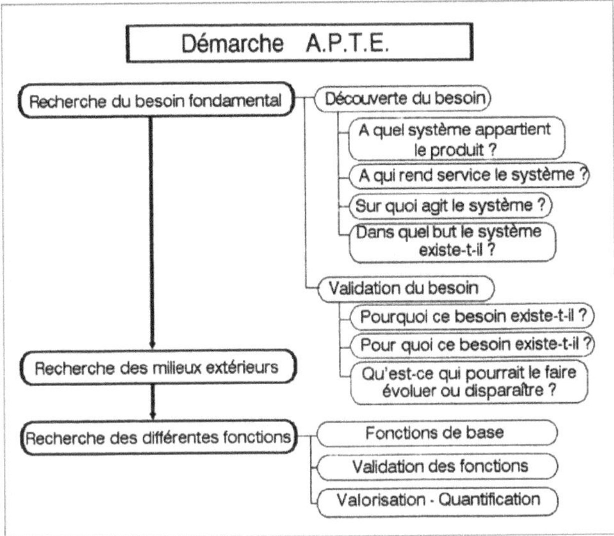

Figure 10.2 – Méthode APTE (Mereau, 1995, p. 67)

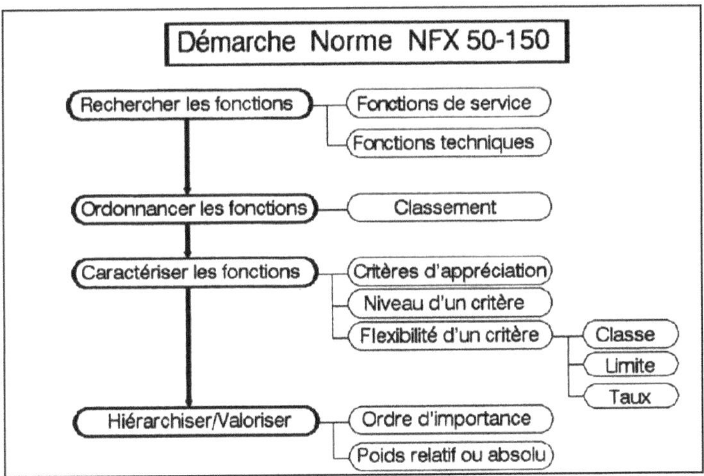

Figure 10.3 – Normalisation de l'analyse fonctionnelle (Mereau, 1995, p. 67)

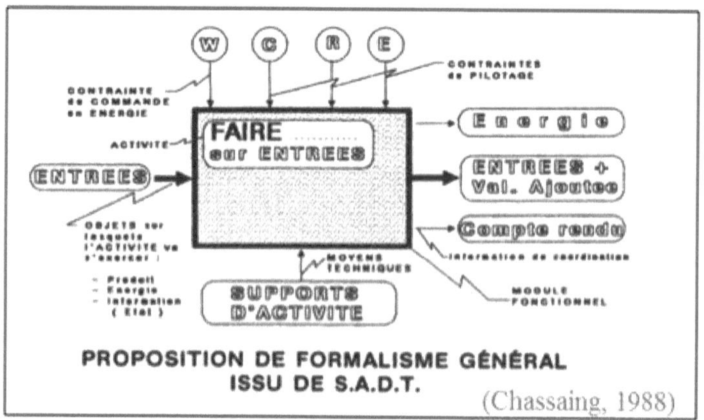

Figure 10.4 – Méthode SADT (Chassaing, 1988, p. 15)

4.3.6 Vers un modèle partagé de représentation des systèmes et le paradigme des chaînes fonctionnelles, 1992 – 2002

La décennie 1990 est celle de l'instauration officielle des trois voies, générale, technologique et professionnelle, au sein des lycées et de l'installation de la technologie comme discipline d'enseignement général au collège. La "démarche technologique" (Gouvernement de la République française, 1991) s'inscrit dorénavant dans une « démarche méthodologique pour analyser le besoin ou comprendre l'existant » et elle s'intègre dans une « démarche de projet industriel » (Rak, Teixido, Favier et Cazenaud, 1992, p. 5). L'analyse de constatation et l'analyse de conception demeurent ainsi les deux piliers de l'enseignement technologique. Celui-ci s'organise autour du paradigme des chaînes fonctionnelles qui propose pour la première fois un modèle de schéma général de la structure interne d'un système sous forme de chaînes d'action et d'acquisition (figure 11).

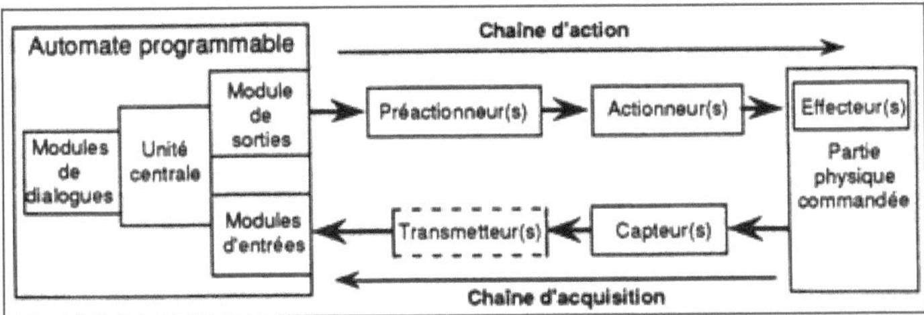

Figure 11 – Chaînes fonctionnelles (Gouvernement de la République française, 1992, p. 125)

4.3.7 Un schéma générique et le paradigme de l'approche système, 2002-2009

À l'aube du XXIe siècle, avec la mondialisation, la technologie industrielle mue en sciences de l'ingénieur au lycée. L'analyse fonctionnelle accompagne cette mutation. Elle valorise la conceptualisation et focalise le paradigme de l'approche système. Les textes officiels (Gouvernement de la République française, 2002*b*) en proposent un modèle qui distingue les fonctions des chaînes d'information et d'énergie. Le schéma générique proposé (figure 12) apparaît comme le fruit des évolutions antérieures et reste aujourd'hui encore une référence pour les enseignants et les élèves.

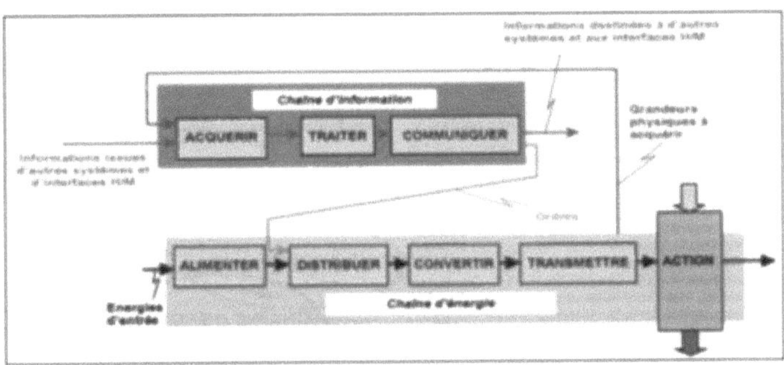

Figure 12 – Chaînes d'information et d'énergie (Gouvernement de la République française, 2002*b*, p. 56)

4.3.8 *Avec la réforme de 2010, les paradigmes de la rétro-ingénierie et de la démarche de l'ingénieur*

Avec la rénovation du lycée en 2010, la poursuite des études devient l'unique finalité de l'enseignement technologique, déprofessionnalisé et déspécialisé. Les programmes sont réécrits par des professeurs de classes préparatoires aux grandes écoles. Une répartition des rôles s'opère entre baccalauréats technologiques sciences et technologies de l'industrie et du développement durable (STI2D) et général (spécialité SI). C'est ainsi que l'analyse de constatation ou rétro-ingénierie est menée lors d'étude de cas en STI2D tandis qu'en SI, l'analyse de conception ou démarche de l'ingénieur vise la recherche des écarts entre systèmes voulu, réel et simulé (figure 13.1). C'est dans ce contexte que deux nouveautés apparaissent dans les programmes. Premièrement, le recours à un langage graphique unique (SysMl : *Systems modeling language*) ambitionne d'uniformiser les outils de représentation et de description fonctionnelle, structurelle et comportementale utilisés dans les différents champs de la technologie industrielle (figure 13.2). Deuxièmement, la DI entre en scène. Elle vient compléter la démarche de projet pour se mettre au service d'une démarche plus générale dite de résolution de problème technique, telle qu'elle a été présentée *supra*. Ainsi l'analyse fonctionnelle connaît-elle à nouveau une évolution sensible.

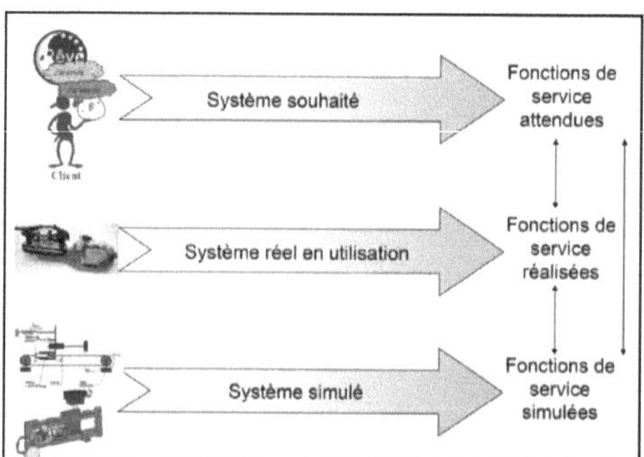

Figure 13.1 – Démarche de l'ingénieur (Gouvernement de la République française, 2010*b*, p. 1)

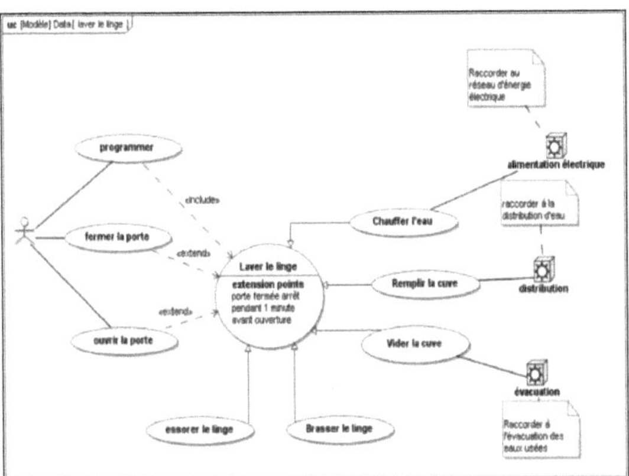

Figure 13.2 – Rétro-ingénierie (Centre d'études et de ressources pour les professeurs de l'enseignement technique [CERPET], 2011)

5. Discussion

Arrivé au terme de ce chapitre et sur la base des différentes approches développées, c'est-à-dire l'analyse des résultats des travaux de recherches en didactiques sur la DI, la comparaison de la DI telle qu'elle est préconisée en technologie au Québec et en France et un aperçu de l'histoire de l'élaboration des contenus et des méthodes de l'enseignement technique, puis de l'enseignement technologique, il est maintenant possible de discuter la nature et les enjeux de l'introduction en France de la DI dans le curriculum disciplinaire des sciences de l'ingénieur.

Concernant la nature de cette introduction, celle-ci peut être analysée comme la transposition d'une démarche issue d'une discipline scientifique vers celle, distincte, de technologie. Dans ce cas, il s'agit d'une innovation qui bouleverse les pratiques pédagogiques instituées. La DI apparaît alors comme une méthode, nouvelle certes, mais ne prenant pas appui sur des outils développés précédemment au sein de l'enseignement technologique. Cependant, la façon dont la DI est prescrite dans les textes de référence qui précisent, notamment, que « La DI sera essentiellement associée à des études de dossiers techniques…» (Gouvernement de la République française, 2010, p. 115), autorise à s'interroger sur l'originalité de l'introduction de cette méthode d'enseignement-apprentissage. En effet, dans ce cadre restreint (le dossier technique est fourni aux élèves), la DI ne peut-elle pas également être envisagée plus simplement comme une évolution de pratiques anciennes, c'est-à-dire une réactualisation de l'analyse de constatation dont les bases furent posées dès la fin des années 1950 et qui prennent aujourd'hui le nom de rétro-ingénierie ? Cette interrogation en appelle une autre : quels sont finalement les enjeux réels de cette introduction ?

Les injonctions relatives à l'emploi de la démarche d'investigation, inscrites dans les nouveaux programmes du curriculum disciplinaire de technologie et de sciences de l'ingénieur, renvoient directement aux enjeux politiques soulevés dans l'introduction, à savoir attirer davantage de jeunes vers les sciences et la technologie. Cet enjeu d'ordre institutionnel et réglementaire est justifié par la valeur pédagogique de la DI comme méthode inductive. Il se double d'un enjeu didactique, véritable challenge, lié à la mise en œuvre effective de cette démarche, dans les classes de technologie et de sciences de l'ingénieur, car point aveugle des recherches au lycée. S'y ajoute un enjeu de didactique curriculaire, d'uniformisation des méthodes, que réclame la disciplinarisation de la technologie, du collège à l'enseignement supérieur. Enfin, l'enjeu social est sans doute masqué par les autres enjeux. En effet, la promotion de l'enseignement technologique, qui vise à présenter celui-ci comme un enseignement scientifique, semble majeure. Cette volonté de valorisation, une constante des enseignements technique et technologique, laisse supposer que l'introduction d'une démarche issue des sciences expérimentales, donc sans fondement épistémologique disciplinaire, est une occasion promptement saisie par les responsables de l'enseignement technologique pour hisser cette jeune discipline au même rang de prestige que celui de ces aînées et consœurs scientifiques. Cependant, en agissant de la sorte par un jeu d'alliance conjoncturelle, l'enseignement technologique court le risque d'occulter sa principale identité et donc de se dénaturer : l'invention et le recours à ses propres méthodes pédagogiques et à ses contenus spécifiques et originaux assurant sa fonction de discipline de l'esprit.

6. Conclusion

Cette conclusion s'adresse principalement aux formateurs et aux professeurs. Elle propose une vision pragmatique de l'investigation en technologie et en sciences de l'ingénieur qui prend appui sur l'analyse fonctionnelle. Elle met également en garde contre deux écueils rencontrés fréquemment en classe, que l'on adopte une approche d'investigation de type conception ou de type constatation, ou encore que l'on propose des pistes d'enseignement.

6.1 Analyse fonctionnelle et cahier des charges fonctionnel, des outils éprouvés

Les recherches en didactique ont mis en évidence une difficulté majeure de l'investigation en sciences expérimentales : l'absence d'un modèle de démarche universelle. À l'inverse, les technologues, lorsqu'ils veulent inventer, ou même plus simplement modifier un objet technique existant, disposent avec l'analyse fonctionnelle d'un outil puissant et sans cesse perfectionné. En effet, l'analyse fonctionnelle, normalisée au niveau européen, décrit pas à pas les étapes successives permettant aux équipes d'ingénieurs ou d'ingénierie de concevoir de manière rationnelle un produit industriel. Il s'agit, à partir d'un besoin, exprimé en termes de fonctions d'usage et d'estime, de définir un ensemble de fonctions techniques, leur agencement structurel sous forme matérielle et logicielle (dossier technique) ainsi que les procédés d'industrialisation *ad hoc*. Parmi ces étapes, l'élaboration du cahier des charges fonctionnel (CDCF), qui détermine les caractéristiques attendues du produit et les contraintes liées à son cycle de vie, occupe une place centrale. En définitive, la technologie peut s'envisager comme une macro-investigation, structurée en un ensemble de micro-investigations dont les objectifs spécifiques sont clairement codifiés et planifiés par l'analyse fonctionnelle.

6.2 Deux approches de l'investigation technologique

Si l'analyse fonctionnelle constitue un canevas d'étude des produits industriels, orientée du général vers le particulier (analyse descendante), l'investigation technologique peut néanmoins revêtir deux approches complémentaires selon que l'on désire concevoir un objet technique, ou, au contraire, étudier un objet existant (figure 14). Chacune de ces approches est susceptible d'aider l'élève à acquérir des connaissances et de développer ses compétences dans le domaine de la technologie et de l'ingénierie.

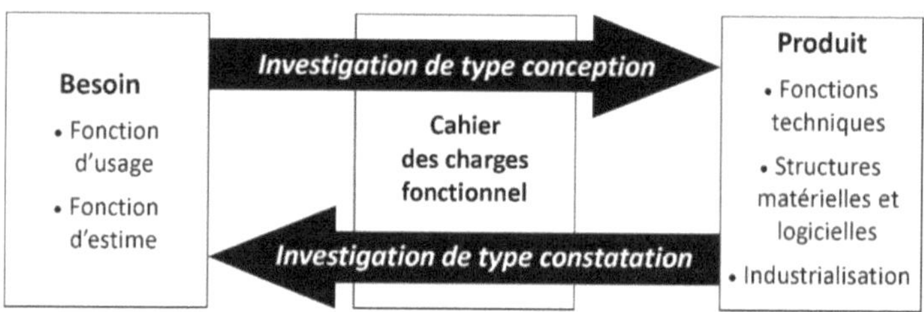

Figure 14 – Investigation en technologie et sciences de l'ingénieur

L'investigation de type conception, ou démarche de conception technologique, a pour but de proposer puis d'éprouver qu'un composant, un constituant ou une structure complexe, réalisant une fonction technique déterminée, permet de satisfaire aux exigences d'un CDCF. Dans le cadre scolaire, l'élève joue le rôle de l'ingénieur ; le travail de conception doit se concrétiser par une réalisation virtuelle, matérielle et/ou logicielle afin d'apporter la preuve que l'objectif est bien atteint.

L'investigation de type constatation, ou rétro-ingénierie, vise à justifier et valider le choix du concepteur d'un produit industriel.

Il s'agit de démontrer pourquoi et comment un composant, un constituant ou une structure choisie ou élaborée par le concepteur du produit étudié (un ingénieur en général), permet de satisfaire aux exigences d'un CDCF. L'administration de la preuve que la fonction technique est bien réalisée est alors laissée à l'initiative de l'élève.

L'investigation de type conception est sans conteste la plus difficile à mettre en œuvre et donc à privilégier dans les classes du secondaire supérieur. Mais les deux approches comportent des risques identiques d'ordre pédagogique et didactique.

6.3 Deux écueils à éviter

Que l'on opte pour l'une ou l'autre des approches d'investigation technologique, deux écueils sont à éviter. Tout d'abord, les documents qui guident pas à pas et de manière stricte l'élève vers "la" bonne solution s'avèrent décevants en termes d'acquisition de connaissances nouvelles et de développement des compétences d'investigation. En effet, l'élève termine son travail et est satisfait d'avoir répondu correctement (dans le meilleur des cas) à un ensemble conséquent de questions, mais arrivé au terme d'un cheminement parfaitement balisé, il est bien souvent incapable de faire le lien entre la question initialement posée et la solution qu'il a produite.

A contrario, Il ne faut pas laisser l'élève seul face à un problème complexe d'ingénierie ou de rétro-ingénierie technologique. Cela suppose que le problème posé soit à sa portée et qu'il dispose en conséquence des ressources nécessaires. En effet, l'élève doit être capable de mobiliser à bon escient, d'une part, les outils de l'AF et, d'autre part, de manière individuelle ou conjointe, la physique, les mathématiques et les sciences de l'ingénieur, c'est-à-dire la modélisation, la simulation informatique, l'expérimentation, la programmation et les méthodes de conception et d'innovation comme la méthode *Teorija Reshenija Izobretateliskih Zadatch* (TRIZ) par exemple. C'est sans doute là que se situent les véritables obstacles que doivent affronter les élèves. En effet, la culture technique ne s'acquiert que patiemment, au prix de nombreuses fréquentations de situations diverses. Les formateurs et les professeurs ont donc intérêt à prendre appui de manière systématique sur l'analyse fonctionnelle, tout en tenant compte de sa complexité intrinsèque, notamment lors du recours au concept fondamental de "boîte noire" (Lebeaume et Hamon, 2010).

Addendum
Pistes pour l'enseignement

Bien souvent l'analyse fonctionnelle sert d'alibi à l'enseignement de la technologie alors qu'elle constitue un outil puissant d'investigation technologique au service des professeurs et des élèves. Pour clore ce chapitre, deux pistes sont proposées pour l'enseignement de la technologie suivant que l'on vise une investigation de type constatation ou conception.

Piste 1 (Hamon, 2007) : investigation de type constatation
Arrivés au niveau du secondaire supérieur, les élèves possèdent des connaissances et disposent de compétences leur permettant d'aborder l'étude des produits pluritechnologiques et, notamment, des fonctions techniques qui les composent. Le professeur organise et contrôle le travail des élèves, effectué en autonomie. Une fois l'analyse du besoin menée à terme (analyse fonctionnelle externe), l'analyse fonctionnelle interne permet d'aborder les aspects purement technologiques. L'élève étant en possession du dossier technique constructeur (CDCF, plans mécaniques, schémas électriques, *datasheets*, nomenclature, programmes informatiques, etc.) et du schéma fonctionnel élaboré par le professeur (détail des flux entre les fonctions techniques des chaînes d'information et d'énergie)[13], trois phases constituant chacune une micro-investigation peuvent être proposées. Suivant le niveau des élèves et les directives du professeur, elles

[13] Ce schéma peut être construit en langage SysMl à l'aide d'un diagramme de bloc interne (Hamon, 2007).

pourront être menées séquentiellement ou de front, l'objectif final étant de demander à l'élève de justifier pourquoi et comment tel composant participe à la réalisation la fonction d'usage du produit :

Phase 1 – Analyse fonctionnelle comportementale

Décrire à l'aide de repères (A, B, …), par écrit et sur le schéma fonctionnel (figure 15), l'enchaînement des flux d'information, d'énergie et de matière en entrée et sortie des différentes fonctions, dans un cas d'utilisation donné.

Exemple lors de l'étude d'un arceau de stationnement[14] :

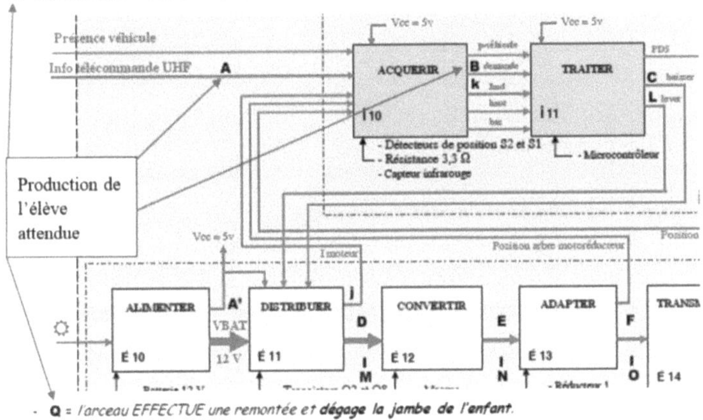

Figure 15 – Vue partielle du schéma fonctionnel d'un arceau de stationnement

Phase 2 – Décomposition structurelle

Délimiter (traits interrompus) et repérer (A, B, …) sur le schéma structurel (figure 16) les frontières et les flux en entrée et sortie des différentes fonctions afin d'identifier et d'isoler la (les) structure(s) à étudier.

---

[14] Les extraits de cet exemple s'appuient sur un arceau de parking télécommandé et la prise en compte de la sécurité anti écrasement des personnes.

Exemple de réponse :

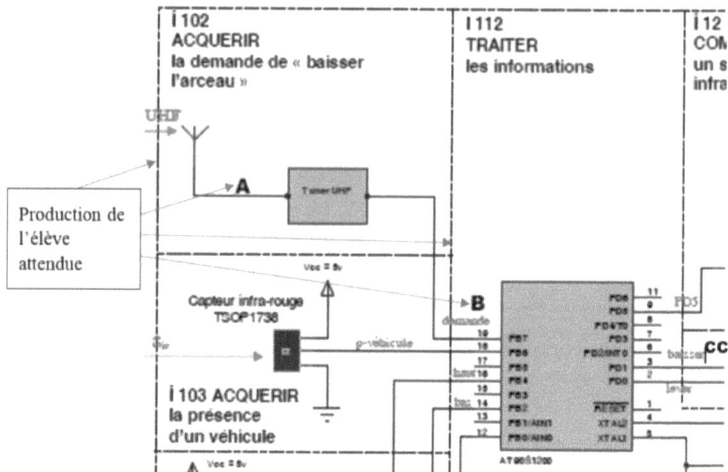

Figure 16 – Vue partielle du schéma structurel d'un arceau de stationnement

Phase 3 – Validation du cahier des charges

Une fois que la fonction, la nature des flux d'entrée/sortie, la structure et le (les) composant(s) objets d'étude sont clairement identifiés, l'analyse de constatation vise à justifier pourquoi et comment ce (ces) composant(s) participe(nt) à la réalisation de la fonction d'usage du produit tout en respectant les contraintes exprimées dans le CDCF. L'élève dispose alors des moyens conventionnels du technologue pour apporter la preuve que la fonction est bien réalisée.

Exemple de problématique et de conclusion attendue :
Comment l'organisation fonctionnelle et les choix technologiques mis en œuvre par le concepteur de l'arceau de stationnement permettent-ils d'assurer la sécurité des personnes ?
L'expérimentation, la modélisation et/ou la simulation informatique (décrite par l'élève) ont permis de démontrer que la protection des personnes est assurée, car, à aucun moment, la force exercée sur la jambe de l'enfant par l'arceau de stationnement

est supérieure aux valeurs citées dans les normes (voir courbe du dossier technique), de plus le temps dynamique Td (200 ms) est inférieur à 750 ms.

Après plusieurs études similaires, portant sur des produits et des composants différents, l'élève acquiert une culture technique qui devrait le rendre capable de mener de manière autonome une macro-investigation technologique de type constatation.

Piste 2 : investigation de type conception

Dans le cas de l'investigation de type conception, la mise en situation doit permettre à l'élève de s'interroger sur la nature de la fonction qu'il doit concevoir, sa situation au sein du produit. Il doit disposer du CDCF et de tout ou d'une partie des éléments de l'analyse fonctionnelle comportementale et de la décomposition structurelle (hormis la partie à concevoir). Il doit être en possession du détail des flux en entrée et des flux attendus en sortie de la fonction à concevoir. *In fine*, les hypothèses émises par l'élève concernant le choix des structures, constituants ou composants doivent être validées à l'aide des moyens conventionnels du technologue : l'expérimentation, la modélisation, la fabrication de prototype et/ou la simulation informatique.

La maîtrise de l'investigation de type constatation, gage d'une bonne culture technique, semble un préalable à la conception. La difficulté du travail demandé doit cependant être adaptée au niveau et à l'expérience de l'élève.

Références

Association française de la normalisation (AFNOR) (1982). *Schémas, diagrammes, tableaux. Norme NF C 03-190. Juin 1982. Diagramme fonctionnel « GRAFCET » pour la description des systèmes logiques de commande.* Paris : AFNOR.

Bach, J.-F. (2004). *Groupe de relecture des programmes du collège. Pôle des sciences. Sous la présidence de Jean-François Bach et la vice-présidence de Jean-Pierre Sarmant.* Paris : Ministère de l'Éducation nationale.

Baudo, M. (1958). Leçon de technologie. *Le Cours industriel*, *6*, 177-180.

Beorchia, F. et Boilevin, J.-M. (2009). Introduction. Enseignement scientifique et technologique dans l'enseignement obligatoire : finalités, contenus et formation des maîtres. *Aster*, *49*, 9-24.

Calmettes, B. et Matheron, Y. (2015). Édito. Les démarches d'investigation : utopie, mythe ou réalité ? Les démarches d'investigation et leurs déclinaisons en mathématiques, physique, sciences de la vie et de la Terre. *Recherches en Éducation*, *21*, 3-12.

Canonge, F. (1949). Les écoles normales nationales d'apprentissage : les problèmes pédagogiques propres à l'enseignement technique. *Technique, art, science*, 3, 38-42.

Canonge, F. et Ducel, R. (1969). *La pédagogie devant le progrès technique.* Paris : Presses universitaires de France.

Centre d'études et de ressources pour les professeurs de l'enseignement technique (CERPET) (2011). *Lave-linge. Diaporama de présentation du langage SysML.* Rouen : Académie de Rouen.

Chabal, J., De Preester, R., Sclafer, J. et Ducel, R. (1973). *Méthodologie de la construction mécanique.* Paris : Foucher.

Chassaing, J.-P. (1988). Étude de systèmes : des concepts autour du réel ! 2e partie. *Technologies et Formations*, *20*, 13-19.

Chevallard, Y. (1985). *La transposition didactique.* Grenoble : La pensée sauvage.

Cros, F. (2005). Innovation. *In* P. Champy et C. Étévé (dir.), *Dictionnaire encyclopédique de l'éducation et de la formation* (p. 497-500). Paris : Retz.

Deforge, Y. (1970). *L'éducation technologique.* Paris : Casterman.

Dimarcq, N. (2009). *Les recherches sur la pratique des démarches d'investigation. Revue de littérature.* Master recherche en didactique des sciences et des techniques, "Sciences Techniques Éducation Formation" (STEF), École normale supérieure de Cachan.

École normale nationale d'apprentissage (ENNA) (1987). Méthode de l'enseignement de l'électronique. Département d'électronique de l'ENNA et du lycée professionnel d'application Paris-Nord. *Technologie sciences et techniques industrielles*, *6*, 29-36.

Fort, P.-J. (1966). *Techniques simples d'automatismes, avec application à la commande oléo-pneumatique aux machines-outils.* T. I. Paris : Foucher.

Géminard, L. (1970). *Logique et technologie. Fonctions techniques et opérateurs. Agencement logique. Physique et technologie.* Paris : Dunod.

Giet, A. et Pasquet, R. (1959). *Technologie de construction.* T. III : *Organes de machines.* Paris : Dunod.

Giordan, A. (1978). *Une pédagogie pour les sciences expérimentales.* Paris : Centurion.

Gouvernement de la République française (1946). *Programmes des études dans les collèges techniques d'industrie pour jeunes gens.* Paris : Ministère de l'Éducation nationale. Paris : Imprimerie nationale.

Gouvernement de la République française (1991). *Propositions du Conseil national des programmes sur l'évolution du lycée (deuxième rapport). Annexe 3.* Paris : Ministère de l'Éducation nationale.

Gouvernement de la République française (1992). *Programme de technologie des systèmes automatisés (TSA) classe de seconde générale et technologique. Arrêté du 10 juillet 1992. Bulletin officiel du Ministère de l'Éducation nationale.* Paris : Ministère de l'Éducation nationale. Document accessible à l'adresse <http://artheque.ens-cachan.fr/items/show/ 4874>.

Gouvernement de la République française (2002*a*). *Horaires et programmes d'enseignement de l'école primaire. Bulletin officiel hors-série n° 1 du 14 février 2002.* Paris : Ministère de l'Éducation nationale. Document accessible à l'adresse <http://www.education.gouv.fr/bo/2002/hs 1/default.htm>.

Gouvernement de la République française (2002*b*). *Accompagnement des programmes. Sciences de l'ingénieur (cycle terminal de la série scientifique).* Paris : Centre national de développement pédagogique, Ministère de l'Éducation nationale. Document accessible à l'adresse <http://artheque.ens-cachan.fr/items/show/5289>.

Gouvernement de la République française (2004). *Programme de l'enseignement de technologie en classe de sixième des collèges. Arrêté du 9 décembre 2004.* Bulletin officiel du 20 janvier 2005. Paris : Ministère de l'Éducation nationale Document accessible à l'adresse <http://www.education.g ouv.fr/bo/2005/3/MENE0402727A.htm>.

Gouvernement de la République française (2005). *Programme des collèges. Introduction commune à l'ensemble des disciplines scientifiques – Annexe 1.* Bulletin officiel hors-série n° 5. Paris : Ministère de l'Éducation nationale. Document accessible à l'adresse <http://www.education .gouv.fr/bo/2005/hs5/default.htm>.

Gouvernement de la République française (2008). *Programmes de l'enseignement de technologie. Bulletin officiel spécial n° 6.* Paris : Ministère de l'Éducation nationale. Document accessible à l'adresse <http://www.education.gouv.fr/pid20484/special-n-6-du-28-aout2008.htm l>.

Gouvernement de la République française (2009). *Programmes d'enseignement de mathématiques et de sciences physiques et chimiques pour les classes préparatoires au baccalauréat professionnel. Bulletin officiel spécial n° 2.* Paris : Ministère de l'Éducation nationale. Document accessible à l'adresse <http://www.education.gouv.fr/pid20873/special-n-2-du-19-fevri er-2009.h tml>.

Gouvernement de la République française (2010*a*). *Ressources pour la classe de seconde générale et technologique. Enseignement d'exploration.* Paris : Ministère de l'Éducation nationale. Document accessible à l'adresse <http://eduscol.education.fr/cid52775/enseignements-d-exploration-2nde. html>.

Gouvernement de la République française (2010*b*). *Programme d'enseignement spécifique de sciences de l'ingénieur au cycle terminal et d'enseignement de spécialité en classe terminale de la série scientifique. Bulletin officiel spécial n° 9*. Paris : Ministère de l'Éducation nationale. Document accessible à l'adresse <http ://www.education.gouv.fr/pid22426/special-9-du-30-septembre-2010.html>.

Gouvernement de la République française (2011*a*). *Ressources pour la classe de terminale technologique. Enseignements technologiques transversaux et enseignements spécifiques (série STI2D).* Paris : Ministère de l'Éducation nationale. Document accessible à l'adresse <http://media.eduscol.education.fr/file/STI2D/15/2/LyceeGT_Ressources_STI2D_T_Enseignement_Technologique_Specifiques_182152.pdf>.

Gouvernement de la République française (2011*b*). *Ressources pour le cycle terminal. Série S : enseignement spécifique de sciences de l'ingénieur.* Paris : Ministère de l'Éducation nationale, de la Jeunesse et de la Vie associative. Document accessible à l'adresse <http://cache.med ia.eduscol.education.fr/file/SI/14/7/LyceeGT_Ressources_SI_T_serieS_182147.pdf>.

Gouvernement de la République française (2013). *Programmes de la classe préparatoire scientifique physique, technologie et sciences de l'ingénieur (PTSI). Bulletin officiel du 30 mai.* Paris : Ministère de l'Éducation nationale. Document accessible à l'adresse <http://www.education.gouv.fr/cid72084/au-bo-special-du-30-mai-2013-programmes-des-classes-preparatoires-aux-grandes-ecoles.html>.

Hamon, C (2007). *La méthode SIEM.* Document disponible à l'adresse <http://didacte.hamon.monsite-orange.fr/lhistoiredubaccalaureattechnique/CH_%20m%C3%A9thode%20SIEM_MEI.pdf>.

Hamon, C. (2012a). *Des enseignements techniques aux sciences de l'ingénieur. Analyse didactique et historique du processus de disciplinarisation depuis la Libération.* Thèse de l'Université Paris Descartes Sorbonne, Paris.

Hamon, C. (2012*b*). *Transposition, innovation et évolution : le triptyque de l'élaboration des paradigmes d'étude de la technologie industrielle.* Document disponible à l'adresse <http://www.adjectif.net/spip/spip.php?article167&var_mode=calcul>.

Hamon, C. (2015). *Le baccalauréat technique. De la technologie industrielle aux sciences de l'ingénieur, 1944-2014*. Rennes : Presses universitaires de Rennes.

Labbé, E. et Beauvais, P. (1913). *Principes et conventions en usage dans le dessin de machines*. Paris : Delagrave.

Larcher, C. et Peterfalvi, B. (2006). Diversification des démarches pédagogiques en classes de sciences. *Le BUP*, *886*, 825-834.

Lebeaume, J. (2003). Construction de la technologie pour l'école moyenne en France : un aperçu historique. *La revue canadienne de l'enseignement des sciences, des mathématiques et des technologies*, *3*(1), 83-99.

Lebeaume, J. et Hamon, C. (2010). La modélisation en technologie : des propositions pour l'enseignement et un chantier pour la recherche. *Spectre*, *40*(1), 30-33.

Marlot, C. et Morge, L. (2016). *L'investigation scientifique et technologique. Comprendre les difficultés de mise en œuvre pour mieux les réduire*. Rennes : Presses universitaires de Rennes.

Martinand, J.-L. (1986). *Connaître et transformer la matière*. Berne : Peter Lang.

Martinand, J.-L. (2003). La question de la référence en didactique du curriculum. *Investigações em Ensino de Ciências*, *8*(2), 125-130.

Mereau, J.-P. (1995). La pince à linge. *Technologie Sciences et techniques industrielles*, *74*, 66-75.

Merlaud, C. (1984). Une méthodologie d'analyse descendante appliquée à la description du fonctionnement d'un système automatisé. *L'ingénieur et le technicien de l'enseignement technique*, *248*, 24-31.

Miles, L. D. (1966). *L'analyse de la valeur, réduction scientifique du prix de revient*. Paris : Dunod.

Organisation de coopération et de développement économiques [OCDE] (2006). *Évolution de l'intérêt des étudiants pour les études scientifiques et technologiques. Rapport d'orientation*. Résumé. Forum mondial de la science, novembre 2005, Amsterdam. Document accessible à l'adresse <https://www.oecd.org/fr/sti/sci-tech/37038273.pdf>.

Postic, M. (1971). *Introduction à la pédagogie des enseignements techniques*. Paris : Foucher.

Postic, M. et Tilagone, G. (1968). L'étude d'observation. Analyse et synthèse technologiques d'une pompe volumétrique pour étau-limeur. *Le Cours industriel*, *9*, 261-264.

Rak, I., Teixido, C., Favier, J. et Cazenaud, M. (1992). *La démarche de projet industriel. Technologie et pédagogie*. Paris : Foucher.

Rocard, M. et Hemmo, V. (2007). *L'enseignement scientifique aujourd'hui : une pédagogie renouvelée pour l'avenir de l'Europe*. Bruxelles : Communautés européennes.

Sébire, L. et Navet, A. (1935). *Résumés de technologie* (2e éd.). Verneuil : Ozanne.

Tschochner, H. (1957). *Construire et réaliser. Le manuel de l'ingénieur d'étude* (Trad. par Bohn Constant). Paris : Eyrolles.

Chapitre 6

La démarche de conception technologique au secondaire : significations, modalités de mise en œuvre et défis

Brahim El Fadil, Abdelkrim Hasni et Joël Lebeaume

Introduction

La récente réforme de l'éducation au Québec introduit au niveau du secondaire (2005-2009) la discipline de sciences et technologie (ST) reconfigurée (Gouvernement du Québec, 2006). Celle-ci intègre désormais cinq domaines scientifiques (astronomie, biologie, chimie, géologie, physique) et des domaines de la technologie. Cette nouvelle discipline devient obligatoire au cours des quatre premières années de l'école secondaire (12-16 ans). Le nouveau Programme de formation de l'école québécoise (PFEQ) adopte l'approche par compétences et vise à développer chez les élèves une culture scientifique et technologique de base accessible à tous (*Ibid.*).

Les contenus du programme de ST sont regroupés en quatre "univers" qui s'appuient sur les différents champs disciplinaires énoncés ci-dessus : 1) Univers matériel ; 2) Univers vivant ; 3) Terre et espace ; 4) Univers technologique (UT). À l'instar des autres Univers, l'UT inclut les quatre éléments suivant : 1) les concepts technologiques (systèmes, modèles, théories, démarche de conception technologique, démarche d'analyse d'objet, etc.) ; 2) des apprentissages qui relèvent des habiletés propres à la technologie, appelés stratégies, et des techniques (Hasni, Lenoir et Froelich, 2015) ; 3) les attitudes qui caractérisent l'activité technologique (d'ouverture et de rigueur) ; 4) des repères culturels qui visent l'ancrage de l'UT dans la réalité sociale.

Les compétences disciplinaires (CD) visées par le PFEQ sont au nombre de trois : 1) chercher des réponses ou des solutions à des problèmes d'ordre scientifique ou technologique (CD1) ; 2) mettre à profit ses connaissances scientifiques et technologiques (CD2) ; 3) communiquer à l'aide des langages utilisés en science et technologie (CD3). La CD1 met l'accent sur la dimension méthodologique. Elle est axée sur l'appropriation de concepts et de stratégies à l'aide des démarches telles que la démarche de conception technologique (DCT), la démarche d'analyse d'objets et la démarche d'investigation scientifique.

Selon le programme québécois de ST, la DCT doit accorder une place importante à la recherche d'idées ingénieuses pour satisfaire un besoin. La construction de l'objet est donc précédée d'une analyse du besoin, d'une recherche de solutions et d'une conception qui exige l'étude du principe de fonctionnement. On demande aux enseignants d'inciter les élèves à participer à des échanges d'idées, à présenter leurs propositions sous forme de plans ou de schémas, à comparer leurs plans et schémas à ceux des autres et à envisager en équipe plusieurs solutions (Gouvernement du Québec, 2006).

Dans le même sens, le Conseil supérieur de l'éducation (CSE) (2003) souligne que par le développement de compétences l'élève est amené à prendre conscience des ressources qu'il mobilise dans une situation d'apprentissage, afin qu'il perçoive de quelle manière il apprend et quelles sont les démarches qu'il utilise pour résoudre un problème.

Ainsi, selon le PFEQ, lorsqu'il s'engage dans une DCT, l'élève identifie d'abord un besoin à satisfaire. Ensuite, il envisage différents scénarios de réalisation en tenant compte des contraintes du cahier des charges auxquelles il peut ajouter ses propres exigences et les moyens dont il dispose. Ces dernières exigences permettent à l'élève d'établir ses propres critères de réussite.

L'analyse de ces scénarios lui permet de planifier de façon efficace le travail à effectuer afin d'élaborer une solution au problème. En analysant et en mettant à l'essai le prototype qu'il a conçu, l'élève peut évaluer la solution qu'il préconise et vérifier si elle est conforme aux exigences du cahier des charges. Si nécessaire, il effectue un retour sur sa démarche tout en proposant des améliorations. En se familiarisant avec la DCT, l'élève est amené à prendre conscience que la technologie fait partie intégrante du monde qui l'entoure (*Ibid.*).

Si le programme de ST vise à amener l'élève à développer sa culture technologique et à apprendre à résoudre des problèmes d'ordre technologique dans sa vie réelle, il n'existe pas de prescription claire quant au type de problème technologique à aborder en classe en lien avec les visées d'apprentissage. En fonction de leur interprétation des prescriptions des programmes et des ressources auxquelles ils font appel (manuels scolaires, ressources en ligne, etc.), les enseignants développent une représentation de la DCT (sa signification, ses fonctions, ses modalités de mise en œuvre, etc.) qu'il est important de documenter.

Dans ce contexte éducatif, nous présentons les résultats d'une étude qui porte sur la manière dont des enseignants de sciences et technologie au secondaire comprennent et mettent en œuvre ce processus technologique : la DCT.

1. La démarche de conception technologique : éléments constitutifs et fonctions

La DCT peut être définie comme un processus utilisé afin de concevoir et de créer de nouveaux objets et de communiquer ces solutions à d'autres d'une manière compréhensible (Petroski, 1996). De manière générale, la DCT a fait l'objet de plusieurs études à travers le monde (Barlex, 2011 ; Ginestié, 2002 ; Lebeaume, 2017 ; Hasni et Bousadra, 2017 ; International Technology Education Association [ITEA], 2007 ; Kelley, 2008 ;

Martinand, 1995, 2003). De ces écrits, trois idées centrales nous semblent importantes à retenir pour notre étude.

En premier lieu, si toute DCT a pour fonction de concevoir un objet répondant à un besoin humain, les visées que les auteurs associent à ce contenu technologique varient selon leurs orientations théoriques. Une première orientation considère la DCT comme une démarche pratique ou de réalisation permettant à l'élève non seulement de réaliser des œuvres collectives et de maîtriser des solutions technologiques, mais aussi d'approcher des pratiques sociotechniques y compris les métiers (Martinand, 1995). Dans cette orientation, les activités scolaires doivent faire référence aux techniques réelles (industrie, services, artisanat, etc.), à la recherche et à l'innovation.

Une deuxième orientation considère la DCT comme démarche pratique visant le développement de solutions efficaces en exposant l'élève aux défis technologiques présentant plusieurs solutions possibles (Barlex, 2011 ; International Technology and Engineering Education Association [ITEA], 2007). Les expériences vécues par l'élève permettent non seulement son initiation aux professions du domaine technologique, mais aussi sa maîtrise des connaissances et des processus technologiques et de les distinguer de ceux des sciences.

Une troisième orientation considère la DCT comme une démarche pratique permettant à l'élève de résoudre des problèmes technologiques concrets et réels (authentiques) (ITEA, 2007). Cette démarche offre également à l'élève l'occasion de travailler en collaboration avec d'autres et de vivre des expériences transférables à la vie réelle. Malgré la diversité des orientations, plusieurs auteurs rapportent certaines caractéristiques, moments ou étapes, souvent utilisés pour décrire cette démarche. La première renvoie à l'identification d'un besoin ou d'un problème, ainsi qu'à la fonction globale de l'objet à concevoir ; la deuxième fait référence à l'élaboration du cahier des charges et à la planification de la conception ; la dernière renvoie à la construction, à l'évaluation de la solution et à l'itération tout au long du processus (ITEA, 2007). Considérée ainsi, la DCT est vue comme une stratégie de transformation dont les spécifications fournies par l'utilisateur (besoin humain) sont transformées par le concepteur (par l'entremise d'une DCT) en connaissances de la solution (Barlex, 2011).

En deuxième lieu, dans les pratiques de classe, plusieurs auteurs mettent en évidence divers types de défis associés au choix et à la gestion de problèmes technologiques. Cette question a été étudiée, entre autres, par Franske (2009) et Jonassen (2000). Leurs analyses de pratiques montrent une prédominance des trois catégories suivantes : 1) les problèmes de type "casse-tête" (*puzzle problems*) ; 2) les problèmes "bien définis" (*well-defined*) ; 3) les problèmes "mal définis" ou mal structurés (*ill-defined*) ou encore de type ouvert.

Les problèmes de type "casse-tête" sont caractérisés par l'existence d'une solution unique qui peut être atteinte par une procédure qui peut être soit spécifiée, soit due au hasard (Franske, 2009). Les problèmes "bien définis" sont des problèmes dont la structure est préalablement définie par un agent externe (l'enseignant ou le manuel), puis proposés à l'élève. Ils ont un état initial bien connu et une solution prédéfinie. Ils sont ceux avec lesquels les élèves sont plus familiers et qui sont, pour eux, plus faciles à résoudre. La troisième catégorie – problème "mal défini" – est souvent liée à un contexte spécifique et à la non-disponibilité d'informations nécessaires pour sa résolution dans l'énoncé du problème. Ce qui distingue essentiellement cette catégorie des deux autres, c'est que plusieurs solutions peuvent exister, mais ni le problème ni le processus de sa résolution ne sont préalablement expliqués à l'élève. Plusieurs, voire la plupart des problèmes technologiques rencontrés dans la vie quotidienne, sont de cette catégorie (Franske, 2009 ; Hill et Smith, 1998 ; Jonassen, 2000).

Le choix du problème technologique pour des situations d'enseignement-apprentissage est toujours très délicat. Koen (2003) s'inspire du discours de Kennedy (1961), intitulé *The man on the moon*, pour fournir sa perspective d'un problème judicieux pour la conception technologique. Nous en présentons ci-après un extrait :

> I believe that this nation should commit itself to achieve the goal, before this decade is out, of landing a man in the moon and returning him safely to the earth. No single space project in this period will be more impressive to mankind, or more important for the long-range exploration of space ; and none so different or expensive to accomplish[1] (Kennedy, 1961, cité dans Koen, 2003, p. 24).

Derrière le projet *The man on the moon* se cachent non seulement la conception d'un objet technologique permettant d'envoyer un astronaute sur la lune, mais aussi l'acquisition de nouvelles connaissances (spatiales, énergétiques, technologiques, etc.) et la conquête de nouveaux droits. Koen (2003) choisit ce projet comme exemple pour illustrer un bon problème technologique, non pas pour sa facilité de réalisation, mais au contraire pour la difficulté qu'il implique. Ce problème étant complexe, "mal-défini" au départ, nécessitait l'utilisation judicieuse des ressources limitées. Corollairement, les problèmes à proposer aux élèves devraient s'articuler autour des éléments clés suivants : le changement vers le meilleur, l'incertitude (encourager la pensée critique) et la prise en considération des ressources (ressources matérielles, savoirs et développement technologique).

De plus, il est évident qu'envoyer un astronaute sur la lune et le ramener sain et sauf sur terre nécessite certainement des connaissances scientifiques très approfondies. Cependant, ces connaissances ne peuvent pas à elles seules résoudre ce problème, d'où la nécessité des connaissances technologiques et de DCT

[1] Traduction libre : « Je crois que cette nation devrait s'engager à atteindre l'objectif, avant la fin de cette décennie, d'envoyer un homme sur la Lune et le ramener en toute sécurité sur Terre. Aucun projet spatial dans cette période ne sera plus impressionnant pour l'humanité, ou plus important pour l'exploration à long terme de l'espace, et aucun ne sera aussi difficile ou coûteux à réaliser ».

bien appropriées à ce problème. Si les approches de la DCT possèdent certaines caractéristiques communes permettant de les orienter, les types de problèmes technologiques pour atteindre les finalités éducatives visées sont à inventer.

En troisième lieu, si les approches de la DCT se caractérisent par leur diversité, il est important de ne pas perdre de vue que chaque approche s'inscrit non seulement dans la culture du champ qui lui donne naissance, mais aussi dans le type de conception : conception routinière, conception innovante ou conception collaborative (Pialot, 2009). Notons que la conception routinière vise à développer une variante d'un produit connu en exploitant, dans le cadre d'une démarche prédéfinie, des compétences, des connaissances ou des outils préexistants. Quant à la conception innovante, elle s'oppose à la conception routinière dans sa définition même. Aucune des caractéristiques du produit visé par la conception n'est accessible au concepteur avant l'aboutissement du projet d'innovation. Son déroulement est imprévisible. Elle repose sur des démarches non structurées, exploratoires et créatives. Celles-ci aboutiront non seulement à la production d'une solution impensable, nouvelle et pertinente, mais aussi à celle de nouvelles connaissances (Micaëlli, Deniaud et Bonjour, 2015). En ce qui concerne la conception collaborative, lorsque les problèmes technologiques deviennent complexes, ils nécessitent un effort collectif (Blanco, 1998). Généralement, les acteurs de ce type de conception proviennent de domaines disciplinaires et culturels différents, d'où la nécessité de la coopération. Les objectifs principaux de ce type de conception sont non seulement de disposer d'un maximum de connaissances disponibles, mais également de concevoir un produit de meilleure qualité, à moindre coût et dans un délai raisonnable (*Ibid.*).

Si on considère que chaque domaine ou chaque type de problème de conception possède ses conditions et sa propre logique, on peut saisir la difficulté de l'intégration dans l'enseignement secondaire de cette diversité des approches de la DCT.

Parmi les approches opérationnalisables en classe, nous pouvons citer celle proposée par l'ITEA (2007) :

> The design process includes defining a problem, brainstorming, researching and generating ideas, identifying criteria and specifying constraints, exploring possibilities, selecting an approach, developing a design proposal, making a model or prototype, testing and evaluating the design using specifications, refining the design, creating or making it, and communicating processes and results (p. 97).

Comme pour toute démarche, il ne faut pas perdre de vue que sa structure est une simplification de ce qui se passe dans le domaine du génie. Les caractéristiques (étapes ou moments) de la démarche, présentées ci-dessus, ne doivent pas être vues comme une suite rigide d'opérations à suivre, mais elles doivent plutôt constituer dans leur ensemble un processus complexe où les remises en question sont possibles.

Considérant les éléments que nous venons de rappeler au regard des approches de la DCT, l'analyse des pratiques de classe déclarées lors de sa mise en œuvre doit tenir compte non seulement de ce cadre conceptuel, mais également des orientations du PFEQ. Trois dimensions d'analyse des points de vue que les enseignants ont de la DCT sont considérées par notre étude : sa caractérisation (par exemple : définition, déroulement, moments ou étapes) ; les apprentissages en jeu (par exemple : objectifs ou apprentissages visés par le recours à la DCT) ; les défis rencontrés par les enseignants lors de la mise en œuvre de la DCT.

2. Cadre méthodologique

2.1 Contexte et échantillon

Les données analysées ici sont issues du travail que nous avons mené dans le cadre de notre recherche doctorale (El Fadil, 2016). Notre échantillon de convenance est basé sur le volontariat. Au total, 19 enseignants de sciences et technologie ont accepté notre invitation et nous ont accordé une entrevue. Pour accéder au maximum d'informations, nous avons sollicité les participants à répondre à nos questions en considérant, si possible, deux situations d'apprentissage vécues en classe. Nous avons aussi précisé aux sujets l'importance de se sentir à l'aise et de nous demander de les relancer ou de répéter la question au besoin. Nous avons également informé les répondants qu'ils pouvaient revenir sur des questions dans le cas où ils souhaitaient ajouter des informations par la suite.

Au total, nous avons collecté les données à partir de 27 situations d'enseignement-apprentissage discutées par les répondants. Onze sujets ont discuté d'une seule situation d'apprentissage, tandis que les huit autres ont traité de deux situations. Le choix d'aborder une ou deux situations dépendait de l'enseignant et de sa planification.

2.2 Recueil et analyse des données

Le guide d'entrevue est inspiré des questionnaires antérieurs utilisés au CREAS[2] (Hasni, Bousadra et Lefebvre, 2015) et il est structuré autour des dimensions suivantes : “le quoi” enseigner (les contenus d'apprentissage visés), “le pourquoi” (les visées éducatives) et “le comment” (le déroulement et les démarches d'enseignement-apprentissage). Nos questions ont été formulées

---

[2] CREAS : Centre de recherche sur l'enseignement et l'apprentissage des sciences.

autour de la description des expériences vécues en classe comme l'illustrent les exemples suivants :

- Considérons en premier lieu la première situation. Pouvez-vous nous détailler d'abord son déroulement global ou ses étapes ? Ensuite, nous préciser, pour chaque étape, quelles étaient vos principales tâches ? Celles des élèves ? Et celles du technicien s'il y a lieu ?

- Quels étaient les objectifs ou les apprentissages ciblés par la situation que vous venez de décrire ?

- Pendant l'enseignement de la situation discutée, quels étaient, s'il y a lieu, les défis ou les difficultés rencontrées par vos élèves ? Quelles sont les difficultés que vous avez rencontrées comme enseignant, ou par le technicien, dans le cas où il ait été impliqué ?

Les questions du guide sont formulées ainsi afin d'éviter de poser aux répondants des questions générales non associées à des situations d'apprentissage concrètes. En effet, les réponses attendues à ce genre de questions risquent de conduire à une simple restitution des attentes des programmes et d'être fortement marquées par la désirabilité sociale.

D'une manière schématique, la figure 1 illustre l'ensemble du processus de recueil et d'analyse des données de notre étude.

Avant d'entreprendre la collecte des données, nous avons d'abord validé le guide d'entrevue auprès d'un répondant. Nous avons ensuite réalisé d'autres entrevues que nous avons transcrites sous forme de *verbatim*. Pendant le processus de catégorisation, nous avons eu recours à la validation de notre outil auprès d'un enseignant tierce comme accord d'interjuge. Les résultats indiquent que l'outil est fiable et présente un très bon degré d'accord (96 % d'accord). Nous avons ensuite utilisé le codage thématique en nous basant sur l'analyse de contenu de Bardin (2007).

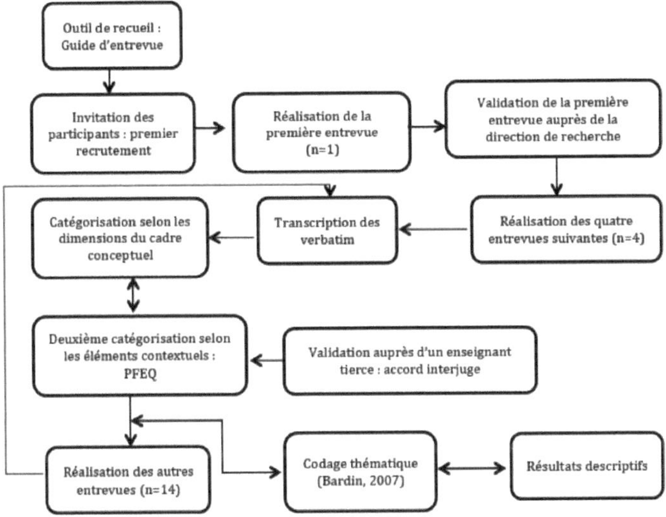

Figure 1 – Processus de recueil et d'analyse des données de l'étude

3. Principaux résultats

Nous nous limitons dans ce chapitre aux résultats portant sur le déroulement de la DCT, les apprentissages visés par les situations d'apprentissage et les défis rencontrés par les enseignants pendant la mise en œuvre la DCT en classe.

3.1 Le déroulement de la démarche de conception technologique

En fonction des types de problèmes (Franske, 2009), l'analyse des pratiques déclarées montre que les situations décrites par les répondants peuvent être classées en deux catégories : celles qui présentent un problème "bien défin" pour l'élève (17 situations) et celles de type "casse-tête" (10 situations).

Un deuxième niveau d'analyse nous amène à constater que les situations présentant un problème "bien défini" renvoient, à leur tour, à deux modalités distinctes : celles qui s'inscrivent dans la logique d'une démarche de conception axée sur l'investigation (où l'élève prend en charge la résolution du problème) et les orientations du récent programme de ST (13 situations) et celles axées sur le tâtonnement (4 situations). L'ensemble de ces modalités est schématisé dans la figure 2.

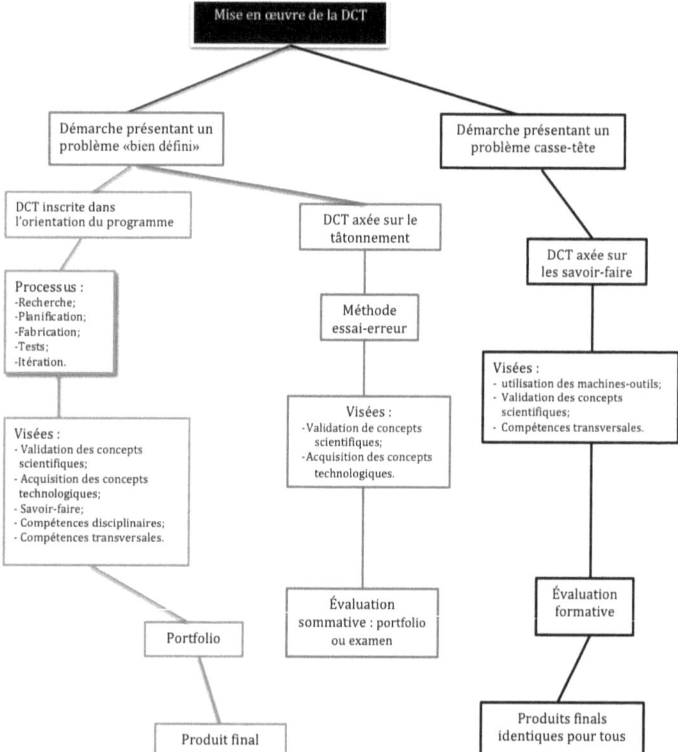

Figure 2 – Modalités de mise en œuvre de la démarche de conception technologique

3.1.1 Modalités présentant un problème "bien défini"

Modalités s'inscrivant dans la logique d'une démarche de conception axée sur l'investigation – L'analyse des intentions pédagogiques formulées par les répondants qui s'inscrivent dans cette logique (la partie gauche de la figure 2) montre que la DCT est prise en charge par les élèves, mais avec des spécificités différentes. Dans cette perspective, les élèves sont amenés à mettre l'accent sur quelques caractéristiques de la démarche d'investigation telle que la formulation du problème, la recherche d'idées, l'analyse du problème, la collaboration, la planification, la schématisation, l'itération, la réalisation, l'évaluation du processus et le développement de leurs connaissances. Les répondants soutiennent que ce processus offre à l'élève l'occasion d'apprendre par des expériences vécues en classe.

Certes, cette logique s'inscrit non seulement dans la perspective de l'apprentissage expérientiel dans le sens de Kolb (1984), mais aussi dans la logique du programme de ST qui considère que la DCT constitue un terrain fertile pour aborder les concepts abstraits de manière concrète et dans l'action. De façon générale, cette démarche se développe dans l'action, l'élève étant appelé à se poser des questions et à tenter d'y répondre en observant, en manipulant, en mesurant ou en construisant dans un atelier (Gouvernement du Québec, 2006).

Ce que ces 13 situations ont en commun, c'est qu'elles présentent toutes un problème "bien défini". Dans le processus de leur résolution, une activité de recherche et une planification du travail sont exigées avant de passer à la fabrication. Ensuite, les tests et l'itération sont toujours permis pendant le processus. Comme le souligne Franske (2009), ce type de problème a un état initial bien connu et une méthode de résolution similaire aux processus déjà enseignés. Ce type de problème est plus familier et facile à résoudre pour les élèves. Dans cette logique, l'enseignement de la DCT est considéré comme une occasion de vivre des expériences technologiques décontextualisées en classe. Cependant, le problème de transfert des apprentissages de ce genre de situations aux réalités de la vie de tous les jours reste à établir. En effet, dans ces circonstances, les élèves appliquent les procédures et les apprentissages dans les contextes similaires aux contextes de leur apprentissage dans des situations purement scolaires.

Quant au rapport théorie-pratique dans cette modalité, les enseignants mettent l'accent sur la pratique des étapes de la DCT en négligeant la construction des connaissances théoriques dans la résolution du problème. Toutefois, comme le souligne McCormick (1997), la maîtrise d'un savoir procédural tel que la DCT est directement liée à l'acquisition et la mobilisation des savoirs conceptuels.

Un deuxième niveau d'analyse nous amène à constater également que les pratiques d'enseignement inscrites dans cette première modalité convergent vers trois principales tendances lorsqu'il s'agit de la relation entre les savoirs conceptuels et la DCT : une tendance qui choisit une entrée par l'application ou la validation des savoirs scientifiques appris dans des cours de science ; une tendance qui choisit une entrée par l'application des concepts technologiques appris dans des cours de technologie antérieurement ; une tendance qui choisit une entrée par l'introduction des nouveaux savoirs technologiques.

Tendance centrée sur l'application des savoirs scientifiques – Bien que les visées des sujets ne soient pas mutuellement exclusives, les situations proposées par cinq répondants privilégient une entrée par la validation ou l'application des savoirs scientifiques déjà vus dans les cours antérieurs de science comme l'illustre l'extrait suivant :

- Il fallait dans leur jeu qu'ils soient capables de m'identifier chacune des parties avec leur fonction, leur rôle précis, comme il y avait une résistance, il fallait me dire c'était quoi son rôle précis (S2)[3].

[3] *S2* : Sujet ou répondant codé *S2*. De même pour *Sx* ou *x* varie de 1 (premier répondant) à 19 *(dernier répondant).*

En somme, les sujets qui visent l'application des concepts scientifiques lors de l'enseignement de la DCT considèrent les cours de l'ET comme plateforme pour rehausser l'intérêt des élèves à l'égard des sciences. Ce résultat rejoint ceux de plusieurs autres chercheurs tels que Gattie et Wicklein (2007), Kelley (2008) et Roman (2001).

Deux explications nous paraissent possibles pour expliquer cette orientation. La première est que probablement les enseignants considèrent l'ET comme une matière qui a un statut mineur dans la grille-matière. Ainsi, dans leur pratique, ils recourent aux activités de conception technologique pour soutenir l'apprentissage de la discipline importante, la science. Une partie du discours ministériel du Québec s'inscrit dans cette logique également en considérant que la technologie et la DCT sont des contextes qui peuvent éveiller l'intérêt des garçons et les élèves en difficultés (CSE, 2013).

La deuxième explication est celle de la formation de base de l'enseignant. Nous pouvons comprendre que les enseignants accordent une importance à ce qui a du sens pour eux. En effet, plusieurs études portant sur l'enseignement des sciences et technologies dans le contexte québécois montrent que la majorité des enseignants ne sont pas formés en technologie (Barma, 2008 ; Hasni, Bousadra et Lefebvre, 2015).

Tendance centrée sur l'application des savoirs technologiques – Trois situations visent l'application par les élèves des savoirs technologiques appris dans des cours antérieurs. De manière spécifique, ils visent l'application de quelques concepts technologiques déjà enseignés, tels que le cahier des charges, les schémas de principe et de construction, la transmission et la transformation des mouvements :

- C'était aussi d'intégrer certaines notions théoriques que nous avons vues en classe : le schéma de principe, le schéma de construction, les mécanismes de transmission de mouvement, de la transformation de mouvement, la gamme de fabrication (S3).
- C'est que je vais reprendre les concepts vus en secondaire 1. En secondaire 1, il y avait des liaisons, des guidages, le schéma de principe,

le schéma de construction, les types de forces, les types de mouvement (S11).

En outre, les connaissances mises en jeu dans cette perspective ont été déjà construites ailleurs (dans le manuel ou le cahier d'exercices) ou tout simplement dans les notes de cours fournies par l'enseignant. Ce qui reste à l'élève, c'est d'appliquer ces connaissances pour résoudre son problème. Bien que cela ne soit pas clairement dit, ce type d'approche d'enseignement s'inscrit dans une méthode de transmission, comme le soutient l'extrait ci-dessous.

- On lui [élève] montre la meilleure façon de faire. De toute façon, on doit le guider. La forme, ça reste à l'élève de la choisir, mais comment fabriquer une poutre, on lui montre ça (S17).

Comme en témoigne cet extrait, dans cette logique les connaissances sont préétablies et figées. Elles se transmettent ainsi d'un expert aux novices. Rappelons que l'une des caractéristiques d'un enseignant qui adopte le mode d'enseignement transmissif, dans la perspective de Staples (2003), est qu'il se considère comme la source d'expertise : « *sees self as a source of expertise* » (p. 303). Le plus grand risque de cette approche transmissive est d'élargir l'écart entre les connaissances théoriques et la pratique, car l'élève participe seulement à l'application des connaissances théoriques, mais pas à leur construction. Or, comme le souligne Barlex (2011), les démarches qui n'encouragent pas les élèves à explorer les relations entre l'acquisition des connaissances et la conception technologique semblent manquer d'un ingrédient essentiel.

L'une des hypothèses les plus plausibles pour expliquer cette tendance, c'est que la majorité des enseignants qui prennent en charge l'enseignement technologique au Québec sont formés en sciences. Par conséquent, ils sont probablement influencés par la méthode traditionnelle d'enseignement de cette discipline où les savoirs et la démarche d'investigation sont enseignés séparément. Dans les classes des sciences traditionnelles, les savoirs sont enseignés par la lecture, les exercices d'application et la résolution des problèmes, tandis que la démarche d'investigation est enseignée séparément à travers des expériences de laboratoire.

Tendance centrée sur la construction des nouvelles connaissances technologiques – Trois situations seulement visent, par l'enseignement de la DCT, la construction des nouvelles connaissances technologiques. Les extraits suivants sont à l'appui :

- Les objectifs, c'est de leur faire découvrir les concepts en technologie (S8).
- La compréhension des machines simples, les types de leviers, mais en même temps en changeant le pivot, ils vont tout de suite voir les trois types de levier qu'on abordera plus tard (S10).

Cette logique laisse à l'élève la responsabilité de construire ses connaissances technologiques par l'entremise de l'expérience (la DCT). Dans cette approche, il est question de recourir à la démarche qui suscite l'engagement intellectuel de l'élève dans le processus d'apprentissage et dans la construction de connaissances. Comme le soulignent Hasni, Roy, Franc et Dumais (2011), lorsqu'une telle démarche est prise en charge par l'élève, elle lui permet non seulement de résoudre le problème proposé, mais aussi de problématiser avant de proposer des manières appropriées pour le résoudre. L'engagement dans cette résolution doit permettre aux élèves de s'approprier aussi bien des savoir-faire (savoirs procéduraux) que des savoirs déclaratifs (ou savoirs conceptuels). Ces derniers renvoient, dans le sens d'Anderson (1987), à l'ensemble des informations indispensables pour générer une action. À titre d'exemple, savoir que la colle est un organe de liaison permettant d'assembler indirectement[4] deux ou plusieurs pièces d'un objet d'une manière complète est un savoir déclaratif[5]. La conceptualisation, porteuse de sens et

---

4 "Liaison indirecte" veut dire en technologie que les pièces ont besoin d'un organe intermédiaire (clou, vis, colle, etc.) pour tenir ensemble.

5 En technologie, une liaison est complète lorsqu'il n'y a aucune possibilité de mouvement entre les pièces assemblées.

structurante pour la discipline, est peu présente dans les séquences analysées.

En somme, si cette variété de mises en œuvre de la DCT s'explique entre autres par les perceptions qu'ont les enseignants de ce processus et des compétences disciplinaires, un constat important ressort malgré tout dans la manière dont ces enseignants relient les visées d'apprentissages et les compétences disciplinaires. Ce constat consiste en la non-circularité de la relation qui lie ces deux composantes du programme (les compétences et les contenus conceptuels). Cette relation dévoile une zone problématique dans la mise en œuvre de la DCT et appelle à questionner les orientations véhiculées par le programme vis-à-vis de l'acquisition des nouveaux savoirs technologiques et les modalités de formation à l'enseignement de la technologie au secondaire.

Modalités axées sur le tâtonnement – La figure 2 montre également que parmi les situations présentant un problème "bien défini", un ensemble de quatre situations (la partie centrale de la figure 2) est axé sur le tâtonnement comme processus de résolution. Ces situations présentent bel et bien un problème "bien défini", mais sa résolution est toutefois laissée au hasard. Aucune démarche de résolution n'est demandée à l'élève, comme le souligne l'un des répondants :

- Ils [élèves] sont directement allés construire. Je n'ai pas demandé un plan. C'est-à-dire, j'aurai pu demander un plan : décris-moi ce que tu vas faire pour qu'un autre groupe puisse le faire, puisse le réaliser. Comprends-tu ? Mais je ne l'ai pas fait. Si j'avais deux groupes, je l'aurais fait (S9).

Bien que l'approche essais-erreurs représente une caractéristique de la conception technologique, la perspective axée sur le tâtonnement ignore le rôle de la planification et des connaissances prérequises dans la résolution du problème. Ces situations sont loin non seulement des choix soutenus par la recherche didactique, mais aussi des orientations du PFEQ.

Comme le souligne ce dernier (Gouvernement du Québec, 2006), lorsqu'il est engagé dans une DCT, l'élève est censé envisager différents scénarios de réalisation en tenant compte des contraintes du cahier des charges ou de ses propres exigences (critère de réussites) et des moyens dont il dispose. Ensuite, l'analyse de ces scénarios lui permet de planifier de façon efficace le travail à effectuer afin d'élaborer une solution ingénieuse. Néanmoins, dans la perspective axée sur tâtonnement, l'élève bâtit le succès de son projet sur le hasard. Quant aux apprentissages visés, cette catégorie de situations vise l'application des concepts scientifiques acquis pendant les cours de science et/ou l'acquisition des nouveaux concepts technologiques.

Pour l'évaluation, les enseignants qui font appel à ce type de situation ont généralement évalué les apprentissages des élèves par le biais, soit d'un portfolio, soit d'un examen de fin du module. Dans certains cas, le produit final (l'*artefact*) ne figure pas dans la liste des éléments évalués. Cela peut s'expliquer par le fait que la méthode de tâtonnement peut ne pas amener à un produit répondant au besoin de départ.

Différentes hypothèses explicatives nous paraissent possibles. En premier lieu, nous pouvons supposer que les enseignants sont débordés par des tâches autres que l'enseignement de leur discipline et qu'ils n'ont pas assez de temps pour produire des planifications favorables à l'acquisition de la DCT ou pour la collaboration avec d'autres acteurs (pairs, techniciens, etc.).

Ce résultat corrobore ceux de Kelley (2008) qui montrent que l'un des défis auquel les enseignants font face pendant la planification de leurs activités d'enseignement est le manque de temps disponible non seulement pour leur développement professionnel, mais aussi pour la préparation des tâches de conception technologique et la collaboration avec d'autres acteurs scolaires.

La deuxième hypothèse est relative au sens que les répondants donnent à la première compétence disciplinaire. Rappelons que la CD1 implique, dans le cadre de l'ET, de recourir aux modes de raisonnement et aux démarches méthodologiques propres à la technologie, dont la DCT. On pourrait penser que les enseignants perçoivent peu ce lien entre la CD1 et la DCT et associent cette dernière à un simple tâtonnement ou à des bricolages basés sur la manipulation d'objets.

La troisième hypothèse, probablement la plus plausible, renvoie à la formation des enseignants. En effet, presque tous les enseignants répondants ont évoqué dans l'une ou l'autre question de l'entrevue leur formation insuffisante en technologie. Même certains sujets qui ont suivi une formation dans le domaine faisaient référence à leurs collègues non formés. Les extraits suivants soutiennent cette hypothèse :

- Je passe beaucoup moins de temps que le quart des cours à l'univers technologique, parce que tout simplement je ne suis pas assez formée et je ne me sens pas assez à l'aise et mon intérêt non plus n'est pas aussi grand que pour les autres univers (S3).
- Pour vous dire, ce n'est pas de leur faute, ils [enseignants collègues] n'ont pas de la formation requise pour ça (S4).

3.1.2 *Modalités présentant un problème de type "casse-tête" et axées sur le guidage*

Dix situations parmi les 27 analysées figurent dans cette catégorie (partie droite de la figure 2). Elles sont caractérisées principalement non seulement par une mise en situation où le problème est déjà fourni, mais aussi par une solution connue (à l'image d'un casse-tête). De plus, le produit est identique pour tous les apprenants.

Les sujets de cette catégorie offrent aux élèves un document contenant toutes les étapes à suivre et tous les schémas et dessins nécessaires pour fabriquer l'objet. L'élève recopie, à l'échelle, les dessins fournis sur les morceaux de bois ou de plastique et coupe le matériel avec l'aide du technicien. Il assemble ensuite ses morceaux et l'objet est prêt, comme le soutiennent quelques sujets participants :

- Premièrement, j'explique le document qui était à remettre à la fin du travail des élèves. Ce document-là comprenait le schéma de principe, le schéma de construction, le circuit électrique aussi, etc. Par la suite, on allait au laboratoire de technologie. Là, les élèves devaient construire la lampe de poche, en suivant une gamme de fabrication vraiment très, très claire avec des images et des explications pour chacune des pièces (S12).
- Ils [élèves] ont un plan, et ils n'ont qu'à suivre le plan. On ne leur fait pas monter le plan. C'est comme s'ils achetaient un matériau, puis là, ils n'ont qu'à suivre le plan, pour monter leur objet (S14).

Même si cela n'est pas dit de manière explicite, les situations d'apprentissage de conception qui s'inscrivent dans cette logique laissent entendre que la DCT est un processus linéaire amenant directement à la bonne solution au problème posé à travers un processus d'application des procédures, plutôt que d'avoir des apprenants engagés dans leur apprentissage où la construction du sens est prioritaire. Comme le souligne Ihde (1997), cette logique d'enseignement de la technologie laisse de l'espace aux interprétations ontologiques pour refléter le déterminisme technologique plutôt que la possibilité de choix humain.

Dans cette catégorie de situations, les répondants visent en premier lieu à guider les élèves vers la solution proposée par l'expert (l'enseignant ou le technicien). Celui-ci contrôle d'une manière systématique l'action de l'élève en l'invitant à suivre la démarche proposée étape par étape. Il vise prioritairement le développement des habiletés manuelles et l'utilisation des machines-outils, tout en faisant appel à des concepts scientifiques acquis préalablement dans les cours de science.

Quant à l'évaluation des apprentissages, les sujets qui s'inscrivent dans cette perspective évaluent en particulier les techniques manuelles, l'utilisation d'outils et organisent une compétition pour sélectionner "le meilleur produit final" :

- On l'évalue [élève] dans la manière de fabriquer ses pièces, les agencer, et on fait les compétitions. À la fin, on évalue le bateau [le produit] le plus rapide (S6).

- J'évalue la voiture même. Puis ça se termine par ce qu'on appelle une compétition. Évidemment, je ramasse tous les véhicules puis je choisis un jury sélectionne la voiture la plus réussie (S7).
- Ils sont [les élèves] évalués sur le traçage. Tout doit être montré. J'évalue le traçage en classe avant qu'ils passent au découpage, sinon je ne peux plus l'évaluer. J'évalue le découpage. Tout l'assemblage de la boîte, je l'évalue à la fin (S10).

Ces extraits montrent également qu'il y a confusion entre le résultat souhaité de la tâche de conception et la finalité de l'apprentissage. Cette approche guide l'élève vers la construction d'un produit qui est considéré comme finalité. Rappelons que le but des activités scolaires dans le cadre de la DCT est non seulement la conception efficace d'une solution technologique, mais aussi l'acquisition de nouvelles connaissances et d'une rationalité technologique.

Notons également que chez certains répondants qui s'inscrivent dans cette perspective, l'enseignement de la DCT est pris en charge par des techniciens, comme l'illustre l'extrait suivant :

- C'est lui [le technicien] qui a monté et testé le projet, qui l'a fabriqué. C'est lui qui l'a enseigné à nous les enseignantes. Comment le réaliser aussi ? Comment l'expliquer aux élèves et comment utiliser les différents outils ? C'est lui qui a pris les photos pour faire une gamme de fabrication vraiment, vraiment très explicite. Il a testé aussi les différents produits afin de trouver ceux qui étaient les plus efficaces. Oui, il a vraiment une grande part là-dedans (S12).

D'une manière générale, toutes les situations de conceptions technologiques proposées par les sujets de cette approche suivent le même modèle. L'artefact technologique, que ce soit une voiture, un coffret à crayon, une lampe de poche ou un autre objet, est le même pour toute la classe. L'accent est mis sur l'acquisition des connaissances procédurales, notamment l'utilisation des machines-outils. Chaque élève est encouragé à suivre à la lettre les procédures indiquées dans le document explicatif fourni au début de l'activité. Lorsque l'élève rencontre une difficulté ou lorsque des savoir-faire complexes sont requis, il observe la démonstration soit de l'enseignant, soit du technicien.

Une explication possible du recours à des problèmes de type "casse-tête" et à leur résolution marquée par le guidage serait encore reliée à la formation des enseignants. En fait, dans l'incertitude, les enseignants choisissent le fort guidage d'action dans leur approche d'enseignement. Toutefois, comme nous l'avons signalé ci-dessus, faire face à l'incertitude est l'une des principales caractéristiques de la DCT. D'ailleurs, dans la plupart des cas, les enseignants utilisent des situations planifiées, soit par des organismes de formations, soit par des conseillers pédagogiques, soit par des collègues ou même des techniciens (dans certains cas) et ils guident fortement les élèves afin de rester dans une zone de confort, comme l'illustre l'extrait ci-dessous :

- C'est sûr qu'ils [les élèves] sont guidés par le professeur ou la technicienne beaucoup plus. On est ensemble. Surtout la technicienne, c'est le côté pratique et côté machine, etc. Le professeur c'est le côté traçage, le mesurage, etc. (S6).

3.2 Défis rencontrés par les enseignants

Notre enquête visait également l'exploration des défis ou obstacles que les enseignants disent rencontrer eux-mêmes ou ceux rencontrés par les autres acteurs (les élèves et les techniciens) pendant la mise en œuvre de la DCT. Cependant, dans ce chapitre, nous limitons notre analyse seulement aux défis que les enseignants disent rencontrer eux-mêmes.

L'analyse des entrevues montre que les cinq défis les plus fréquemment rapportés sont les suivants :

1) La gestion des élèves : les répondants qui ont évoqué ce type de défis ont fait référence surtout aux nombreuses questions des élèves et aux tensions entre élèves au sein d'une même équipe.

2) Les problèmes d'équipement : les répondants qui ont abordé ce genre de problème font référence au peu de matériaux et d'outils disponibles en atelier.

3) La formation en technologie : bien que tous les répondants aient évoqué la formation non adéquate en technologie comme obstacle auquel ils font face pendant la mise en œuvre de la DCT, quatre seulement l'ont mentionnée dans la question spécifique sur les défis.

4) La motivation des élèves : les enseignants qui ont exprimé cette catégorie de défis disent que l'une de leurs principales difficultés est le manque de motivation chez les élèves. Ils soutiennent que leurs élèves pensent que cet apprentissage, tout comme l'école dans son ensemble, ne sert à rien. Par conséquent, ils ne s'engagent pas dans les tâches qui leur sont proposées.

5) le contexte scolaire : certains répondants disent que les défis auxquels ils font face pendant la mise en œuvre de la DCT sont, entre autres, d'ordre de la disponibilité du technicien et de l'atelier.

Ces résultats corroborent ceux rapportés par d'autres chercheurs. En effet, les études de Kelley (2008) et de Kelley et Wicklein (2009) font état des défis suivants : d'ordre financier, d'ordre curriculaire (ambiguïté des instructions, confusion entre compétences et connaissances), d'ordre institutionnel (support de la direction et des collègues), d'ordre psychologique (engagement et motivation de l'élève), d'ordre de la contrainte du temps (temps pour le perfectionnement, temps reconnu pour la planification et la collaboration), d'ordre matériel (l'équipement), d'ordre des connaissances technologiques de l'enseignant (didactique), et d'ordre spatial (atelier et contexte scolaire).

4. Exemple d'une situation de conception technologique

Mise en situation – Dans l'univers des schtroumpfs, lorsque les petits bonshommes se sentent menacés, ils explorent leur territoire. Un jour, ils ont constaté que Gargamel et ses collaborateurs se cachaient dans leur ancien château à toit ouvert, de forme cubique ayant une arête de 1 m. Sachant que le sorcier peut être dangereux sur une distance de 3 m, le schtroumpf bricoleur propose aux petits bonshommes bleus de concevoir et de fabriquer des engins qui permettent d'attaquer les ennemis, tout en gardant la distance critique. Comme il est toujours organisé, le schtroumpf bricoleur a déjà construit les boîtes de rangement pour garder à l'abri leurs engins. Ces boîtes ont la forme d'un prisme de 30 cm de longueur, de 20 cm de largeur et de 25 cm de hauteur. Aidez le schtroumpf bricoleur à concevoir et à fabriquer ses engins.

Cette situation convient mieux aux élèves de la première secondaire (12 ans). Elle peut également être adaptée pour le 3e cycle du primaire ou pour la deuxième secondaire. Elle offre une opportunité aux élèves de vivre une expérience concrète en référence aux pratiques industrielle et de génie. Elle constitue aussi une occasion d'apprendre non seulement à travailler en collaboration avec des pairs, l'enseignant et le technicien, mais également à gérer la répartition des tâches entre les membres de l'équipe.

Pistes d'exploitation – Plusieurs pistes sont possibles. Celle exposée ci-dessous n'en est qu'une parmi d'autres.

Analyse du besoin et problème technologique – À partir de la mise en situation, l'élève doit d'abord analyser le besoin et, ensuite, formuler le problème en transformant le besoin d'usage exprimé en un problème de conception technologique. Sinon, l'élève risque de rester attaché au contexte des *schtroumpfs* et de chercher un moyen pour tuer Gargamel seulement au lieu de concevoir un objet technologique.

Comme le souligne Rak, Teixido, Favier et Cazenaud (1992), dans l'analyse du besoin les élèves doivent répondre à certaines questions qui permettent de définir clairement le "pourquoi" fabriquer l'objet (à quoi sert-il ? ; à qui rend-il service ? ; dans quel but ? ; etc.)[6], avant de s'interroger sur le "comment" ou encore se précipiter sur une solution improvisée qui répondra ou pas au besoin initial.

Analyse fonctionnelle – Le concept d'analyse fonctionnelle auquel renvoient certaines des questions précédentes est très peu utilisé, voire absent, dans le langage scolaire québécois. Cependant, il est introduit dans le programme français dès 1960 (Lebeaume et Martinand, 1998). Un tel langage graphique est considéré essentiel à la compréhension de la conception technologique.

Par cette analyse, l'élève est amené à élaborer la liste des fonctions que l'objet doit remplir pour effectuer une modification de la matière d'œuvre. Cette modification permet de mettre en interrelation les trois catégories suivantes : matières, énergie et informations (Rak *et al.*, 1992).

À titre d'exemple, voici quelques éléments d'analyse fonctionnelle du besoin exprimé par la situation ci-dessus :

- Identifier le problème technologique soulevé. L'identification du problème peut, entre autres, se résumer ainsi : concevoir et construire un objet technologique permettant de lancer des projectiles d'un point A à un point B. Cela renvoie à la fonction globale de l'objet.
- Déduire du problème retenu et de la fonction globale les fonctions élémentaires et les contraintes du système technologique.
- La distance minimale entre le point A et le point B est de 3 m.
- La distance maximale dépend de la position de l'engin par rapport au mur arrière du château (supérieure ou égale à 4 m).
- Étant donné que la destruction du château n'est pas une solution technologique, alors le toit ouvert constitue la seule entrée des projectiles.

---

[6] Voir également les chapitres de Hamon et de Lebeaume dans cet ouvrage, notamment pour la distinction entre l'analyse fonctionnelle du besoin et l'analyse fonctionnelle technique, et pour la définition de ces deux concepts.

- À l'intérieur du château se cachent Gargamel et ses collaborateurs ; donc, toute la surface intérieure (1 m^2) du château est considérée comme cible.
- La trajectoire des projectiles doit être curviligne (pas en ligne droite : nous avons évité de parler des lois de la cinématique et des équations quadratiques pour respecter le niveau de l'élève).
- La hauteur des projectiles au niveau de la façade avant du château doit être légèrement supérieure à 1 m. Si leur hauteur est plus basse que 1 m, les projectiles heurteront le mur du château, donc n'atteindront pas la cible.
- La hauteur des projectiles au niveau de la façade arrière doit être inférieure à 1 m. Sinon, ils seront projetés derrière le château.
- Les dimensions de l'objet doivent être inférieures à 30 cm x 25 cm x 15 cm.

Remue-méninges – Cette étape offre une occasion pour les élèves en ce qu'elle peut leur permettre de suggérer toutes les solutions qui leur viennent en tête. L'équipe peut en garder quelques-unes et discuter de leur pertinence et de leur faisabilité à l'école.

Dans cette phase de la DCT, il est important d'encourager tous les élèves à participer à condition d'exiger le respect de toute idée. Afin d'encourager l'imagination des élèves, il est aussi important de dire aux élèves de dissocier les idées proposées des personnes qui sont à leur origine. Notre modeste expérience montre que, dans cette phase, certaines suggestions des élèves dépassent nos attentes.

Remarque – Il nous semble aussi important d'associer cette activité à l'exploration des différents types d'énergie : énergie électrique, énergie chimique, énergie hydraulique, énergie solaire, énergie cinétique, énergie potentielle (gravitationnelle et élastique). Cette idée permettrait l'intégration des connaissances scientifiques et technologiques.

S'il le désire, l'enseignant peut imposer d'autres contraintes supplémentaires sur l'énergie et/ou sur les matériaux. À titre d'exemple, les *schtroumpfs* n'avaient pas accès aux types d'énergie suivants : énergie électrique, chimique, hydraulique, solaire, cinétique. Il reste à l'élève l'exploration de l'énergie potentielle (gravitationnelle ou élastique). Ceux qui vont choisir l'énergie potentielle gravitationnelle vont fort probablement orienter leur conception vers un objet utilisant ce type d'énergie. Les trébuchets sont un exemple parmi d'autres. Cependant, ceux qui vont choisir l'énergie élastique vont fort probablement orienter leur conception vers un objet tel que la catapulte.

Recherche

- Amener les élèves à faire une recherche afin d'explorer les solutions déjà développées.
- Discuter et analyser en équipe des solutions ou des scénarios qui semblent pertinents, suggérer des améliorations et imposer quelques contraintes additionnelles (selon la situation et le contexte scolaire).

Élaboration du cahier des charges – Didactiquement, l'analyse menée ci-dessus permettrait aux élèves de hiérarchiser les fonctions élémentaires identifiées et ensuite de compléter le cahier des charges fonctionnel. En fait, au premier cycle du secondaire (12-13 ans), il est pertinent que l'enseignant élabore un cahier des charges quasi complet avec les élèves. Il est possible également de demander aux élèves d'imposer à la conception quelques contraintes supplémentaires comme leurs critères de réussite personnels, car la réussite du point de vue de l'élève et du point de vue de l'enseignant ne se mesure pas de la même manière. La contrainte sur les matériaux peut être considérée comme un critère de réussite. À titre d'exemple, l'équipe peut choisir de fabriquer son objet en utilisant les matériaux recyclés seulement.

L'enseignant peut exiger l'inclusion de quelques mécanismes tels que le guidage rectiligne, le guidage en rotation, la transformation ou le transfert du mouvement, etc.

Pour encourager la pensée critique des élèves, l'enseignant peut ajouter une contrainte supplémentaire comme un *WOW facteur* ! En d'autres mots, offrir l'occasion aux élèves d'aller plus loin dans leur réflexion et dans leur créativité pour en sortir avec une sous-fonction (supplémentaire) non seulement inattendue ou étonnante, mais aussi qui peut plaire grandement à l'utilisateur. Selon notre expérience, la piste du déclencheur (*trigger*) nous semble un élément qui convient mieux au *WOW facteur*.

Une fois le cahier des charges élaboré, les élèves doivent sélectionner une solution optimale relativement non seulement aux contraintes du cahier des charges, mais également à sa faisabilité dans un délai raisonnable et au moindre coût.

Planification et itération – Il est pertinent :

- d'amener les élèves à planifier le travail à effectuer, à faire des croquis et des schémas nécessaires afin d'élaborer et de fabriquer leur propre solution. Cette activité met en relief l'effort intellectuel fourni par les élèves.
- d'encourager les élèves à faire des essais afin de tester la fonction de leur objet et de suggérer des améliorations possibles tout en les gardant toujours dans le cadre du cahier des charges. Cette activité fournit l'occasion de pratiquer le caractère cyclique ou itératif de la DCT.

Certains élèves vont mettre l'accent sur la contrainte esthétique dès le début de la conception. Étant donné que cette contrainte est subjective, il nous semble pertinent de dire aux élèves de la laisser à la fin. Cela peut aider à prioriser les fonctions élémentaires et la fonction globale de l'objet.

Évaluation – Pour l'évaluation, il est préférable de présenter une grille d'évaluation aux élèves le plus en amont possible afin qu'ils sachent les attentes de leurs actions.

Ainsi que le souligne Martinand (1995), l'évaluation en technologie mérite une attention particulière, car il y a toujours un risque de contradiction entre la justification et la définition de la discipline (vivre une expérience où l'élève réalise), et une évaluation réduite à quelques compétences ou à une liste de savoirs qui pourraient faire l'objet de quelques apprentissages rapides.

Conclusion

Les résultats présentés dans ce chapitre montrent que les répondants maintiennent des compréhensions très variées à l'égard des caractéristiques de la DCT. Cela s'accompagne par une diversité de modalités de mise en œuvre de ce processus en classe.

Les résultats de cette enquête soulèvent un problème fondamental au regard de l'enseignement de la DCT, à savoir la faible prise en considération de la dimension épistémologique (la place des savoirs dans la formation des élèves et l'acquisition par ces derniers d'une rationalité technologique). Quatre sujets seulement prennent en compte ce fondement. En effet, lorsqu'on considère les caractéristiques de la DCT et les justifications dégagées des pratiques déclarées, on constate que les dimensions opératoire, psychologique et sociale de la DCT sont les plus dominantes.

Si on considère la notion de l'apprentissage expérientiel qui fonde l'enseignement de la DCT, nous retenons que le passage de l'intérêt pratique à l'intérêt théorique est un point crucial en ET. Notons que l'apprentissage expérientiel dans le sens de Kolb (1984), influencé par Dewey (1947), suppose, d'une part, que le savoir tire son origine des expériences vécues ; d'autre part, il se valide dans de nouvelles expériences d'apprentissage. Or, cet intérêt ne peut être impulsé que par des situations d'apprentissages stimulantes pour l'élève et porteuses d'enjeux de savoirs. Les résultats de notre enquête montrent que même les situations présentant un problème à résoudre sont inadéquates, car tous les problèmes proposés sont de type "bien défini". Ce genre de problème ne permet pas à l'élève un engagement dans son apprentissage. Rappelons que cet engagement n'est pas seulement affectif, mais également, et surtout, cognitif, ce qui renvoie nécessairement à la notion de problème, à considérer sous l'angle de sa pertinence épistémologique (Chevrier et Charbonneau, 2000). Selon Dewey (1967), « pour que l'enfant se rende compte qu'il a affaire à un problème réel, il faut qu'une difficulté lui apparaisse comme sa difficulté à lui, comme un obstacle né dans et au cours de son expérience et qu'il s'agit de surmonter s'il veut sa fin personnelle » (p. 87, cité dans Bousadra, 2014). Comme le soulignent Chevrier et Charbonneau (2000), face à un problème l'incitant à la réflexion, l'apprenant prend conscience que ses connaissances sont dysfonctionnelles, non adaptées, voire inutiles. En résistant, le réel incite l'apprenant à changer, à se changer, donc à apprendre. Évidemment, pour s'engager dans cet enjeu, il faut faire appel à des problèmes authentiques.

En somme, les résultats de cette recherche montrent que l'enseignement d'un des contenus centraux prescrits au programme de science et technologie au Québec, la DCT, pose des défis importants aux enseignants de cette nouvelle discipline. Bien que ces derniers fassent des efforts et accordent une importance à ce processus dans leur enseignement, les modalités de mise en œuvre en classe et la compréhension qu'ils retiennent ne rejoignent pas la place que ce dernier doit occuper au sein de l'ET et pour refléter les pratiques dans la vie réelle hors de l'école.

La modalité inscrite dans la logique d'une démarche de conception axée sur l'investigation (celle qui revient souvent dans les réponses des enseignants) a des avantages et des inconvénients. Son avantage est d'ordre méthodologique, car elle implique l'élève dans la prise en charge de l'exploration, la planification, la fabrication et l'évaluation de la solution. Sa faiblesse consiste en la nature des apprentissages que les répondants visent par son enseignement. La majorité des répondants ciblent l'application, soit des savoirs scientifiques, soit des savoirs technologiques vus antérieurement. Pour la modalité inscrite dans la perspective du tâtonnement, bien qu'elle vise la construction de nouvelles connaissances technologiques, elle présente une faiblesse importante, car sa réalisation est basée sur le hasard et le tâtonnement et non pas sur le recours à une rationalité technique. Cette logique n'apprend pas à l'élève ni comment planifier son action, ni comment changer d'attitude et prendre du recul par rapport au problème à l'étude pour mieux observer et pour réfléchir sur les actions à poser.

L'exemple de situation de conception technologique proposée ci-dessus n'est pas présenté comme la meilleure situation ; il s'agit seulement d'une piste de réflexion qui peut susciter l'intérêt et la créativité des enseignants et/ou des techniciens de laboratoire qui privilégieraient les activités technologiques centrées sur la technicité.

D'une manière générale, notre étude met en relief la problématique centrale de la formation des enseignants. En ce sens, Banks (2008), par exemple, souligne la nécessité de mettre l'accent dans le cadre de cette formation sur les formes de connaissances interalliées suivantes : les contenus et les démarches propres à la discipline ; les connaissances pédagogiques ; les connaissances sur la technologie à l'école et sa relation avec la technologie à l'extérieur de l'école.

Références

Anderson, J. R. (1987). Skill acquisition : Compilation of weak-method problem solutions. *Psychological Review, 94*(2), 192-210.

Banks, F. (2008). Learning in DEPTH : Developing a graphical tool for professional thinking for technology teachers. *International Journal of Technology and Design Education, 18*(3), 221–229.

Bardin, L. (2007). *L'analyse de contenu.* Paris : Presses universitaires de France.

Barlex, D. (2011). Dear Minister, this is why design and technology is very important subject in the school curriculum. *Design and Technology Education : an International Journal, 16*(3), 8-9

Barma, S. (2008).Vers une lecture systémique du contexte, des enjeux et des contraintes du renouvellement des pratiques en éducation aux sciences au secondaire au Québec. *Revue canadienne des jeunes chercheurs en éducation/Canadian Journal for New Scholars in Education, 1*(1), 1-17.

Blanco, E. (1998). *L'émergence du produit dans la conception distribuée, vers de nouveaux modes de rationalisation dans la conception de systèmes mécaniques.*

Thèse de doctorat à écoles d'ingénieurs et des formations de docteurs de Grenoble.

Bousadra, F. (2014). *L'enseignement par projets en sciences et technologies : étude des pratiques d'enseignement chez des enseignants du secondaire au Québec.* Thèse de doctorat en éducation, Université de Sherbrooke.

Chevrier, J. et Charbonneau, B. (2000). Le savoir-apprendre expérientiel dans le contexte du modèle de David Kolb. *Revue des sciences de l'éducation, 26*(2), 287-323.

Conseil supérieur de l'éducation [CSE] (2003). *L'appropriation locale de la réforme : un défi à la mesure de l'école secondaire.* Québec : Gouvernement du Québec.

Conseil supérieur de l'éducation [CSE] (2013). *L'enseignement de la science et de la technologie au primaire et au premier cycle du secondaire.* Québec : Gouvernement du Québec.

Dewey, J. (1947). *Expérience et éducation* (Trad. par M.-A. Carroi). Paris : Bourrelier (1re éd. 1938).

Dewey, J. (1967). Teaching ethics in the high school. *Educational Theory, 17*(3), 203–268.

El Fadil, B. (2016). *La démarche de conception technologique dans les pratiques d'enseignement au secondaire au Québec : résultats d'une enquête par entrevue.* Thèse de doctorat en éducation, Université de Sherbrooke.

Franske, B.-J. (2009). *Engineering problem finding in high school students.* Thèse de doctorat en éducation, University of Minnesota, Minneapolis, MN.

Gattie, D.-K. et Wicklein, R.-C. (2007). Curricular value and instructional needs for infusing engineering design into K-12 technology education. *Journal of Technology Education, 19*(1), 6-18.

Ginestié, J. (2002). The industrial project method in french industry and in french schools. *International Journal of Technology and Design Education, 12*(2) 99–122.

Gouvernement du Québec (2006). *Programme de science et technologie de 2e année de 2e cycle - Science et technologie de l'environnement.* Québec : Ministère de l'Éducation, du Loisir et du Sport.

Hasni, A. et Bousadra, F. (2017). Les démarches d'investigation scientifique dans des classes de secondaire au Québec : défis théoriques et pratiques. *In* A. Hasni, F. Bousadra et J. Lebeaume (dir.), *Les démarches d'investigation scientifique et de conception technologique. Regards croisés sur les curriculums et les pratiques en France et au Québec* (p. 49-98). Saint-Lambert : Éditions Cursus universitaire.

Hasni, A. Bousadra, F. et Lefebvre, D. (2015). L'enseignement et l'apprentissage du schéma de principe au premier cycle du secondaire général : analyse de pratiques de classe. *In* J. Lebeaume et A. Hasni (dir.), *Éducation technologique et sciences de l'ingénieur – Regards sur les curricula et les pratiques* (p. 79-98). Lille : Presses universitaires du Septentrion

Hasni, A., Roy, P., Franc, S. et Dumais, N. (2011). L'enseignement et l'apprentissage de la diffusion et de l'osmose au secondaire : étude de cas. *In* A. Hasni, H. Squalli, A. Bronner et M.-T. Nicolas (dir.), *La classe de sciences, mathématiques et technologies comme objet d'étude : quels problématiques, cadres de références et méthodologies et pour quels résultats ?* (p. 4-25). Sherbrooke : CREAS, Université de Sherbrooke.

Hill, A. et Smith, H. (1998). Practice meets theory in technology education : A case of authentic learning in the high school setting. *Journal of Technology Education, 9*(2), 29-45.

Ihde, D. (1997). The structure of technology knowledge. *International Journal of Technology and Design Education, 7*(1), 73-79.

International Technology Education Association [ITEA] (2007). *Standards for Technological Literacy. Content for the Study of Technology* (3e éd.). Reston, VI : International Technology Education Association (1re éd. 1996)

Jonassen, D. (2000). Toward a design theory of problem solving. *Educational Technology Research and Development, 48*(4), 63-85.

Kelley, T. R. (2008). *Examination of engineering design in curriculum content and assessment practices of secondary technology education.* Thèse de doctorat en éducation, University of Georgia, Athens, GA.

Kelley, T. R. et Wicklein, R. (2009). Teacher challenges to implement engineering design in secondary technology education (third article in 3-part series). *Journal of Industrial Teacher Education, 46*(3), 34-50.

Kennedy, J. F. (1961). *JFK's moon shot speech to congress.* Document accessible à l'adresse : <http://www.space.com/11772-president-kennedy-historic-speech-moonspace.html>.

Koen, B. V. (2003). *Discussion of the method : Conducting the engineer's approach to problem solving.* New York, NY : Oxford University Press.

Kolb, D. A. (1984). *Experiential learning. Englewood Cliffs.* NJ : Prentice-Hall.

Lebeaume, J. (2017). Indifférenciation entre investigation scientifique et investigation technologique en France : risques d'abréviation des contenus et de dénaturation de la technicité. *In* A. Hasni, F. Bousadra et J. Lebeaume (dir.), *Les démarches d'investigation scientifique et de conception technologique. Regards croisés sur les curriculums et les pratiques en France et au Québec* (p. 17-48). Saint-Lambert : Éditions Cursus universitaire.

Lebeaume, J. et Martinand, J.-L. (1998). *Enseigner la technologie au collège.* Paris : Hachette.

Martinand, J.-L. (1981). Pratiques sociales de référence et compétences techniques. À propos d'un projet d'initiation aux techniques de fabrication mécanique en classe de quatrième. *In* A. Giordan (dir.), *Diffusion et appropriation du savoir scientifique : enseignement et vulgarisation* (p. 149-154. Paris : Université Paris 7.

Martinand, J.-L. (1995). Rudiments d'épistémologie appliquée pour une discipline scolaire : la technologie. *In* M. Develay (dir.), *Savoirs scolaires et didactiques des disciplines* (p. 339- 352). Paris : ESF Éditeur.

Martinand, J.-L. (2003). L'éducation technologique à l'école moyenne en France : problèmes de didactique curriculaire. *La revue canadienne de l'enseignement des sciences, des mathématiques et des technologies, 3*(1), 100-116.

McCormick, R. (1997). Conceptual and procedural knowledge. *International Journal of Technology and Design Education, 7*(1), 141-159.

Micaëlli, J.-P., Deniaud, I. et Bonjour, É. (2015). *Conception routinière ou innovante : Quels apports de l'ingénierie système ?* Document accessible à l'adresse <https://www.researchgate.net/publication/282657456>.

Petroski, H. (1996). *Design paradigms : Case histories of errors and judgment in engineering.* New York, NY : Cambridge University Press.

Pialot, O. (2009). *L'approche PST comme outil de rationalisation de la démarche de conception innovante.* Thèse de doctorat en génie, Institut Polytechnique de Grenoble, Grenoble.

Rak I., Teixido C., Favier J. et Cazenaud M. (1992). *La démarche de projet industriel.* Paris : Éditions Foucher.

Roman, H.-T. (2001). Technology education – process or content. *The Technology Teacher, 60*(6), 31-33.

Staples, R. (2003). Shaping the profession's image. *In* G. Martin et M. Middleton (dir.), *Initiatives in technology education : Comparative perspectives* (p. 300-310). Actes du American-Australian Technology Education Forum, Gold Coast, Australia.

Chapitre 7

Comment ça marche un écran tactile ? Une question pour des investigations scientifiques et des élaborations conceptuelles

William-Gabriel Perez

Introduction

L'enseignement de sciences et de la technologie ne doit se limiter ni à la simple transmission de connaissances déclaratives sur le monde, ni à la vérification et à la démonstration de lois et de principes, ni encore à l'illustration de notions ou de concepts. Cette affirmation, aujourd'hui largement acceptée par l'ensemble de la communauté éducative, constitue un des principes épistémologiques et pédagogiques sous-jacents aux différentes modifications des pratiques concernant l'enseignement des disciplines scientifiques et technologiques dans le contexte français et international (Handelsman, Ebert-May, Beichner, Bruns, Chang, DeHaan *et al.*, 2004 ; Lebeaume, 2011; Lederman, Lederman et Antink, 2013 ; Osborne, 2014*a* ; Potvin, 2011). En France, ce principe se trouve aux fondements de l'opération *La main à la pâte* (1996), de la mise en place du Plan de rénovation de l'enseignement des sciences et de la technologie (Gouvernement de la République française, 2000) et, de manière plus générale, de l'ensemble des modifications opérées dans les programmes de sciences et de technologie dès le milieu des années 1990 (Beorchia et Boilevin, 2009 ; Boilevin, 2013 ; Brandt-Pomarès et Lhoste, 2013 ; Cariou, 2013 ; Mathé, Méheut et Hosson, 2008).

La démarche d'investigation est préconisée, dans ce contexte et selon les termes de Coquidé, Fortin et Rumelhard (2009) « comme fer de lance de la rénovation de l'enseignement scientifique à l'école primaire et au collège » (p. 52). En effet, promue, d'une part, sous l'influence d'études et d'orientations portées par des institutions européennes (Brandt-Pomarès et Lhoste, 2013) et supportée, d'autre part, par l'importante dimension expérimentale donnée aux disciplines concernées (Cariou, 2015), la démarche d'investigation occupe effectivement une place toute particulière dans les textes officiels encadrant l'enseignement scientifique et technologique de l'école de base française (Cariou, 2013 ; Grangeat, 2011). Cette approche de l'enseignement des sciences et des techniques, remarquent Boilevin et Brandt-Pomares[1] (2011), cherche à laisser plus d'autonomie aux élèves

> en proposant des tâches plus ouvertes et des activités de plus haut niveau cognitif. On passe ainsi, selon les auteurs cités, d'activités centrées sur des apprentissages manipulatoires ou conceptuels organisés en démarches stéréotypées, à des démarches d'investigations ouvertes avec élaboration de questions, formulation d'hypothèses, etc. » (p. 51).

La démarche en question cherche ainsi à contribuer, chez l'apprenant, au développement des capacités d'argumentation – à travers la confrontation de points de vue –, des capacités d'expression orale et écrite – à travers l'échange et l'exposition d'idées et de résultats –, ainsi que des capacités d'écoute – en considérant et en respectant l'avis et les résultats des autres.

La mise en place effective de cette approche de l'enseignement se veut aussi un moyen pour contribuer à la fois au décloisonnement et à l'homogénéisation épistémo-méthodologique de l'en-

---

[1] Les auteurs font la distinction entre "démarche d'investigation pédagogique" et "démarche d'investigation scientifique". Cette dernière peut être caractérisée comme « a systematic and investigative performance ability which incorporates unrestrained inductive thinking capabilities after a person has acquired a broad and critical knowledge of the particular subject matter through formal learning processes » (Kyle, 1980, p. 123).

seignement des sciences expérimentales, des mathématiques et de la technologie (Beorchia et Boilevin, 2009 ; Boilevin, 2013 ; Lebeaume, 2009). Enfin, il est question de donner aux élèves, à travers l'investigation, une compréhension et une vision plus représentatives de la "nature de la science" (Osborne, 2014*b*), soit de la recherche scientifique ; il s'agit de la présenter comme étant plus une affaire de questions que de réponses (Vigneron, 2007).

En ce qui concerne les fondements théoriques sous-jacents à l'adhésion et à la promotion de la démarche d'investigation – en tant que méthode d'enseignement – une partie de ces derniers trouve appui dans les visions (socio)constructivistes de l'apprentissage (Dupin, 2007). L'autre partie doit être cherchée dans le fait que la démarche d'investigation s'inspire et fait clairement référence à l'approche méthodologique utilisée par les sciences en général (Lederman *et al.*, 2013). Elle est en conséquence perçue – par analogie ? – comme la méthode pédagogique qui répond au mieux à la manière dont les disciplines scientifiques et scientifico-techniques doivent être enseignées (Beorchia et Boilevin, 2009 ; Osborne, 2014*a*).

Nous constatons ainsi qu'en mettant l'accent sur l'activité, l'autonomie et la construction du savoir du côté de l'élève, la démarche pédagogique dite d'investigation semble être amplement acceptée à la fois comme la méthode d'enseignement à privilégier et comme la meilleure manière d'apprendre les sciences. Malgré cet état de choses, on se doit de noter que certains auteurs nuancent et portent un regard plus critique vis-à-vis de la faisabilité et de l'effectivité de l'enseignement et donc de l'apprentissage fondés sur la méthode en question.

De son côté, Osborne (*Ibid.*) conteste les positions qui considèrent que parce que la démarche d'investigation reste le principal outil méthodologique des scientifiques, elle doit en conséquence être considérée comme la principale méthode d'enseignement ou d'apprentissage des sciences. Cela renvoie, selon lui, à une confusion encore plus fondamentale : celle qui voudrait assimiler le but de l'activité scientifique à celui de l'enseignement scientifique, c'est-à-dire confondre l'activité d'élaboration de nouveaux modèles, de nouvelles procédures et de nouvelles connaissances avec l'activité de compréhension et de mémorisation d'anciens modèles, d'anciennes procédures et d'anciennes connaissances. Dans le même ordre d'idées, Lederman, Lederman et Antink (2011) – pour qui la démarche d'investigation peut prendre au moins trois formes : descriptive, corrélationnelle et expérimentale – observent que les textes et les pratiques concrètes, en réduisant la recherche scientifique à l'activité expérimentale, promeuvent une vision biaisée et restreinte de la démarche d'investigation.

On trouve dans les publications anglosaxonnes des critiques encore plus radicales. Ces dernières visent directement le référent théorique sur lequel repose la démarche d'investigation, à savoir les conceptions (socio)constructivistes de l'apprentissage (Clark, 2009 ; Kirschner, Sweller et Clark, 2006 ; Rosenshine, 2009). La perspective de ces auteurs est de considérer l'ensemble des méthodes d'enseignement inspirées du courant constructiviste – le *problem-based learning*, le *discovery learning*, le *inquiry learning*, le *learning by doing* – comme étant des "méthodes pédagogiques d'intervention minimale", c'est-à-dire des méthodes où l'on attend, de la part de l'enseignement, peu de médiation, étant donné que ce qui est attendu des élèves : travailler de manière autonome en vue de "construire" leurs connaissances par eux-mêmes. Or, selon Kirschner *et al.* (2006), la connaissance actuelle du fonctionnement de l'appareil cognitif humain suggère que les approches pédagogiques d'intervention minimale ne sont efficaces que lorsque les apprenants possèdent une connaissance préalable suffisamment importante pour structurer l'activité et s'y auto-orienter à partir de leurs propres connaissances. Ce point de vue est étayé par les travaux de Rosenshine (2009).

Du côté de la recherche française, Cariou (2013, p. 155) souligne les contradictions, les ambiguïtés et les manques de définitions dans les pratiques et les textes institutionnels. Cela représente sans doute un obstacle majeur vis-à-vis de la mise en pratique de la méthode, tant il est vrai que la tendance chez les enseignants est de raisonner en termes de programmes (Martinand, 1985). Cariou (2013) parle en ce sens d'"affichage de principe" et déplore en conséquence que les conditions pour une promotion effective de la démarche d'investigation ne soient pas réunies « faute d'une orientation générale sensible à travers *à la fois* les instructions, les inspections, les épreuves de recrutement des enseignants et leur formation » (p. 155).

Outre les indéterminations dans les prescriptions, Coquidé *et al.* (2009) attirent aussi l'attention sur le fait que la démarche d'investigation est "plus centrée" sur sa composante expérimentale. Un certain consensus existe dans la documentation sur le fait que la démarche d'investigation est le plus souvent réduite à sa dimension procédurale : ce sont les manipulations des élèves qui priment. La dimension épistémique et conceptuelle est donc souvent négligée ou dénaturée. Coquidé *et al.* (*Ibid.*) expliquent cela en évoquant la difficulté « de forger des situations qui laissent à la fois aux élèves une liberté de pensée et garantissent, par elles-mêmes, le point d'arrivée » (p. 72).

Quant à l'application de la démarche d'investigation dans l'enseignement de la technologie, Grugier, (2009 ; voir aussi le chapitre 8 dans cet ouvrage) met en lumière un certain nombre de difficultés, principalement liées au changement des pratiques chez les enseignants de cette discipline. Ces derniers doivent effectivement réorganiser fondamentalement les moments d'enseignement-apprentissage pour assurer le passage prescrit d'une démarche de réalisation d'objets techniques à une démarche d'investigation, soit passer de l'organisation de la production d'objets techniques à la surveillance de la qualité et de la pertinence de l'analyse et des questionnements des élèves ainsi qu'à la formulation (ou non) d'hypothèses. Grugier (*Ibid.*) note enfin que ce changement de pratique exige à la fois un "accompagnement", de nouvelles compétences et de nouvelles connaissances que les sources officielles ne proposent guère.

1. Problématique et objectifs

L'objectif visé dans ce chapitre est de mettre en évidence un certain nombre d'éléments susceptibles de permettre la conception d'une démarche d'investigation. Cette dernière sera fondée à partir de la question (très) générale de savoir comment fonctionne un écran tactile. La présente contribution, qui croise recherche et intervention pour l'enseignement, propose de ce fait plusieurs pistes permettant aux élèves d'interroger et de mieux s'approprier les notions d'objet, de matériau, de propriété physique et de champ. Il est question notamment d'esquisser une démarche d'investigation capable de guider les élèves à mieux conceptualiser l'interaction matériau-écran tactile comme étant de nature électrique et donc médiée par le champ électrique.

Les fondements méthodologiques de cette proposition, ainsi que les données qu'elle mobilise, trouvent leur origine dans une recherche récente (Pérez, 2016 ; Pérez et Lebeaume, 2015) où nous avons interrogé (entretiens et questionnaires) un nombre relativement important d'élèves de classes de troisième (894 élèves de 14-15 ans, dernière classe du secondaire inférieur) à propos du fonctionnement des écrans tactiles : ces terminaux des plus banaux qui, intégrés dans des Smartphones et des tablettes, se trouvent dans la poche et le cartable de nombreux élèves. Notre problématique était celle de savoir quelles sont les représentations et les conceptualisations sous-tendant la modélisation fonctionnelle des élèves relative au fonctionnement de systèmes numériques contemporains.

De manière générale, les résultats de la recherche citée suggèrent que, malgré les usages (fréquents) et la relation (particulière) des élèves vis-à-vis des dispositifs numériques dits "tactiles", ces usages ne les conduisent pas pour autant à modéliser et à conceptualiser pertinemment le fonctionnement de ces artefacts. En effet, bien qu'ils mobilisent un certain nombre de représentations à propos de leur fonctionnement, ces artefacts ne semblent pas être l'objet des questionnements allant au-delà de leur caractère instrumental (Rabardel, 1995). Ils semblent être plutôt réduits, pour une grande majorité des élèves, à de simples "instruments à cliquer", pour reprendre l'expression de Fluckiger (2007).

Notre recherche (*ibid.*) montre également qu'une des questions de notre étude – « comment ça marche un écran tactile ? » – ne renvoie pas chez les élèves de troisième interrogés à un modèle fonctionnel donné, mais qu'elle est traduite ou comprise selon les manières suivantes : a) quel composant permet de détecter le doigt ? et b) qu'est-ce que détecte ce composant ? En effet, notre recherche montre que les élèves de troisième du collège français réduisent la réponse à la question « comment ça marche un écran tactile ? » à l'identification de composants (capteurs, détecteurs, puces), d'actions (toucher, appuyer) et de phénomènes (force, chaleur, pression, empreinte) qui, selon eux, assurent l'interaction entre le doigt et la surface de l'écran tactile. L'ensemble des composants (microcontrôleurs, processeurs), des programmes et d'algorithmes qui assurent, entre autres, la localisation de l'événement contact, l'ouverture, l'affichage et l'exécution des applications sélectionnées, sont systématiquement méconnues par les élèves[2].

Enfin, les résultats de notre recherche nous ont surtout permis d'avoir un aperçu assez complet de la manière dont les élèves de classes de troisième se représentent et conceptualisent l'interaction des écrans tactiles avec le doigt et avec des agents autres que le doigt, notamment différents types de matériaux. En ce qui concerne la "détection", les explications des élèves témoignent de l'existence de connaissances particulièrement adaptées à ce "bloc fonctionnel". En effet, non seulement cette étape fait partie des représentations des élèves, mais elle est aussi relativement bien conceptualisée : les capteurs assurent la détection de l'action appliquée à la surface de l'écran et ils détectent soit la "pression", soit la "chaleur", soit les "empreintes"» des doigts. Rares

[2] La démarche d'investigation dont il est question ici ignore également cette dimension.

sont les réponses d'élèves évoquant des phénomènes électriques ; aucun élève ne parle des phénomènes magnétiques.

La conceptualisation des élèves par rapport à l'interaction doigt-écran est donc clairement – mais d'une manière erronée – fondée sur l'identification des phénomènes thermiques et mécaniques. Comment conduire ces élèves de troisième à mieux comprendre et à mieux conceptualiser cette interaction ?

Cette contribution cherche justement de mettre les résultats ici évoqués au service d'une proposition de démarche d'investigation permettant aux élèves de classes de troisième de conceptualiser pertinemment l'interaction du doigt avec l'une des interphases des plus banales aujourd'hui, à savoir les écrans tactiles.

2. À propos des écrans tactiles

Comment ça marche un écran tactile ? La réponse à cette question n'est évidemment pas simple. Au-delà de la dimension informatique de la réponse – volontairement ignorée dans cette proposition – précisons qu'il n'existe pas un seul type de technologie caractérisant le fonctionnement des écrans tactiles. Deux grandes familles se distinguent dans le marché des artefacts dits tactiles, à savoir les écrans tactiles capacitifs et les écrans tactiles résistifs. Les écrans "capacitifs" – les plus répandus et les seuls à être aujourd'hui intégrés aux smartphones et tablettes – basent leur fonctionnement sur la détection des variations de la capacité électrique sur la surface de l'écran ; les écrans "résistifs" détectent quant à eux des variations de la résistance électrique. Les écrans "résistifs" réagissent ainsi au contact de n'importe quel type d'objet : ils réagissent au contact de n'importe quel type de matériau, car il suffit de déformer la surface (flexible) de l'écran pour détecter ainsi la présence et l'endroit de l'événement contact.

En revanche, les écrans "capacitifs", ceux dont il est question dans ce chapitre, ne sont sensibles qu'à certains types de matériaux : ils ne réagissent qu'à ces matériaux pouvant interagir avec le champ électrique existant sur la surface de l'écran tactile, c'est-à-dire aux conducteurs électriques. En effet, la surface des écrans tactiles capacitifs, recouverte d'un dépôt conducteur, est uniformément chargée. Il existe donc sur la surface des écrans tactiles "capacitifs" un champ électrique également uniforme qui ne peut être perturbé – compte tenu de la sensibilité du système – que par l'interaction d'un matériau conducteur électrique. Cette interaction peut être détectée par les capteurs qui la transmettent aux microcontrôleurs de l'écran ; ces derniers traduisent l'événement contact en coordonnées et envoient les informations correspondantes au processeur qui exécute finalement la demande de l'utilisateur.

Soulignons que les élèves interagissent principalement et quasi exclusivement avec des écrans tactiles de type "capacitifs". En effet, compte tenu de leurs performances, les principales marques de smartphones (Apple, Samsung, Sony, Blackberry, LG, Google) et de tablettes (Apple, Samsung) équipent leurs dispositifs d'écrans tactiles "capacitifs". En ce sens, lorsqu'on interroge les élèves sur le fonctionnement des écrans tactiles, leurs réponses et leurs manipulations éventuelles font notamment référence au fonctionnement des écrans "capacitifs".

3. Déroulement général de la démarche

Notre proposition d'investigation comprend tant les activités expérimentales que les débats et discussions engagés entre les élèves. Plus précisément, elle consiste, dans un premier temps, à mettre à l'épreuve les hypothèses initiales des élèves afin de répondre à la question guidant la démarche, à savoir « comment ça marche un écran tactile ? » En effet, comme déjà évoqué, lorsque nous exposons aux élèves le problème qui consiste à expliquer comment fonctionne un écran tactile, leurs éléments de réponse se centrent nettement sur les composants et les phénomènes de surface : les écrans tactiles "marchent" grâce à des capteurs et ces derniers détectent, notamment, la pression, la chaleur ou encore les empreintes des doigts.

Or, est-ce à la chaleur ? Est-ce à la pression ? Est-ce à la force ? Ou encore sont-ce aux empreintes que les capteurs des écrans tactiles sont sensibles ? Ces réponses sont considérées dans le cadre de ce chapitre comme des hypothèses à valider ou à invalider. L'on se doit donc de guider les élèves dans la manière de vérifier ces hypothèses, c'est-à-dire : quelles expériences réaliser ? Quel protocole mettre en place ? Qu'est-ce qu'il faudra observer ? Comment consigner et organiser les résultats des différentes expériences ? Quelques-unes de ces hypothèses peuvent être aussi vérifiées de manière théorique, comme nous le verrons plus en détail dans les sections suivantes.

En revanche, le travail expérimental n'est possible que si les élèves précisent la question initiale de manière à la rendre opérationnelle, c'est-à-dire apte à les conduire à des hypothèses testables et, par là, à des expérimentations concluantes. En effet, d'une part, la question « comment ça marche un écran tactile ? », telle qu'elle est comprise par les élèves – qu'est-ce que détecte un écran tactile ? – conduit ces derniers à penser leurs expériences en termes de phénomènes (ils détectent la chaleur, la pression) et non pas en termes de propriétés physiques des matériaux en interaction. Or, ce sont justement les propriétés physiques des matériaux qui peuvent nous renseigner sur la nature de l'interaction matériau-écran tactile : les propriétés physiques des matériaux nous renseignent à la fois sur la nature de l'interaction et sur le comportement du matériau dans l'interaction en question. D'autre part, les quelques entretiens de groupe (71) réalisés dans notre recherche (Pérez, 2016) ont montré que les élèves pensent leurs expérimentations en termes d'"objets" et non pas de "matériaux". Par exemple, si le stylo Bic ne fait pas réagir l'écran tactile "capacitif", c'est bien parce que c'est un "stylo" et non pas parce c'est un objet fait en plastique (matériau isolant).

L'enseignant doit donc guider les élèves à mieux préciser la question à la base de leurs expérimentations : il faut interroger l'interaction en termes de matériaux (et pas d'objets) et, plus fondamentalement, l'interroger en termes de propriétés physiques des matériaux. En caractérisant donc la notion de "propriété physique" comme l'aptitude d'un matériau à interagir (ou pas) avec des phénomènes de nature différente, il s'agira dans un deuxième temps de conduire les élèves à

1) lister tous les matériaux (et non pas les objets) qui font réagir et qui ne font pas réagir l'écran tactile ;

2) s'interroger ensuite autour des questions suivantes : qu'est-ce que partagent tous ces matériaux qui ne font pas réagir l'écran tactile ? Qu'est-ce que partagent tous ces matériaux qui font réagir l'écran tactile ? Ou encore, qu'est-ce qui différencie tous ces matériaux qui font réagir l'écran tactile de ceux qui ne le font pas réagir ? La réponse à ces questions doit être cherchée du côté des propriétés physiques des matériaux manipulés.

En contraste donc avec la première partie de l'investigation, les expériences de cette deuxième partie seront faites par les élèves selon des consignes bien précises et avec la médiation de l'enseignant.

3.1 Première partie. Démarche spontanée des élèves : hypothèses et expériences initiales

De plus en plus nombreux sont aujourd'hui les jeunes (collégiens, lycéens) qui possèdent un Smartphone tactile. Or ces élèves n'interrogent pas pour autant leur fonctionnement et prennent leur comportement technique comme allant de soi. Ils sont habitués, par exemple, à voir que leurs écrans semblent ne réagir qu'au contact du doigt[3] et ils ne s'interrogent pas sur la manière dont cela est possible (Pérez, 2016).

Comment ça marche un écran tactile ? Voici la question sur laquelle nous nous proposons de faire travailler les élèves de troisième. Ces derniers sont initialement invités à travailler librement, c'est-à-dire sans d'autres consignes que celle de valider ou d'infirmer leurs réponses-hypothèses initiales. Le but de faire travailler les élèves sans contraintes précises doit permettre à l'enseignant, en principe, de repérer les démarches, les questions et les manipulations spontanées des élèves. Ce sont ces dernières qui le renseigneront sur des erreurs, sur les appuis et sur les obstacles sur lesquels il précisera, dans un deuxième temps, l'investigation engagée.

Avec cette perspective, compte tenu du fait que les élèves manipulent des écrans capacitifs, les hypothèses selon lesquelles les écrans tactiles détectent soit la force, soit la pression dues à l'action du doigt, sont écartées par les élèves de troisième de manière relativement aisée. En effet, nos entretiens (*Ibid.*) montrent que les élèves qui défendent l'idée selon laquelle les écrans tactiles capacitifs détectent la pression appliquée à la surface l'abandonnent rapidement une fois qu'ils comprennent – empiriquement ou bien suite aux échanges avec d'autres élèves – que n'importe quel type d'objet est susceptible d'exercer une certaine pression sur l'écran tactile ("capacitif"), mais que tous les objets ne le font pas pour autant réagir. Les phénomènes mécaniques sont ainsi écartés. Notons enfin que les élèves parlent indistinctement de force et de pression : ces deux concepts sont confondus. En ce sens, ce serait donc l'occasion de clarifier avec ceux qui expriment une telle confusion le contenu des concepts en question.

[3] Nous constatons dans les entretiens menés (Pérez, 2016) que certains élèves sont même surpris de voir que « ça marche » avec le nez ou avec le coude : « c'est la peau ! », concluent-ils.

L'hypothèse selon laquelle les écrans tactiles détecteraient les empreintes digitales est également rapidement écartée. Notons que pour les élèves qui avancent cette idée, en corollaire, les écrans tactiles ne fonctionnent que sous l'action exclusive des doigts. Cette hypothèse peut être abandonnée soit par voie théorique, soit par voie empirique. Nos entretiens (Pérez et Lebeaume, 2015) montrent effectivement que les élèves qui empruntent la voie théorique avancent l'idée que les empreintes sont différentes pour chaque individu, ce qui rendrait donc exclusif l'usage du dispositif au seul propriétaire. Or, en reconnaissant que dans la pratique tout le monde peut se servir d'un artefact tactile autre que le sien propre, les élèves abandonnent l'hypothèse des empreintes. Quant aux collégiens qui empruntent la voie empirique, ils constatent expérimentalement que lorsqu'on interpose entre le doigt et l'écran un matériau suffisamment fin – soit une feuille du cahier, soit un tissu ou un autre matériau (isolant !) – l'écran tactile continue toutefois à réagir malgré le fait que le doigt ne touche pas directement la surface de l'écran : l'écran tactile ne détecte donc pas les empreintes digitales, concluent-ils.

La troisième hypothèse, celle selon laquelle les écrans tactiles détectent “la chaleur des doigts”, se conforte dans l'idée des élèves selon laquelle « les doigts sont plus chauds » que le reste des objets. Les élèves vont parler ainsi de « chaleur humaine », pour la distinguer de la « chaleur de la gomme » ou de la « chaleur du stylo », par exemple. (Pérez et Lebeaume, 2015). La température du corps étant environ 37° C, argumentent les élèves, le reste des objets sont forcément « moins chauds » (*Ibid.*). Pour les élèves qui défendent cette idée, tout comme pour le groupe précédent, les écrans tactiles sont sensibles uniquement aux doigts : les seuls à “avoir” la chaleur nécessaire pour faire réagir l'écran. Ainsi, si la gomme à effacer ou le stylo Bic n'arrivent pas à faire réagir l'écran tactile, c'est bien parce qu'« ils sont plus froids que les doigts ».

L'hypothèse selon laquelle les écrans tactiles seraient sensibles à “la chaleur” est ainsi la plus difficile à écarter, compte tenu du fait que cette notion n'est pas encore bien conceptualisée chez les collégiens[4] (Erickson, 1985). Cette hypothèse peut être également infirmée en suivant, soit la voie théorique, soit la voie empirique. Les élèves qui empruntent la voie théorique considèrent principalement deux arguments. Le premier étant que lorsqu'il fait très froid, qu'on est dehors et que « les mains sont gelées », le Smartphone tactile continue à fonctionner. Le deuxième élément "théorique" avancé par les élèves est la difficulté qu'éprouveraient les fabricants de Smartphones tactiles pour faire fonctionner l'écran de manière stable dans une gamme – 36° C ; 37° C ; 38° C ; 39° C ; 40° C – de températures si différentes : « tout le monde n'est pas à la même température corporelle » ; « et si quelqu'un a de la fièvre, ça marche quand même », argumentent certains élèves (Pérez et Lebeaume, 2015).

La réfutation définitive de l'hypothèse de la chaleur (ou de la température, selon les élèves) doit toutefois être faite de manière empirique. Si les écrans tactiles détectent la chaleur, alors ils devraient réagir au contact de tout ce qui est "chaud". Deux expériences sont ici envisageables. Une première expérience consisterait à demander aux élèves de serrer la gomme à effacer (ou le bouchon du stylo Bic) dans la main pendant quelques secondes[5]. Après quelques instants – le temps que les deux corps atteignent l'équilibre thermique –, la température des deux corps (main et gomme) sera la même. Toutefois, malgré le fait que la gomme et la main partagent le même état thermodynamique, les élèves constatent que l'écran tactile continue à ne pas réagir au contact de la gomme à effacer (ou du bouchon de stylo Bic). La deuxième expérience consisterait à demander également aux élèves (certains le font spontanément) de frotter énergiquement contre la table (ou autre surface) la gomme à effacer (ou d'autres objets qui ne font pas réagir l'écran) et de constater ainsi que, bien

---

[4] De même qu'il a été fait pour les concepts de force et de pression, ce serait également opportun de différencier et de préciser les concepts chaleur et température. Or cette distinction n'est possible qu'avec la médiation de l'enseignent.

[5]Pour que cette expérience soit concluante, les élèves doivent avoir clarifié et distingué au préalable les concepts de chaleur et de température.

qu'elle augmente sa température sensiblement, elle ne réussit toujours pas à faire réagir l'écran tactile.

3.2 Deuxième partie. Précision du protocole expérimental : nouvelles questions de recherche

Les expériences et les échanges concernant la première partie de la démarche d'investigation ont pour but de permettre aux élèves d'écarter leurs hypothèses initiales. En revanche, ces expériences et ces échanges ne permettent toujours pas aux élèves de répondre à la question initialement posée, à savoir « comment ça marche un écran tactile ? », ou, selon leur traduction, « qu'est-ce que détecte un écran tactile ? » Tout ce que les élèves peuvent affirmer après les premières expériences et les premiers échanges de la démarche c'est que, contrairement à ce qu'ils "croyaient", les écrans tactiles ne réagissent ni à la chaleur, ni à la pression, ni aux empreintes des doigts.

Or, qu'est-ce fait le doigt sur l'écran ? Qu'est-ce qu'il perturbe lorsqu'il entre en contact avec la surface des écrans tactiles "capacitifs" ? Quelles sont les variations induites par le doigt ? Qu'est-ce que détectent les capteurs ? Pourquoi réagissent-ils au contact du doigt, mais pas au contact de la règle, par exemple. Pour répondre à ces questions, il faudra conduire les élèves à abandonner leurs interrogations et leurs démarches initiales : ces dernières ne leur permettent pas de conduire une investigation concluante. La question initiale doit donc être reformulée : il faut une nouvelle question de recherche, plus précise et plus opérationnelle.

Ainsi, compte tenu du fait que ce qui interagit (ou pas) avec le champ électrique installé sur la surface des écrans tactiles "capacitifs", ce sont des matériaux possédant (ou pas) une certaine propriété physique, les nouvelles questions de recherche qui permettront aux élèves de conduire des expérimentations concluantes doivent s'articuler autour des interrogations suivantes :

1) Quels types de matériaux font réagir mon écran tactile (des métaux principalement) ?

2) Quelle propriété physique partagent tous ces matériaux qui font réagir mon écran tactile (la conductivité électrique) ?

3) Qu'est-ce que cette propriété physique me renseigne par rapport à l'interaction matériaux-écran (interaction de type électrique) ?

4) Quelle propriété physique doit aussi avoir la surface de l'écran tactile pour pouvoir interagir avec ces matériaux (la conductivité électrique) ?

5) Qu'est-ce que cette propriété physique me fournit comme informations par rapport au type de phénomènes qui se manifestent dans l'interaction matériaux-écran (des phénomènes électriques) ?

6) Quelle entité doit exister à la surface de l'écran pour que ce type de phénomènes puisse se manifester (le champ électrique) ?

3.2.1 Des questions et des expérimentations non spontanées chez l'élève

Il se trouve que les élèves n'arrivent pas spontanément, ni à la formulation ni aux réponses des questions précédemment annoncées (voir ci-dessus) : dans les deux cas, il faut la médiation de l'enseignant. En revanche, en ce qui concerne les élèves de troisième, les éléments de réponses à ces questions sont tous dans leur "zone proximale de développement" : avec l'aide de l'enseignant, ces questions trouvent leurs réponses à travers de nouvelles expérimentations et de nouveaux questionnements de la part des élèves. Or ces derniers n'émergent pas spontanément chez les élèves de troisième.

En effet, cette deuxième partie de la démarche d'investigation doit être conçue et préparée par l'enseignant. Les élèves travailleront de préférence en binômes. On demandera à chaque binôme d'amener pour la prochaine séance un maximum de matériaux et, si possible, des dispositifs équipés d'écrans tactiles. Il faudra insister sur l'importance, vis-à-vis des résultats, d'amener toutes sortes de métaux (cuivre, zinc, acier, argent, or, fer, laiton, etc.). Chaque binôme devra également amener une feuille d'arbre (ou autre plante) verte et une feuille sèche (même plante) ainsi qu'une bouteille d'eau vide. Avec les feuilles, ils constateront que lorsqu'ils touchent l'écran tactile avec la feuille verte – tissu végétal avec un certain contenu d'eau –, l'écran tactile réagit ; or, lorsqu'ils touchent l'écran avec la feuille sèche – tissu végétal sans contenu d'eau –, l'écran tactile ne réagit pas. La bouteille d'eau servira à toucher l'écran en étant remplie d'eau et étant vidée de son contenu : lorsque la bouteille d'eau est remplie d'eau, l'écran tactile réagit ; lorsqu'elle est vide, l'écran ne réagit pas. Nous verrons dans la section suivante l'utilité de ces expériences.

Pour rappel, lorsque les élèves débattent et réalisent leurs expériences spontanées (première partie du texte), ils interprètent leurs résultats expérimentaux en termes d'objets : par exemple, si la règle ne fait pas réagir l'écran tactile, ce n'est pas parce qu'elle est faite en plastique (matériaux isolants), mais parce que c'est une règle. Dans un premier temps, il s'agit de déplacer le centre d'attention (l'objet) des élèves et de les faire prendre conscience que l'interaction physique avec l'écran tactile ne doit pas être comprise en termes d'objet, mais en termes de matériaux : ce qui interagit avec l'écran tactile, ce n'est pas la règle, mais le plastique ; une règle en métal provoquerait une tout autre réaction. Une fois que les élèves auront compris la non-pertinence et le caractère non opérationnel de la notion d'objet, il s'agira, dans un second temps, de les amener à s'interroger sur chacun des matériaux manipulés : peut-on constituer des familles de matériaux ? Quelle caractéristique ou aptitude partagent la ou les familles de matériaux qui font réagir l'écran tactile ? Qu'est-ce qui les distingue des autres matériaux qui ne le font pas réagir ?

4.2.2 De la notion d'objet à celle de matériau

Les élèves devront faire les expériences avec un maximum de matériaux : la variété des matériaux (plus de 15), notamment des métaux, est un élément majeur par rapport au caractère concluant des expériences. Les élèves sont invités à s'informer de la marque et du modèle du dispositif sur lequel ils travaillent, ce qui leur permettra de discuter et de relativiser les résultats inter-binômes. Ils sont également invités à noter dans leur cahier toutes les questions qui leur viennent à l'esprit lorsqu'ils réalisent les expériences, soit tout ce qui les étonne et les interpelle. Voici quelques exemples de ces questions : 1) pourquoi l'écran tactile réagit lorsqu'on pose le doigt sur une feuille de papier alors qu'il ne réagit pas lorsqu'il est touché avec le papier seulement ? ; 2) Comment expliquer qu'au fur et à mesure qu'on interpose plus de 5 feuilles entre le doigt et l'écran tactile, ce denier cesse de réagir ? ; 3) Pourquoi la bouteille remplie d'eau fait réagir l'écran alors que la bouteille vide ne le fait pas réagir ? ; 4) Pourquoi la feuille verte fait réagir l'écran alors que la feuille sèche ne le fait pas réagir ? ; 5) Comment expliquer que lorsque la surface de contact est particulièrement réduite (l'extrémité d'une cuillère métallique par exemple), l'écran tactile ne réagit pas ? Les trois premières questions vont amener les élèves à la notion d'"action à distance" et, par là, à celle de champ. La quatrième question permettra aux élèves de comprendre que, tout comme pour le doigt, c'est l'eau (solution conductrice) contenue dans les tissus végétaux et animaux qui fait réagir l'écran tactile. La cinquième question leur permettra enfin de comprendre qu'il existe une surface critique d'interaction.

Précisons que les expériences attendues consistent essentiellement à toucher l'écran tactile avec chacun des matériaux apportés et de consigner les résultats dans un tableau à trois colonnes : matériaux ; réaction (oui/non) ; remarques concernant l'interaction matériaux/écran (tableau 1).

Tableau 1
Tableau pour l'étude

Matériaux	***Réaction (oui/non)***	***Remarques concernant l'interaction matériaux-écran.***
Plastique	Non	Il y a réaction si l'on interpose une couche assez fine de film plastique entre le doigt et l'écran tactile.
Zinc	Oui	Pas de réaction si la surface d'interaction n'est pas assez importante (proche de celle du doigt).
...	...	...

Il est important à ce stade de guider et de préciser les manipulations et les observations des élèves. En effet, il ne s'agit surtout pas de toucher l'écran rapidement et de voir s'il y a eu ou s'il n'y a pas eu de réaction. Or, c'est justement ce que font un grand nombre d'élèves lorsqu'ils réalisent leurs expériences. En effet, tous les élèves n'ont pas tendance à être spontanément précis et exigeants vis-à-vis des manipulations. Par exemple : certains prennent un morceau de tissu en coton ou en laine – une des extrémités du pull ou du t-shirt qu'ils portent – touchent l'écran et, constatant que ce dernier réagit, notent "oui" dans la colonne "Réaction » du tableau". Ainsi, lorsqu'on les interroge sur l'expérience, les élèves assurent qu'« avec de la laine ça marche ! ». Or ce que ces élèves ne remarquent pas spontanément c'est que le doigt a participé de l'interaction, c'est-à-dire qu'ils n'ont pas touché la surface de l'écran tactile qu'avec le tissu (pour cela, il faut faire une boule avec le tissu et éloigner le doigt de l'interaction), mais avec l'ensemble "tissu + doigt". Le fait est que, comme on le verra plus loin, lorsque le doigt est derrière une fine couche d'isolant – comme c'est le cas du tissu, du papier, du plastique – l'écran réagit normalement. On doit donc exiger des élèves de ne consigner dans la colonne "Réaction oui/non" uniquement et exclusivement le résultat de l'interaction du matériau avec l'écran : le doigt doit être exclu de l'interaction.

La colonne "Remarques concernant l'interaction matériau-écran" permet justement de tenir compte de ces éléments. Les élèves doivent y noter toutes les précisions par rapport à la manière dont l'interaction (le contact) entre le matériau et l'écran a eu lieu. Ils devront y consigner, par exemple, la surface d'interaction (faible ou importante), la le temps de réaction (réponse instantanée ou pas) ; présence (ou pas) du doigt ; etc.

4.2.3 De la notion de matériau à celle de propriété physique : la conductivité électrique

Une fois que les élèves ont fini toutes leurs expériences et qu'ils ont consigné tous leurs résultats dans le tableau initial, ils sont invités à constater que le résultat des expériences est, pour ainsi dire, binaire : certains matériaux font réagir l'écran et d'autres non. Une fois ces expériences réalisées, on demandera donc aux élèves, par souci de simplicité, de diviser le tableau initial en deux autres tableaux : l'un contenant tous ces matériaux qui font réagir l'écran tactile et l'autre tous ces matériaux qui ne font pas réagir l'écran tactile sur lequel ils expérimentent (tableaux 2 et 3).

Tableau 2
Tableau des matériaux qui ne font pas réagir l'écran tactile

Matériaux	Remarques concernant l'interaction matériaux-écran.
Plastique	Tout seul ne fait pas réagir l'écran, mais il y a réaction si l'on interpose une couche assez fine de film plastique entre le doigt et l'écran tactile.
Bois	Jamais de réaction
Laine	Toute seule ne fait pas réagir l'écran, mais il y a réaction si l'on pose le doigt.
…	…

Tableau 3
Tableau des matériaux qui font réagir l'écran tactile

Matériaux	Remarques concernant l'interaction matériaux-écran.
Cuivre	Pas de réaction si la surface d'interaction n'est pas assez importante (proche de celle du doigt).
Zinc	Pas de réaction si la surface d'interaction n'est pas assez importante (proche de celle du doigt).
Acier	Pas de réaction si la surface d'interaction n'est pas assez importante (proche de celle du doigt).
...	....

À l'exception de quelques substances et tissus, les tableaux précédents vont se distinguer principalement par leur contenu de métaux et de non-métaux. Les élèves constatent effectivement que la plupart des matériaux qu'ils ont consignés dans le tableau des matériaux qui font réagir l'écran, sont des métaux, d'où l'importance d'expérimenter avec le plus grand nombre de métaux. *A contrario*, tous les matériaux qui se trouvent dans le tableau des matériaux qui ne font pas réagir l'écran sont des non-métaux. C'est justement sur ce constat que l'enseignant doit s'appuyer pour conduire les élèves à conceptualiser l'interaction matériau-écran en termes de la propriété physique recherchée, à savoir la conductivité électrique. Pour cela, il faut que le questionnement des élèves se centre sur la partition du tableau en métaux et non-métaux : tous les métaux font réagir l'écran tactile ; l'écran tactile n'est pas sensible au contact des non-métaux.

Comment expliquer cette partition ? Qu'est-ce que partagent les métaux et les distingue des non-métaux ? L'enseignant doit guider le débat et la réflexion des élèves de manière à s'interroger sur la notion de propriété physique. C'est également le moment de préciser avec les élèves la notion de propriété physique – qu'est-ce qu'une propriété physique ? –, notamment la question de quelle propriété physique pourrait rendre compte d'une partition si nette du tableau initial en métaux et non-métaux. Quelle propriété est commune à la famille des métaux et qui la différencie des non-métaux ? Insistons sur le fait que la propriété physique recherchée doit expliquer la partition du tableau initial. Précisons que les élèves n'arrivent pas, là encore, d'emblée à la réponse, à savoir la conductivité électrique : certains pensent à la dureté, à la résistance, à l'éclat, etc. Un débat et la médiation de l'enseignant sont de ce fait nécessaires.

Toutefois, soulignons qu'il ne suffit pas que les élèves reconnaissent la conductivité électrique comme propriété associée aux matériaux qui font réagir l'écran tactile. Il faut également que les élèves s'interrogent sur les caractéristiques de la surface de l'écran avec laquelle interagissent les matériaux conducteurs. En effet, pour interagir électriquement avec des conducteurs électriques, la surface de l'écran ne peut pas être une surface faite en verre ordinaire, car ce serait une surface dont les propriétés seraient celles d'un isolant électrique. En d'autres termes, la surface avec laquelle interagissent les métaux, le doigt, et tous ces corps conducteurs électriques qui interagissent avec elle, doit être elle-même conductrice.

4.2.4 *Phénomènes de nature électrique : de la notion d'action à distance à celle de champ électrique*

À ce stade de la démarche, les élèves ont abandonné la notion d'objet au profit de celle de matériau : ce n'est pas l'objet qui interagit avec l'écran, mais le matériau qui le constitue. Ils ont également compris, avec la médiation de l'enseignant, que c'est en termes de "propriétés physiques" qu'on doit comprendre la manière et la capacité d'un matériau à interagir (ou pas) avec certains phénomènes[6]. C'est ainsi, dans cette perspective, que les élèves doivent être maintenant amenés à catégoriser l'interaction matériau-écran dans la classe des phénomènes électriques, étant

[6] Les propriétés ferromagnétiques de certains matériaux caractérisent par exemple la capacité de ces derniers à s'aimanter sous l'effet du champ magnétique.

donné que la propriété physique qui rend compte de cette interaction est la conductivité électrique.

Cependant, il y a un certain nombre d'expériences qui contredisent le fait que l'écran tactile "capacitif" ne réagit qu'au contact des conducteurs électriques. Il s'agit de toutes ces expériences où les élèves interposent un matériau isolant entre le doigt (ou autre corps conducteur) et la surface de l'écran tactile. Par exemple, lorsque les élèves "touchent" la surface de l'écran tactile avec la bouteille remplie d'eau, le périphérique réagit[7]. De même, lorsque les élèves "touchent" la surface de l'écran en interposant une feuille de papier ou un morceau de tissu entre le doigt et l'écran, ce dernier réagit également. Or, dans chacune de ces expériences, les matériaux ou la substance conductrice ne font pas contact avec la surface de l'écran tactile, car ils sont isolés de cette dernière par un isolant électrique : comment expliquer ces résultats ? Cela n'est possible qu'en faisant appel à la notion d'"action à distance". Cette notion, remarquons-le, se trouve aux fondements de la notion de "champ".

En effet, reprenons un instant les résultats d'une de ces expériences : 1) lorsque les élèves "touchent" l'écran tactile avec la bouteille vide, l'écran ne réagit pas ; 2) en revanche, lorsqu'ils "touchent" l'écran avec la bouteille remplie d'eau, l'écran réagit. Les conclusions précédentes permettent aux élèves de rendre compte aisément du premier résultat : l'écran tactile n'interagit qu'avec des conducteurs électriques ; or, la bouteille étant faite en plastique, ce qui "touche" l'écran est un isolant électrique. En revanche, les élèves ne peuvent pas rendre compte du deuxième résultat de la même manière, car, dans le deuxième cas, c'est toujours le plastique (isolant) de la bouteille qui "touche" l'écran : l'eau est "de l'autre côté" du plastique. Afin de rendre compte du deuxième résultat, il faudra donc a) affirmer que c'est l'eau contenue dans la bouteille qui interagit avec l'écran et b) postuler

---

7 Certains élèves peuvent interpréter ce résultat comme étant l'effet du poids de la bouteille. Selon ces élèves, si l'écran réagit avec la bouteille pleine d'eau, c'est parce qu'elle est plus lourde.

que l'interaction de l'eau avec l'écran a lieu au travers et malgré la couche de plastique qui compose la bouteille.

Les élèves ont également expérimenté avec du papier, de la laine, du coton, du film plastique et d'autres fines couches d'isolants électriques interposés entre le doigt et l'écran. Ils ont aussi constaté, dans l'ensemble de ces expériences, que le doigt arrive toujours à interagir avec l'écran. Ainsi, tout comme pour l'expérience de la bouteille d'eau, la seule manière de rendre compte de ces résultats, c'est de postuler que le doigt est toujours en mesure d'interagir – à distance – avec l'écran tactile malgré la (fine) couche d'isolant électrique.

Ce sont justement ces expériences qui permettront à l'enseignant d'introduire la notion de champ et notamment de champ électrique. Comment ? Face à ces expériences, nombreux sont les élèves qui interprètent les résultats en affirmant (correctement) qu'il y a « quelque chose qui passe », c'est-à-dire "quelque chose" qui arrive à traverser le plastique, le coton, le papier, la laine et toute autre couche isolante qui s'interposent entre la substance ou le matériau conducteur et l'écran tactile. Ce "quelque chose" qui passe est évidemment le champ électrique ; ce serait peut-être plus juste de parler de champ électrostatique.

En effet, les élèves, à force de chercher une interprétation à ce qu'ils constatent, font appel à la notion de champ en ce sens qu'ils expliquent l'interaction entre deux corps – entre le conducteur électrique et l'écran tactile – sans que cette interaction soit médiée par un contact direct[8]. Ce qu'ils constatent effectivement, c'est qu'il ne faut pas que le matériau conducteur électrique interagisse physiquement avec le matériau de l'écran : il

[8]Afin de mieux conceptualiser la notion d'"action à distance" et de "champ", des expériences avec des aimants sont également envisageables. Par exemple, en interposant une feuille de papier ou un morceau de plastique entre un aimant – qui jouera le rôle de l'écran – et un morceau de matériau ferromagnétique – qui jouera le rôle du conducteur –, il est possible de reproduire ce qui se passe entre l'écran et le matériau conducteur.

suffit que le conducteur électrique interagisse avec le champ (électrique) environnant la surface de l'écran tactile.

Conclusion

L'objectif du présent chapitre est de montrer qu'à partir de la question (très) générale de savoir comment fonctionne un écran tactile, les élèves, guidés par l'enseignant, peuvent s'engager dans une démarche d'investigation – des questionnements, des expériences, des échanges – leur permettant de préciser les notions d'objet, de matériau, de propriété physique et de champ. Plus spécifiquement, il s'agit de conceptualiser l'interaction matériau-écran tactile comme étant de nature électrique et donc médiée par le champ électrique. De manière plus fondamentale encore, la démarche proposée est également susceptible de permettre aux élèves de conceptualiser d'autres types d'interactions en interrogeant d'abord les propriétés physiques des agents (matériaux, substances) interagissants.

Avant de s'engager dans les expérimentations guidées par l'enseignant (voir la première partie de la démarche proposée), les élèves proposaient déjà un certain nombre de réponses à la question du fonctionnement d'un écran tactile. Ces réponses ont été ici considérées comme étant les hypothèses initiales des élèves face au problème posé. Ainsi, en plus de l'infirmation de ces hypothèses, la première partie de la démarche visait la reconnaissance du caractère non opérationnel à la fois de la question « comment ça marche un écran tactile ? » et de la notion d'objet. La deuxième partie de la démarche ici proposée partait ainsi de la formulation des questions plus précise et capable de guider l'investigation des élèves vers des expériences concluantes : quels types de matériaux font réagir mon écran tactile ? Quelle propriété partagent ces matériaux ? Qu'est-ce que cette propriété fournit comme renseignements à propos de la nature de l'interaction ?

En tenant compte donc de la pluralité de propriétés, de concepts et de phénomènes devant être intégrés pour comprendre le fonctionnement des écrans tactiles, nous considérons que cette proposition permet d'apporter quelques éléments de réflexion allant dans la direction du décloisonnement des disciplines souhaité par les réformes de l'enseignement en France (Hasni et Lebeaume 2010). Cela est d'autant plus nécessaire que « la refondation de l'enseignement risque de se heurter au problème majeur de la conception de la forme scolaire disciplinaire fondamentalement inscrite dans l'institution scolaire française » (Lebeaume, 2010, p. 61).

Ce chapitre répond enfin à une réelle nécessité de développer des projets pédagogiques permettant aux élèves, comme le rappelle Martinand (2000), de se familiariser avec des objets, des processus, des procédés, de leur donner des outils pour une lecture compréhensive du monde, de développer « le rapport expérimental aux processus naturels et artificiels allant au-delà de l'observation pour manipuler les variables et constituer une technique des effets » (p. 12).

Références

Beorchia, F. et Boilevin, J.-M. (2009). Enseignement scientifique et technologique dans l'enseignement obligatoire : finalités, contenus et formation des maîtres. *Aster*, *49*, 9-24.

Boilevin, J.-M. (2013). *Rénovation de l'enseignement des sciences physiques et formation des enseignants : regards didactiques.* Bruxelles : De Boeck Supérieur.

Boilevin, J.-M., et Brandt-Pomares, P. (2011). Démarches d'investigation en sciences et en technologie au collége : les conditions d'évolution des pratiques. *In* M. Grangeat (dir.), *Les démarches d'investigation dans l'enseignement scientifique : pratiques de classe, travail collectif enseignant, acquisition des élèves* (p. 51-62). Lyon : École normale supérieure de Lyon.

Brandt-Pomarès, P. et Lhoste, Y. (2013). L'éducation et l'enseignement scientifique et technologique : analyse critique des évolutions actuelles. *RDST*, *7*, 9-17.

Brice, L., Croutte, P., Jauneau-Cottet, P. et Lautié, S. (2015). *Baromètre du numérique . Édition 2015.* Rapport réalisé au CREDOC pour le Conseil général de l'économie (CGE) et l'Autorité de régulation des communications électroniques et des postes (ARCEP). Paris : Conseil général de l'économie, de l'industrie, de l'énergie et des technologies. Document accessible à l'adresse <https://www.arcep.fr/uploads/tx_gspublication/CREDOC-Rapport-enquete-diffusion-TIC-France_CGE-ARCEP_nov2015.pdf >.

Cariou, J.-Y. (2013). Démarche d'investigation : en veut-on vraiment ? Regard décalé et proposition d'un cadre didactique. *RDST*, *7*, 137-166.

Cariou, J.-Y. (2015). Le statut épistémologique de l'expérience dans les nouvelles approches préconisées pour l'enseignement des sciences. *RDST*, *12*, 59-85.

Clark, R. E. (2009). How much and what type of guidance is optimal for learning from instruction. *In* S. Tobias et T. M. Duffy (dir.), *Constructivist instruction : Success or failure ?* (p. 158-183). New York, NY : Routledge.

Coquidé, M., Fortin, C. et Rumelhard, G. (2009). L'investigation : fondements et démarches, intérêts et limites. *Aster, 49*, 51-79.

Dupin, J.-J. (2007). Préface. *In* L. Morge et J.-M. Boilevin (dir.), *Séquences d'investigation en physique-chimie* (p. 7-9). Clermont-Ferrand : Scérén.

Erickson, G. (1985). Heat and temperature. *In* R. Driver, E. Guesnes et A. Tiberghien (dir.), *Childrens' ideas in science* (p. 52-84). Milton Keynes : Open University Press.

Fluckiger, C. (2007). *L'appropriation des TIC par les collégiens dans les sphères familières et scolaires.* Cachan : École normale supérieure de Cachan.

Gouvernement de la République française (2000). *Plan de rénovation de l'enseignement des sciences et de la technologie à l'école. Bulletin officiel de l'éducation nationale, n° 23.* Paris : Ministère de l'Éducation nationale et de la Recherche.

Grangeat, M. (2011). Introduction. *In* M. Grangeat (dir.), *Les démarches d'investigation dans l'enseignement scientifique : pratiques de classe, travail collectif enseignant, acquisition des élèves* (p. 7-15). Lyon : École normale supérieure de Lyon.

Grugier, O. (2009). Accompagnement du changement de l'enseignement de technologie au collège : Choix et orientations des formateurs. *Aster, 49*, 157-180.

Handelsman, J., Ebert-May, D., Beichner, R., Bruns, P., Chang, A., DeHaan, R. *et al.* (2004). Scientific teaching. *Science, 304*(5670), 521-522.

Hasni, A. et Lebeaume, J. (2010). *Enjeux contemporains de l'éducation scientifique et technologique*. Ottawa : Presses de l'Université d'Ottawa.

Kirschner, P. A., Sweller, J. et Clark, R. E. (2006). Why minimal guidance during instruction does not work : An analysis of the failure of constructivist, discovery, problem-based, experiential, and inquiry-based teaching. *Educational Psychologist, 41*(2), 75-86.

Kyle, W. (1980). The distinction between inquiry and scientific inquiry and why high school students should be cognizant of the distinction. *Journal of Research in Scientific Teaching, 17*, 123-130.

Lebeaume, J. (2009). Les travaux scientifiques expérimentaux pour les classes de 6e et 5e : Retour sur les premiers essais d'un enseignement expérimental. *Aster, 49*, 25-50.

Lebeaume, J. (2010). Reconfiguration actuelle de l'éducation technologique et scientifique en France. *In* J. Lebeaume et A. Hasni (dir.), *Enjeux contemporains de l'éducation scientifique et technologique* (p. 51-80). Ottawa : Les Presses de l'Université d'Ottawa.

Lebeaume, J. (2011). L'investigation pour l'enseignement des sciences : actualités des enjeux. *In* M. Grangeat (dir.), *Les démarches d'investigation dans l'enseignement scientifique : pratiques de classe, travail collectif enseignant, acquisition des élèves* (p. 19-34). Lyon : École normale supérieure de Lyon.

Lederman, N. G., Lederman, J. S. et Antink, A. (2013). Nature of science and scientific inquiry as contexts for the learning of science and achievement of scientific literacy. *International Journal of Education in Mathematics, Science and Technology, 1*(3), 138-147.

Martinand, J.-L. (1985). Sur la caractérisation des objectifs de l'initiation aux sciences physiques. *Aster, 1*, 141-154.

Martinand, J.-L. (2000). Missions de l'éducation scientifique et technique. *Revue internationale d'éducation de Sèvres, 25*, 9-12.

Mathé, S., Méheut, M. et Hosson, C. (2008). Démarche d'investigation au collège : quels enjeux ? *Didaskalia, 39*, 41-76

Osborne, J. (2014*a*). Scientific practices and inquiry in the science classroom. *In* N. Lederman (dir.), *Handbook of research on science education* (p. 579-599). Mahwah, NJ : Lawrence Erlbaum.

Osborne, J. (2014*b*). Teaching scientific practices : Meeting the challenge of change. *Journal of Science Teacher Education, 25*, 177–196.

Perez, W.-G. (2016). *Représentations et conceptualisations de systèmes numériques par des collégiens : contribution didactique à la modélisation*. Thèse de doctorat, Université Paris Descartes, Paris, France.

Perez, W.-G. et Lebeaume, J. (2015). Exploration des connaissances spontanées des collégiens à propos du fonctionnement des écrans tactiles : perspectives pour l'éducation scientifique et technologique.

In J. Lebeaume et A. Hasni (dir.), *Éducation technologique et sciences de l'ingénieur. Regards sur les curricula et les pratiques* (p. 57-78). Villeneuve d'Ascq : Presses universitaires du Septentrion.

Potvin, P. (2011). *Manuel d'enseignement des sciences et de la technologie.* Québec : Éditions MultiMondes.

Rabardel, P. (1995). *Les hommes et les technologies.* Paris : Armand Colin.

Rosenshine, B. (2009). The empirical support for direct instruction. *In* S. Tobias et T. M. Duffy (dir.), *Constructivist instruction : Success or Failure ?* (p. 201-219). New York, NY : Routledge.

Vigneron, M. (2007). Avant-propos. *In* L. Morge et J.-M. Boilevin (dir.), *Séquences d'investigation en physique-chimie* (p. 10-12). Clermont-Ferrand : Scérén.

Chapitre 8

Les représentations des futurs enseignants d'école primaire concernant la mise en œuvre d'une démarche d'investigation en sciences et en technologie

Olivier Grugier

Introduction

En France, les enseignants du primaire sont recrutés par l'intermédiaire d'un concours comportant des épreuves écrites et orales. Pour l'une des épreuves orales, les futurs enseignants élaborent un dossier qui contient une séance d'enseignement-apprentissage. Cette séance prend appui sur les textes prescriptifs officiels émanant du ministère de l'Éducation nationale. L'étude présentée dans ce chapitre[1] est centrée sur les étudiants, futurs enseignants, devant concevoir une séance d'enseignement-apprentissage en sciences et technologie. Plus particulièrement, il s'agit, à partir de leurs représentations, de relever les critères et les orientations qu'ils retiennent dans l'élaboration de cette séance.

Les récents textes officiels pour l'école (Gouvernement de la République française, 2015*a*, 2015*b*) mettent au premier plan l'importance de méthodes pédagogiques prenant pour référence des démarches scientifiques et technologiques. Les programmes

[1] En première année de master, les apprenants sont des étudiants préparant un concours pour devenir enseignant. Ainsi le terme de "futur enseignant" désigne également ces étudiants.

soulignent l'importance de cette démarche pour l'acquisition de connaissances : "questionner le monde" constitue l'enseignement privilégié pour formuler des questions, émettre des suppositions, imaginer des dispositifs d'exploration et proposer des réponses. Par l'observation fine du réel dans trois domaines, le vivant, la matière et les objets, la démarche d'investigation permet d'accéder à la connaissance de quelques caractéristiques du monde vivant, à l'observation et à la description de quelques phénomènes naturels et à la compréhension des fonctions et des fonctionnements d'objets simples. » (Gouvernement de la République française, 2015*a*, p. 9). Cette démarche est présentée, dans le socle commun de connaissances, de compétences et de culture, comme un savoir à acquérir :

> l'élève sait mener une démarche d'investigation. Pour cela, il décrit et questionne ses observations ; il prélève, organise et traite l'information utile ; il formule des hypothèses, les teste et les éprouve ; il manipule, explore plusieurs pistes, procède par essais et erreurs » (*Ibid.*, p. 6).

D'une prescription pédagogique, la démarche d'investigation est devenue une compétence à acquérir comme cela est précisé dans les plus récents programmes pour l'école (Gouvernement de la République française, 2015*a*) : « au cycle 2, on apprend à réaliser les activités scolaires fondamentales » et notamment à « mettre en œuvre une démarche d'investigation. » (p. 5).

La démarche d'investigation comme prescription pour l'apprentissage et l'enseignement fait suite à de nombreux travaux et discussions qui ont eu lieu depuis le début des années 1970, notamment à l'Institut national de recherche pédagogique (INRP) comme le rappellent Calmettes et Matheron (2015). Sur le plan politique, le rapport Rocard, Csermely, Jorde, Lenzen, Walberg-Henriksson et Hemmo (2007) recommande au niveau européen d'améliorer l'enseignement des sciences – en considérant les mathématiques, mais pas la technologie – en introduisant de nouvelles formes de pédagogie et plus précisément en effectuant des approches basées sur la démarche d'investigation dans les écoles et dans les programmes de formation des professeurs. Mais, l'introduction de la démarche d'investigation comme organisation pédagogique pour l'enseignement des sciences à l'école française est avant tout initiée en 1996 par trois membres de l'Académie des sciences : Georges Charpak, Pierre Léna et Yves Quéré (Léna, 2009). C'est

> l'opération "La main à la pâte" […] ainsi que les travaux spécifiques et particulièrement dynamiques d'un nombre croissant de sites scolaires qui ont permis de mettre en évidence les diverses voies qu'il est possible d'emprunter pour installer dès l'école les premières bases d'une culture scientifique (Gouvernement de la République française, 2000).

C'est dans ce contexte que nous inscrivons ce texte centré sur la formation des étudiants du master MEEF (Métiers de l'enseignement, de l'éducation et de la formation) de première année préparant le concours pour devenir professeur des écoles primaires. Pour cela, nous avons questionné les étudiants afin de déterminer leurs représentations associées à l'expression "démarche d'investigation" avant leur engagement dans l'élaboration de séances en sciences et en technologie.

Après la présentation des résultats, des éléments de discussion sont avancés, puis une conclusion est donnée afin de terminer sur des pistes concernant l'amélioration de la formation initiale des futurs enseignants. Nous visons ainsi à contribuer modestement à la discussion, voire à la modification de la formation de futurs enseignants non spécialistes des sciences et de la technologie.

1. Cadre théorique

Partant du point de vue qu'il n'existe pas de standardisation concernant une modélisation de l'investigation en classe (Grangeat, 2013 ; Hayes, 2002), nous adoptons un cadre théorique ayant des ancrages à la fois didactique, psychologique et épistémologique. En France, l'approche pédagogique par la démarche d'investigation nécessite de savoir poser des problèmes qui doivent être construits par les élèves dans la classe (Astolfi, Darot, Ginsburger-Vogel et Toussaint, 1997). Cette approche pédagogique met l'appropriation du problème au centre de l'activité des élèves. Ces derniers sont ainsi actifs (Piaget, 1969 ; Vygotski, 1985) en participant et en s'engageant dans les activités. Selon Vygoski, les problèmes nécessitent d'être envisagés dans la zone proximale de développement des enfants et donc en adéquation avec la capacité d'analyse et de raisonnement liée à leur développement psychologique. Cependant, il ne s'agit pas d'un véritable problème scientifique ou technologique (de Vecchi et Carmona-Magnaldi, 1996) puisque le problème est prédéfini en amont par l'enseignant pour des élèves à travers les situations mises en œuvre en classe. Une fois le problème identifié et intégré par les élèves, l'activité de résolution de problèmes est ouverte (Boilevin et Dumas-Carré, 2001) tout en restant dans un environnement scolaire contraint. Une partie du cadrage mis en place par l'enseignant consiste, à travers une démarche pédagogique, à faire endosser des rôles aux élèves, parfois celui de chercheur et parfois celui d'ingénieur, en prenant ainsi comme référence des pratiques sociales (Martinand, 1986).

Cependant, il ne s'agit pas de faire du mimétisme, car les contraintes et les objectifs ne sont pas les mêmes. Ainsi, naturellement des différences vont exister (Boilevin, 2005) au niveau des tâches, des activités et de l'organisation sociale qui peuvent se mettre en place.

Entre les prescriptions officielles émanant du Ministère et les prescriptions provenant des ouvrages pédagogiques, les canevas pour une démarche d'investigation sont différents, ce qui peut expliciter en partie les variations dans les pratiques enseignantes relatives à la mise en œuvre en classe de ces moments d'enseignement (Mathé, Méheut et de Hosson, 2008).

2. Des canevas de démarches d'investigation

2.1 Des canevas proposés dans les ouvrages

Les ouvrages de préparation au concours et plus particulièrement de la préparation à l'épreuve de sciences et technologie (tableau 1) destinés aux étudiants indiquent des séquences d'enseignement-apprentissage. L'étude de cette offre éditoriale montre une variété dans les approches et dans les expressions utilisées pour les distinguer. Ainsi, le terme "démarche" est associé parfois à "technologique", parfois à "scientifique". Il est aussi lié à "investigation" et à "pédagogique". Dans certains ouvrages, l'expression "démarche de production" est également utilisée. Il est ainsi difficile, dans ce paysage, d'établir une définition univoque.

Pour les huit ouvrages mis à disposition des étudiants de master à l'École supérieure du professorat et de l'éducation (ESPE) à Paris, sept proposent des démarches pouvant être mises en œuvre en classe. Un seul n'aborde pas le sujet.

Tableau 1
Ouvrages préparant l'option sciences et technologie

Ouvrage	Code
Crepin, R. et Denis, B. (2014). *6 oraux de sciences commentés*. Tonnerre : Tempes	T
Guichard, J. *et al.* (2015). *Sciences et technologie. Savoirs, méthodologie, pédagogie*. Paris : Hachette	H1
Grugier, O. et Grugier, J. (2015). *L'épreuve orale. Sciences et technologie*. Paris : Ellipses	E
Haeffner, A., Lagraula, D. et Leclercq, J. (2015). *Réussir les sciences et la technologie*. Neuilly sur Seine : Atlande	A
Laruelle-Detroussel, C. et Lesot, H. (2016). *Sciences et technologie*. Paris : Hatier	H2
Lebeaume, J. *et al.* (2016). *Sciences et technologie - Mise en situation professionnelle*. Paris : Nathan	N
Loison, M. *et al.* (2015). *Concours Professeur des écoles - Sciences et technologie - Mise en situation professionnelle*. Paris : Vuibert	V
Richard, D. *et al.* (2016). *Sciences et technologie. Oral/admission*. Malakoff : Dunod	D

Parmi ces propositions, quatre font une distinction entre une démarche pour une séance à dominante scientifique par rapport à une séance à dominante technologique (tab. 2).

Tableau 2
De nombreuses variations dans les canevas proposés

Editeur codé	Différences entre un canevas d'une démarche en sciences et une en technologie	Caractéristiques
N	Non	Démarche dynamique et non linéaire autorisant des allers et retours dans la phase "d'investigation".
H1	Pour les sciences, la démarche est précisée alors que pour la technologie, aucune proposition n'est faite.	Démarche séquentielle mais avec des retours possibles à certains moments.
E	D'un côté démarche scientifique avec des hypothèses à formuler et à valider et de l'autre une démarche de projet avec un cahier des charges.	Démarche séquentielle mais avec des retours possibles à certains moments.
D	Non	Démarche séquentielle mais avec des retours possibles à certains moments.
V	Pas de démarche proposée	
A	Non	Démarche séquentielle dont les étapes s'enchainent les unes à la suite des autres.
H2	D'un côté une démarche de production avec trois phases : prospection, conception et production et de l'autre une démarche scientifique avec la situation-problème, les hypothèses, les résultats puis l'interprétation.	Démarche séquentielle mais avec des retours possibles à certains moments.
T	En sciences, une approche hypothético-déductive est proposée et en technologie une approche de réalisation.	Démarche séquentielle dont les étapes s'enchainent les unes à la suite des autres.

Différentes approches sont proposées, notamment en ce qui concerne l'investigation pouvant être menée, avec d'un côté des recherches de conception et de l'autre des recherches plus documentaires. Les canevas des démarches proposées sont majoritairement séquencés avec un ensemble d'étapes à suivre par les élèves ou à leur faire vivre. Il est parfois proposé de revenir à l'étape précédente. Un seul ouvrage propose une démarche dynamique autorisant de nombreux allers-retours et surtout plusieurs itinéraires possibles en fonction des situations mises en œuvre et vécues par les élèves. Dans d'autres cas, la démarche est qualifiée de "cyclique" en proposant un retour à une nouvelle situation de départ après une investigation menée.

Si une des constantes est de proposer des démarches sous la forme d'étapes que les élèves doivent vivre, le nombre d'étapes varie entre quatre et dix d'un ouvrage à l'autre (figure 1). Dans le cadre d'une séance d'enseignement-apprentissage à orientation scientifique, la situation de départ, parfois nommée "situation déclenchante" ou encore "situation problème", apparaît systématiquement. Il s'agit de soumettre ou provoquer un questionnement chez les élèves. En dernière étape, la structuration des connaissances, encore appelée la structuration du savoir, l'interprétation, la synthèse ou même le compte rendu de l'étude apparaît également comme une obligation, mais avec des visées différentes. Parfois, il s'agit en effet de présenter des résultats et, dans d'autres cas, de mettre l'accent sur les contenus à acquérir.

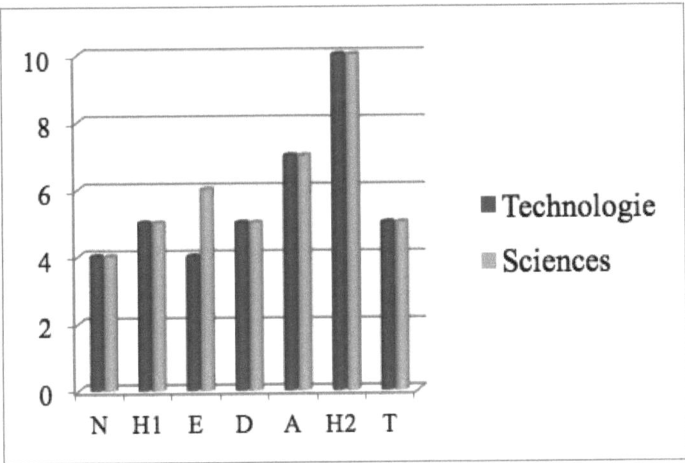

Figure 1 – Un nombre d'étapes différent dans les démarches proposées à travers les ouvrages

Les propositions dans les ouvrages n'ont pas les mêmes visées. D'un côté, il s'agit de présenter une démarche théorique de ce qui peut se pratiquer dans un laboratoire de recherche ou un bureau d'étude et, de l'autre, de proposer une démarche pédagogique pouvant être appliquée en classe. Ainsi, dans certains cas, la démarche est proposée en référence à des pratiques sociales et parfois comme une démarche scolaire d'apprentissage. Ces secondes propositions se caractérisent par des préoccupations centrées sur les élèves avec une recherche de recueil des représentations initiales de ces derniers ou encore avec une partie portant sur l'évaluation des connaissances et compétences acquises en fin de séquence. Ces prescriptions secondaires sont ainsi à la fois variées par les propositions et hétérogènes par les différences de mise en œuvre et de définition.

2.2 Un canevas proposé en formation des futurs professeurs des écoles

À l'ESPE de Paris, un groupe de travail composé de formateurs de sciences physiques, de sciences de la vie et de la Terre et de technologie, et de maîtres formateurs (enseignants dans les écoles et formateurs à l'ESPE) s'est réuni pour élaborer un canevas à destination des étudiants. Ceci fait suite au constat que, d'une part, il n'y a pas de définition commune des démarches d'investigations et que, d'autre part, même si les étudiants ne l'ont pas vécue en tant que futurs enseignants, ils ont des idées préconçues sur la posture de l'enseignant qui ne peut être la même dans la mise en œuvre d'une telle démarche pédagogique en classe (Grugier, 2009). Dans chaque groupe de travail, des compromis ont été effectués en tenant compte des différentes personnalités et convictions de chacun. À partir des choix, mais aussi des propositions et renoncements, un canevas a été élaboré.

Ce canevas (figure 2) est composé de quatre phases : la phase de mise en situation et de problématisation, la phase (de tentative) de résolution de problèmes/questions, la phase bilan et l'évaluation. La particularité du canevas est de proposer, lors de la phase de résolution de problème, soit des séances scientifiques pour connaître ou comprendre des phénomènes, soit des séances technologiques pour concevoir ou fabriquer. Il y a donc un canevas unique proposant des itinéraires pédagogiques différents en fonction des situations d'enseignement-apprentissage mises en œuvre.

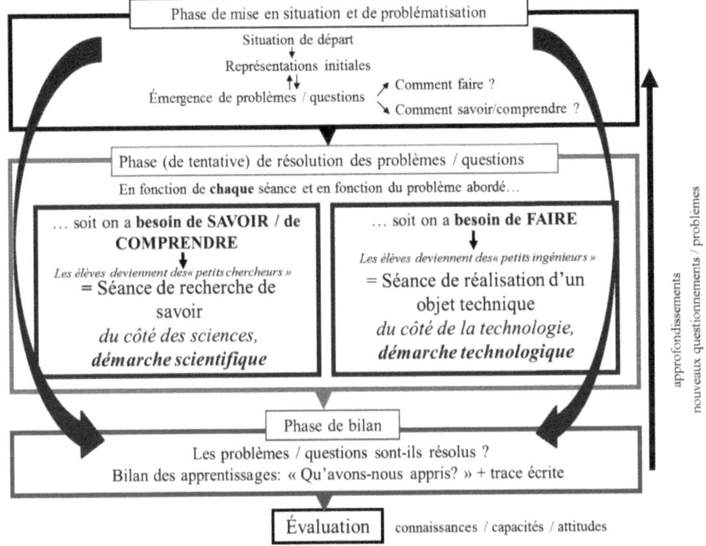

Figure 2 – Canevas d'une démarche élaboré par une équipe de formateurs de l'ESPE de Paris

La structuration de cette démarche s'articule autour de quatre idées :

- Proposer un canevas commun pour un enseignement scientifique et technologique.

- Favoriser le questionnement pour les élèves en proposant une situation de départ servant d'amorce et de motivation.

- Recueillir ce que pensent les élèves en amont de la résolution de problème et proposer un bilan visant les compétences et connaissances.

- Élaborer des activités consistant avant tout à comprendre comment poser les questions et pas seulement à résoudre un problème. En ce sens, dans la phase bilan, de nouvelles interrogations peuvent être posées offrant ainsi la situation de départ d'une autre séquence.

L'évaluation, à la fin de ce canevas, vise des compétences et des connaissances. Le terme de compétence est polysémique et il ne s'agit pas ici d'en fournir une définition. Cependant, en reprenant différentes publications de l'association québécoise de pédagogie collégiale (AQPC, 1999, 2008), nous retenons que la compétence est caractérisée par un niveau d'exigence complexe et qui peut être décomposé en capacités plus simples. Par exemple, dans le cadre d'une activité consistant à réaliser un circuit électrique composé d'un générateur, de conducteurs et d'une lampe, la compétence visée à la fin est de savoir réaliser un circuit électrique simple et les capacités développées sont notamment celles d'utiliser des outils appropriés pour mettre en forme le circuit (pince à dénuder, pince coupante, etc.) ou de raccorder et maintenir en position les conducteurs sur les pôles du générateur et du récepteur.

Les connaissances visées sont liées en partie à l'acquisition de vocabulaire nouveau : circuit électrique, générateur, récepteur, etc. Pendant l'activité, des attitudes sont également visées, notamment en ce qui concerne le respect des consignes de sécurité lors de l'utilisation d'outils. Les moments d'enseignement-apprentissage, pouvant être collectifs, visent également l'acquisition d'attitudes comportementales des élèves à collaborer pour investiguer.

À l'ESPE de Paris, les étudiants ont également, dans le plan de formation, des moments d'observations de pratiques en classe. Cependant, comme le souligne Mathé et *al.* (2008), les situations observées sont très différentes d'un enseignant à l'autre de par les représentations que peut se faire chaque enseignant et de par les connaissances et compétences visées.

Les diverses prescriptions promeuvent donc des démarches technologiques et scientifiques différentes au niveau de la mise en œuvre. Cet ensemble de prescriptions, proposé aux étudiants se destinant au métier de professeur des écoles, soulève des questions quant aux capacités de ce dernier, à pouvoir mettre en œuvre les prescriptions dans des conditions d'enseignement avec des élèves.

3. Les représentations dans l'élaboration d'une séquence

Entre l'ensemble des prescriptions émanant des ouvrages, des parcours de vie de chacun et des formations proposées au sein des ESPE par les intervenants, les étudiants élaborent leur propre séquence. Dans le cadre du concours, ces futurs enseignants ne mettent pas directement en œuvre ce qu'ils conçoivent, mais ils préparent et envisagent des séances possibles dans des conditions de travail et avec des élèves du primaire en fonction de leurs expériences, de leurs connaissances des matières scolaires.

Le futur enseignant, dans cette situation de conception de séquences, agit et réagit. Son action est orientée par les représentations qu'il se fait des situations envisagées. Dans l'élaboration de moments d'enseignement-apprentissage, les choix des futurs enseignants sont orientés par les représentations qu'ils se font de la démarche d'investigation : par exemple, une idéalisation, un jugement, etc. En fonction des représentations, construites avec les itinéraires de vie personnels, ils peuvent être amenés à des appropriations différenciées des contenus d'enseignement comme le souligne Trinquier (2010).

La notion de "représentation" peut prendre plusieurs orientations. Si l'on retient la définition de Jodelet (1989), une représentation est qualifiée de sociale lorsqu'elle met en jeu une forme de connaissance socialement élaborée et partagée et ayant une visée pratique. Cependant, toutes les représentations ne sont pas sociales. D'ailleurs Moliner (1996) pose plusieurs conditions pour qu'une représentation puisse être qualifiée de sociale. L'une d'elles est que l'objet de représentation, ici la démarche d'investigation, ne doit pas être considérée comme un système prescrivant ou contrôlant l'activité. Or la démarche d'investigation, par l'intermédiaire des textes officiels des programmes (Gouvernement de la République française, 2015*a*) et du socle commun (Gouvermement de la France, 2015*b*), est une prescription. Les représentations ne peuvent donc pas être qualifiées de sociales même s'il y a une part de social dans les représentations des individus. Nous retiendrons que les représentations, qui sont donc plutôt professionnelles, sont singulières dans le sens de Trinquier (2010). En effet, les représentations sont propres à un individu donné et, sur le plan didactique, elles vont conditionner le rapport avec les savoirs en lien par exemple avec l'idée que chacun peut se faire de tel ou tel profil de classe, des capacités des élèves à progresser, à imaginer, à apprendre : « En introduisant ce terme de singulière on clarifie ainsi le caractère composite des représentations individuelles » (Trinquier, 2010, p. 16). Ces représentations peuvent avoir une composante sociale, professionnelle, individuelle et c'est dans ce sens qu'elles sont qualifiées de singulières. Pour la suite, elles seront simplement désignées par "représentations".

Nous posons comme hypothèse que les représentations singulières de chaque futur enseignant vont orienter ses propres choix pour élaborer une séquence d'enseignement-apprentissage. À partir des représentations des démarches préconisées, observées ou envisagées, quel "canevas" les futurs enseignants utilisent-ils pour concevoir une séquence d'enseignement-apprentissage ? Envisagent-ils des différences entre une démarche d'investigation permettant de questionner le monde du vivant, de la matière ou des objets qui sont les trois approches prescrites dans les textes des programmes officiels ? Quelles sont les représentations des futurs enseignants en amont de l'élaboration de séances ?

Les résultats des travaux de recherches de Mathé (2010) et Monod-Ansaldi, Prieur et Fontanieu (2011), auprès d'enseignants du secondaire, collège et lycée, laissent apparaître que, d'une part, les démarches d'investigation mises en œuvre en classe sont associées fortement à la construction de savoirs disciplinaires au point d'être en tension avec une méthode hypothético-déductive et, d'autre part, que cette mise en œuvre est régulièrement contrôlée par les enseignants en réduisant volontairement l'autonomie des élèves pour favoriser la gestion du groupe classe. Ainsi, nous supposons que pour des étudiants visant le concours de professeur des écoles, la démarche d'investigation envisagée est pensée comme un guidage des élèves pour favoriser l'apprentissage de contenus disciplinaires.

Pour répondre à ces questions, nous avons choisi d'interroger ces étudiants ayant choisi l'option scientifique et technologique. Il s'agit d'une des sept options proposées pour la première épreuve orale d'admission[2].

4. Méthodologie

Le concours se prépare en première année de master. Pour la session de juin 2016 plus de trois cents étudiants sont inscrits à l'ESPE de Paris. Parmi eux, 89 ont choisi l'option sciences et technologie dont 14 avec une dominante technologique.

Nous nous intéressons à ces derniers en tentant d'identifier leurs représentations du point de vue des savoirs et de la réflexion pédagogique mis en jeu. Ces représentations seront considérées comme une forme de connaissances spécifiques pas encore stabilisées, mais servant de base à l'élaboration d'une séance pouvant être mise en œuvre dans des écoles.

Pendant la première année de master, chaque futur enseignant a suivi une formation didactique et pédagogique de vingt-quatre heures sur l'enseignement des sciences et de la technologie à l'école, au cours du premier semestre. Au second semestre, un accompagnement est mis en place afin d'amener les futurs enseignants à concevoir une séance d'enseignement-apprentissage qui sera présentée devant le jury du concours. C'est lors de la

---

[2] Domaines à choisir pour l'épreuve d'admission intitulée "mise en situation professionnelle" : sciences et technologie, histoire, géographie, histoire des arts, arts visuels, éducation musicale, enseignement moral et civique.

première séance d'accompagnement qu'un questionnaire a été distribué aux quatorze futurs enseignants. Ce questionnaire permet de recueillir individuellement leurs représentations. Il a pour objectif de recueillir ce qu'ils pensent des caractéristiques d'une démarche d'investigation en technologie, ce qu'ils envisagent de prendre en compte pour élaborer une séquence d'enseignement-apprentissage et ce qu'ils imaginent comme rôles pouvant être occupés par les élèves et par l'enseignant en classe. Afin de faciliter le traitement des réponses, dans l'élaboration de ce questionnaire, nous retenons les quatre critères que propose Cariou (2015).

Le questionnaire est ainsi constitué de trois types de questions :

- Des questions concernant les caractéristiques d'une démarche d'investigation en technologie :
  1) L'année prochaine, si un parent d'élève vous demande de lui préciser ce qu'est la démarche d'investigation, que diriez-vous ?
  2) Selon vous, dites ce que n'est surtout pas une démarche d'investigation ?
  3) Voici 4 critères qui peuvent définir une démarche d'investigation. Classer les critères que vous retenez en les hiérarchisant.

a	*Une investigation commence par une interrogation*
b	*Les élèves prennent part à la programmation et à la conception de l'investigation*
c	*L'investigation laisse une place aux débats et aux échanges argumentés*
d	*Les élèves produisent et réalisent*

  4) Faites-vous une ou des différences entre une démarche d'investigation mise en œuvre pour une séquence en sciences et une en technologie ? Si oui laquelle ou lesquelles ?

- Des questions concernant l'élaboration de séance :
  5) Quelles sont les différentes phases que vous retenez pour la conception d'une séquence en technologie ?
  6) Selon vous, que font l'enseignant et les élèves pendant la mise en œuvre d'une démarche d'investigation ?

- Une question concernant les origines des représentations d'une démarche d'investigation :
  7) D'où viennent les informations que vous avez sur les démarches d'investigations ?

5. Représentation des étudiants préparant le concours d'enseignant au regard de la démarche d'investigation

5.1 Des étudiants prenant peu en compte les ouvrages pour élaborer une démarche d'investigation

À la question « D'où viennent les informations que vous avez pu obtenir sur la ou les démarches d'investigation ? », les étudiants répondent majoritairement (figure 3) que c'est par l'intermédiaire de deux modalités de formation : cours et stage dans les écoles. Les ouvrages sont peu utilisés et ne servent donc pas principalement de références à l'élaboration d'une séquence scientifique et technologique. Curieusement, des étudiants n'ayant pas de pratiques d'enseignement évoquent leurs expériences personnelles comme référence de ce qui peut se faire.

5.2 Une démarche d'investigation, c'est avant tout mettre en place un questionnement

Pour définir une démarche d'investigation, nous avons demandé aux futurs enseignants de prioriser les quatre critères que retient Cariou (2015). Ainsi, il apparaît que la démarche d'investigation doit :

- en priorité, commencer par une interrogation ;

- en deuxième, laisser une place aux débats et aux échanges argumentés ;
- en troisième, permettre aux élèves de prendre part à la programmation et à la conception de l'investigation ;
- en quatrième, permettre aux élèves de produire et réaliser.

Ainsi, une démarche d'investigation semble devoir commencer par poser une question, puis laisser les élèves en débattre avant d'y répondre.

Figure 3 – Les cours et les stages comme références d'une démarche d'investigation

5.3 Une démarche d'investigation c'est faire des expériences et manipuler

Pour les futurs enseignants, la démarche d'investigation, c'est aussi faire des expériences, manipuler et valider des hypothèses (figure 4). Il s'agit ensuite de proposer une situation problème et de mettre en place des recherches, bien entendu dans le but de résoudre le problème posé. Ceci se rapproche de travaux pratiques guidés. Une démarche d'investigation en technologie se caractérise par des moments de conception, de construction ou de réponse à un besoin.

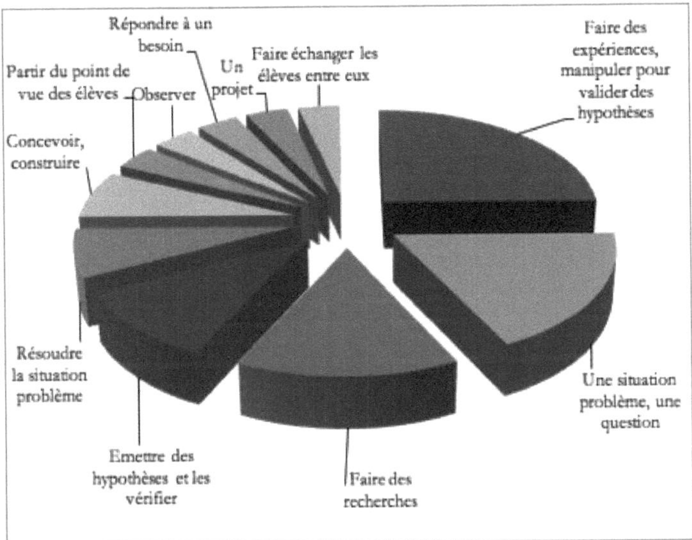

Figure 4 – Caractérisation d'une démarche d'investigation

5.4 Une démarche d'investigation ce n'est pas un cours magistral

Afin d'affiner la connaissance des représentations des futurs enseignants, nous leur avons demandé de dire ce qu'une démarche d'investigation n'est surtout pas.

Il en ressort une distinction entre un cours magistral et la mise en place d'une démarche d'investigation (figure 5). Par contre, les futurs enseignants précisent l'importance des activités de recherche en soulignant qu'il s'agit de moments caractéristiques de la démarche d'investigation et en précisant qu'il ne faut pas une seule réponse à la question posée en début de séquence. Minoritairement, ils répondent qu'il ne s'agit pas de guider les élèves ou encore de les influencer.

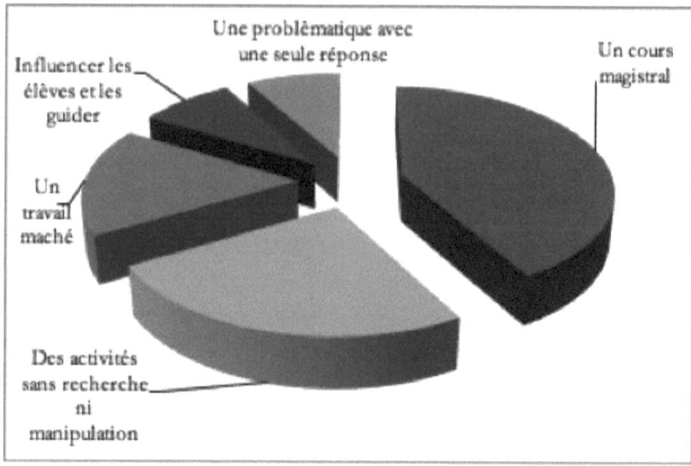

Figure 5 – Ce que n'est pas une démarche d'investigation

Le terme problématique, écrit par un étudiant, soulève des interrogations quant au sens qui lui est donné. Est-ce le fait de poser une question aux élèves ? Est-ce en lien avec la notion de problème ?

5.5 L'investigation en technologie, c'est concret

Au regard de ces premiers résultats nous pouvons nous demander si les futurs enseignants font une ou des différences entre une démarche d'investigation mise en œuvre dans une séance en sciences et une en technologie ? Si oui laquelle ou lesquelles ?
Plus de la moitié d'entre eux répondent, soit par la négative, soit pas du tout à la question. Ceux qui répondent oui, opposent sciences à technologie en les associant respectivement à la théorie (acquérir des connaissances) et au concret (acquérir des compétences), ou encore à ce qui permet de réfléchir à l'existant ou de créer et de concevoir un objet.

5.6 En classe l'enseignant guide les élèves

Le guidage envisagé par les futurs enseignants pour la mise en œuvre de séquences en classe est important au regard de la liberté d'action (Grugier, 2009) laissée aux élèves. Il s'agit notamment de donner la situation problème, de guider et d'accompagner, d'apporter de l'aide, puis, dans une mesure plus faible, de gérer par des interventions plus ponctuelles en encourageant les élèves (figure 6). L'aide envisagée consiste à rechercher des solutions et des réponses à la question posée initialement. Les futurs enseignants interrogés pensent qu'un enseignant est également une personne-ressource qui détient les connaissances disciplinaires.

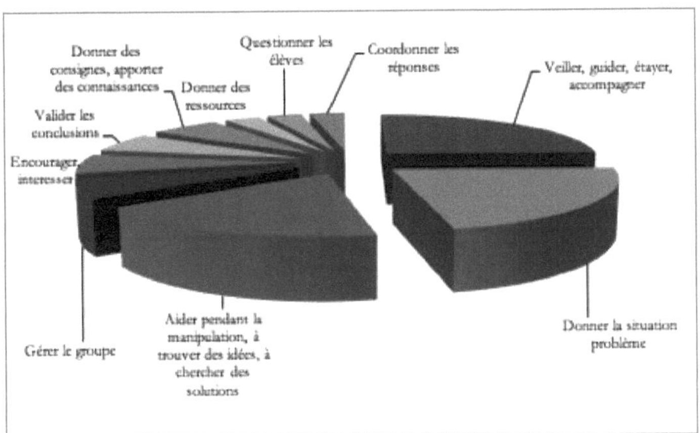

Figure 6 – Le rôle de l'enseignant envisagé pendant la mise en œuvre d'une démarche d'investigation

Concernant les activités proposées aux élèves, ce qui est envisagé concerne principalement des moments de réflexion, d'expérimentation, de débat, de manipulation et d'observation. Une organisation pédagogique consistant à mettre les élèves en groupes pour favoriser la réflexion collective est, aussi, envisagée. L'émission d'hypothèses par les élèves est évoquée une seule fois, montrant la faible importance de la démarche d'investigation pour les futurs enseignants interrogés. Globalement, les élèves sont là pour répondre aux questions posées par l'enseignant. De même, il n'y a pas de mise en projet. Ainsi, les élèves sont-ils acteurs de leurs apprentissages, mais avec un guidage de l'enseignant, en opposition avec une posture plus "statique" comme dans un cours magistral.

6. Discussion

Notre étude, qui s'appuie sur un nombre réduit de futurs enseignants, permet seulement de dégager certaines tendances concernant les critères qui sont pris en charge par les futurs enseignants pour l'élaboration de séances d'enseignement-apprentissage en sciences et en technologie. Ces constats méritent d'être pris en considération dans le cadre de la mise en œuvre de formations professionnalisantes comme les masters d'enseignement.

Les futurs enseignants caractérisent une démarche d'investigation par un moment consistant dans un premier temps à mettre en place une question à laquelle les élèves cherchent des éléments de réponses. Des expériences sont évoquées pour répondre à la question de départ, mais elles se caractérisent par une investigation réduite à des expériences définies d'avance. La démarche d'investigation est envisagée, dans ce contexte scolaire, comme une "recette" pédagogique permettant de mettre en place des séquences d'enseignement-apprentissage.

De plus, la réflexion sur le rôle des élèves et surtout la liberté de réflexion sont masquées par la présence importante d'un guidage de l'enseignant.

Les résultats de l'étude permettent également d'affirmer qu'aucune publication dans le domaine n'est mentionnée par les répondants. Le prescrit par les éditeurs n'est pas nommé pour l'élaboration d'une séquence d'enseignement basée sur une démarche d'investigation.

Conclusion

Les traits de la démarche d'investigation tels qu'ils sont dessinés par ces 14 futurs enseignants de master ne sont en aucun cas représentatifs d'une classe d'âge ou d'un groupe national de formation. Cependant, l'étude permet d'identifier à travers les représentations exprimées par ces répondants des indicateurs quant à une mise en œuvre envisagée. Comme l'ont montré Coquidé et Flatter (2015), les résultats témoignent de l'importance des contenus disciplinaires dans les apprentissages. Lors d'une séquence à dominante "technologie", les visées d'apprentissage se centrent sur l'acquisition de compétences manipulatoires alors qu'en sciences, il s'agit de connaissances scientifiques. De plus, les données mettent en évidence des représentations sur le rôle contrôlant de l'enseignant. Plusieurs chercheurs (Calmettes, 2012 ; Coquidé et Flatter, 2015) ont constaté également que les enseignants intervenaient très vite pour effacer les difficultés et qu'ils laissaient peu de place à l'exploration des élèves.

Addendum
Construire des représentations différentes

Cet addendum propose des orientations pour former les futurs enseignants de l'école primaire à la mise en œuvre d'une démarche d'investigation en classe. Cependant, aujourd'hui, la formation des enseignants pour l'école primaire est, d'une part, tiraillée entre des savoirs scientifiques et des savoirs didactiques (Lebeaume, Magneron et Martinand, 2009) et, d'autre part, comme dans le secondaire l'enseignement des sciences et de la technologie est intégré (Lebeaume et Hasni, 2015), cette formation doit tenir compte d'une démarche d'investigation non différenciée et d'un domaine d'enseignement unique.

Former à partir d'un canevas unique

L'élaboration d'un canevas pour la formation des futurs enseignants passe surtout par la mise en place d'un discours unique entre les différents formateurs, quelle que soit leur formation initiale. Mais ceci est à prendre comme un point de départ. En effet, l'observation dans les classes avec une centration sur les pratiques effectives d'enseignants expérimentés est en plus un acte de formation nécessaire à prendre en considération.

Le schéma proposé (figure 1) peut constituer, à cet égard, un guide d'observation des pratiques enseignantes en classe. Les futurs enseignants sont alors invités à identifier les phases, les consignes du professeur, les activités des élèves puis à échanger entre eux sur leurs observations afin de discuter de la pertinence de la séquence par rapport aux enjeux éducatifs et aux intentions d'apprentissage des programmes et prescriptions officielles.

Observer des pratiques en classe

La pertinence d'une observation de pratiques d'enseignant nécessite, en amont, la mise en place d'un cadre d'analyse évitant ainsi l'éparpillement des futurs enseignants lors de la découverte de la classe et des élèves. Ces observations, pensées comme des moments de formation, permettraient ainsi, dans un premier temps, de caractériser les organisations mises en œuvre et, dans un second temps, d'analyser l'activité enseignante en lien avec les différents contenus mis en jeu (Altet, 1994).

La mise en œuvre d'une démarche d'investigation en classe se construit surtout par les interventions de l'enseignant et des interactions des élèves. Plus le nombre de consignes est important et plus les élèves se trouvent guidés (Grugier, 2005). À ce niveau élevé de guidage, il n'y a plus d'initiative de la part des élèves et il y a surtout un risque de perte “d'horizon”. En effet, cette façon d'agir les oblige à avancer dans la direction indiquée par l'enseignant en supprimant toute autorisation de prendre un autre chemin pouvant favoriser les initiatives personnelles dans les phases de formulation d'hypothèses et d'investigations. Un guidage important finit par supprimer toute possibilité d'erreur. Cependant, si un tel guidage peut être considéré par certains comme un moyen, pour l'enseignant, il devient le garant du temps et des rencontres que les élèves vont faire et vivre. Ceci ne peut s'observer qu'en classe avec un enseignant “expert”.

C'est peut-être à ce prix que, dans l'enseignement général, une éducation scientifique et une éducation technologique pourront être mises en place dans les classes de l'école primaire par de futurs enseignants.

Références

Altet, M. (1994). *La formation professionnelle des enseignants.* Paris : Presses universitaires de France.

Association québécoise de pédagogie collégiale (AQPC) (1999). Élaboration et mise en œuvre des programmes par compétences – Les besoins de perfectionnement. *Revue de pédagogie collégiale,* 13(2), 17-30.

Association québécoise de pédagogie collégiale (AQPC) (2008). Vitalité pédagogique et approche par compétences : un duo dynamique. *Revue de pédagogie collégiale, 22*(1), 6-29.

Astolfi, J.-P., Darot, E., Ginsburger-Vogel, Y. et Toussaint, J. (1997). *Mots-clés de la didactique des sciences. Repères, définitions, bibliographies.* Bruxelles : De Boeck.

Boilevin, J.-M. et Dumas-Carré, A. (2001). Un modèle d'activité de résolution de problèmes de physique en formation initiale d'enseignants. *Aster, 32*, 63-90.

Boilevin, J.-M. (2005). Enseigner la physique par situation problème ou par problème ouvert. *Aster, 40*, 13-38.

Calmettes, B. (dir.). (2012). *Didactique des sciences et démarches d'investigation. Références, représentations, pratiques et formation.* Paris : L'Harmattan.

Calmettes, B. et Matheron, Y. (2015). Les démarches d'investigation : utopie, mythe ou réalité ? *Recherches en éducation, 21*, 3-11.

Cariou, J.-Y. (2015). Quels critères pour quelles démarches d'investigation ? Articuler esprit créatif et esprit de contrôle. *Recherches en éducation, 21*, 12-33.

Coquidé, M. et Flatter, E. (2015). D'une auto-prescription à une mise en œuvre d'investigation. Étude de cas en SVT au collège. *Recherches en éducation, 21*, 34-50.

de Vecchi, G. et Carmona-Magnaldi, N. (1996). *Faire construire des savoirs.* Paris : Hachette.

Gouvernement de la République française (2000). *Plan de rénovation de l'enseignement des sciences et de la technologie à l'école. Bulletin officiel du ministère de l'Éducation nationale et du ministère de la Recherche, n° 23*. Ministère de l'Éducation nationale, de l'Enseignement supérieur et de la Recherche. Document accessible à l'adresse <http://www.education.gouv.fr/bo/2000/23/ default.htm>.

Gouvernement de la République française (2015*a*). *Programmes d'enseignement du cycle des apprentissages fondamentaux (cycle 2), du cycle de consolidation (cycle 3) et du cycle des approfondissements (cycle 4). Bulletin officiel de l'Éducation nationale, spécial n° 11*. Paris : Ministère de l'Éducation nationale, de l'Enseignement supérieur et de la Recherche.

Gouvernement de la République française (2015*b*). *Socle commun de connaissances, de compétences et de culture. Bulletin officiel de l'Éducation nationale, spécial n° 17*. Paris : Ministère de l'Éducation nationale, de l'Enseignement supérieur et de la Recherche.

Grangeat, M. (2013). *Les enseignants de sciences face aux démarches d'investigation. Des formations et des pratiques de classe*. Grenoble : Presses universitaires de Grenoble.

Grugier, O. (2005). *Réalisation sur projet en technologie. Étude comparée de curriculums réels*. Thèse de doctorat en sciences de l'éducation, École normale supérieure de Cachan, Cachan.

Grugier, O. (2009). Accompagnement du changement de l'enseignement de technologie au collège. Choix et orientations des formateurs. *Aster, 49*, 157-179.

Hayes, M. T. (2002). Elementary preservice teachers' struggles to define inquiry-based science teaching. *Journal of Science Teacher Education, 13*(2), 147-165.

Jodelet, D. (1989). *Les représentations sociales*. Paris : Presses universitaires de France.

Lebeaume, J. et Hasni, A. (2015). Problèmes didactiques de l'école primaire à l'université pour l'éducation technologique et les sciences de l'ingénieur. *In* J. Lebeaume et A. Hasni (dir.), *Éducation technologique et sciences de l'ingénieur. Regards sur les curricula et les pratiques* (p. 111-125). Villeneuve d'Ascq : Presses universitaires du Septentrion.

Lebeaume, J., Magneron, N. et Martinand, J.-L. (2009). Contenus d'épreuves et outils de préparation en sciences expérimentales et technologie pour le recrutement des professeurs des écoles en France : les savoirs scientifiques et didactiques sont-ils bien définis ? *In* B. Schneuwly et R. Hofstetter (dir.), *Savoirs en (trans)formation. Au coeur des professions de l'enseignement et de la formation* (p. 201-220). Bruxelles : De Boeck.

Léna, P. (2009). L'aventure de la main à la pâte. *Revue internationale d'éducation de Sèvres, 51*, 115-123.

Martinand, J.-L. (1986). *Connaître et transformer la matière.* Berne : Peter Lang.

Mathé, S. (2010). *La démarche d'investigation dans les collèges français : élaboration d'un dispositif de formation et étude de l'appropriation de cette nouvelle méthode d'enseignement par les enseignants.* Thèse de doctorat en mathématiques, Université Paris 7, Paris.

Mathé, S., Meheut, M. et de Hosson, C. (2008). Démarche d'investigation au collège : quels enjeux ? *Didaskalia, 32*, 41-76.

Moliner, P. (1996). *Images et représentations sociales. De la théorie des représentations à l'étude des images sociales.* Grenoble : Presses universitaires de Grenoble.

Monod-Ansaldi, R., Prieur, M. et Fontanieu, V. (2011). *Démarche d'investigation dans l'enseignement secondaire : représentations des enseignants de mathématiques, SPC, SVT et technologie.* Lyon : Institut français de l'éducation (IFE), École normale supérieure. Document accessible à l'adresse <http://ife.ens-lyon.fr/ife/ressources-et-services/ocep/dispositifs/DI/rapport-DI/>.

Piaget, J. (1969). *Psychologie et pédagogie.* Paris : Denoël.

Rocard. M., Csermely, P., Jorde, D., Lenzen, D., Walberg-Henriksson, H. et Hemmo, V. (2007). *L'enseignement scientifique aujourd'hui, une pédagogie renouvelée pour l'avenir de l'Europe.* Bruxelles : Union européenne, Direction générale de la recherche Science, économie et société. Document accessible à l'adresse <http:// ec.europa.eu/research/science-society/document_library/pdf_06/ report-rocard-on-science-education_fr.pdf>.

Trinquier, M.-P. (2010). *Enseignement, représentations et pratiques. Confronter le sociocognitif au pragmatique : continuités et ruptures d'une relation.* Habilitation à diriger des recherches, Sciences de l'éducation, Université Toulouse II Le Mirail.

Vygotski, L. S. (1985). *Pensée et langage.* Paris : Éditions sociales.

Ouvrages préparant à l'épreuve de mise en situation Professionnelle, option sciences et technologie

Crepin, R. et Denis, B. (2014). *6 oraux de sciences commentés.* Tonnerre : Tempes.

Grugier, O. et Grugier, J. (2015). *L'épreuve orale. Sciences et technologie.* Paris : Ellipses.

Guichard, J. *et al.* (2015). *Sciences et technologie. Savoirs, méthodologie, pédagogie.* Paris : Hachette.

Haeffner, A., Lagraula, D. et Leclercq, J. (2015). *Réussir les sciences et la technologie.* Neuilly-sur-Seine : Atlande.

Laruelle-Detroussel, C. et Lesot, H. (2016). *Sciences et technologie.* Paris : Hatier.

Lebeaume, J. (dir.) (2016). *Sciences et technologie - Mise en situation professionnelle.* Paris : Nathan.

Loison, M. *et al.* (2015). *Concours Professeur des écoles - Sciences et technologie - Mise en situation professionnelle.* Paris : Vuibert.

Richard, D. *et al.* (2016). *Sciences et technologie. Oral/admission.* Malakoff : Dunod.

Chapitre 9

Formation à la conception en ingénierie : le projet de fin d'études dans les programmes de premier cycle en génie mécanique au Québec

Catherine Pilon et François Charron

Instroduction

Les problèmes que les ingénieurs[1] sont aujourd'hui appelés à résoudre dans leur pratique professionnelle peuvent être regroupés en trois grandes catégories : 1) la prise de décision (*decision making*), 2) le dépannage (*troubleshooting*), 3) la conception (*design*) (Jonassen, 2014). Des auteurs estiment que la conception serait l'activité la plus commune et la plus complexe des ingénieurs (Atman, Eris, McDonnell, Cardella et Borgford-Parnell, 2014 ; Dym, Agogino, Eris, Frey et Leifer, 2005 ; Jonassen, 2014).

La conception occupe également une place centrale dans la formation des futurs ingénieurs (Atman *et al.*, 2014 ; Borgford-Parnell, Deibel et Atman, 2010 ; Dym *et al.*, 2005). Ainsi, depuis plus de vingt ans, les institutions d'enseignement ont été nombreuses à apporter des modifications à leurs programmes de premier

[1] Dans le présent écrit, le masculin est utilisé comme représentant des deux sexes, sans discrimination à l'égard des hommes et des femmes, et dans le seul but d'alléger le texte.

cycle en génie[2] dans le but de mieux préparer les futurs enseignants à l'activité de conception en contexte professionnel (Kolmos et de Graaff, 2014 ; Litzinger, Lattuca, Hadgraft et Newstetter, 2011 ; Sheppard, Macatangay, Colby et Sullivan, 2008). Néanmoins, les institutions d'enseignement, les sociétés savantes et les associations professionnelles sont nombreuses à reconnaître la complexité de former adéquatement les futurs enseignants à la conception en ingénierie (Dym *et al.*, 2005). Dans ce contexte, plusieurs chercheurs ont mené des travaux afin de documenter cette formation, notamment au regard des projets de conception dits de fin d'études[3]. Ces activités pédagogiques sont communément appelées *capstone design courses* dans les écrits anglosaxons et elles s'appuient sur une pédagogie par projet[4] (*project-based learning*) (Dutson, Todd, Magleby et Sorensen, 1997 ; Dym *et al.*, 2005 ; Howe, 2010 ; Jonassen, 2014 ; Kolmos et de Graaff, 2014).

Parmi les travaux portant sur les projets de fin d'études des futurs ingénieurs, des auteurs, à l'instar d'Atman *et al.* (2014), de Dym *et al.* (2005), ainsi que de Hotaling, Burks Fasse, Bost,

---

2 Le Grand dictionnaire terminologique (GDT) en ligne de l'Office québécois de la langue française du Québec établit une distinction entre les termes "génie" et "ingénierie". En effet, selon le GDT (2016), le terme "ingénierie" désigne un « ensemble d'activités de conception et de planification qui concourent à la réalisation d'un projet généralement scientifique ou industriel » (n.p.) qui peut « comporter des aspects techniques, financiers, économiques, environnementaux et même sociaux » (n.p.). Le terme "génie", lui, revêt une signification plus spécifique, en ce sens qu'il fait référence à la « science et [à l'] art de la conception et de l'exploitation des systèmes, des procédés, des ouvrages et des produits nouveaux et améliorés de l'industrie » (n.p.). En raison de cette signification, « le terme génie est habituellement suivi d'un adjectif précisant le domaine (ex. : génie civil, génie électrique, génie industriel) » (n.p.) duquel il est question.

3 Dans le présent écrit, nous emploierons l'expression "projets de fin d'études" pour désigner les projets de conception réalisés par des étudiants en génie au cours de leur dernière année de formation universitaire de premier cycle.

4 Selon Reverdy (2013), lorsqu'il est question de la pédagogie par projet, la plupart des chercheurs anglosaxons mettent l'accent sur l'acte d'apprendre en parlant "d'apprentissage par projet" (*project-based learning*). La tradition française, elle, préfère le terme de "pédagogie par projet" et, plus rarement, celui d'"'enseignement par projet".

Hermann et Forest (2012), ont insisté sur l'importance de ces projets pour amener les futurs enseignants à vivre une expérience de conception complexe et authentique. À notre connaissance, aucune recherche ne semble toutefois s'être intéressée aux caractéristiques des projets, à l'encadrement fait par le personnel enseignant et aux modalités d'évaluation des projets de fin d'études réalisés dans les programmes de premier cycle en génie au Québec et, plus spécifiquement, dans le domaine du génie mécanique.

L'objectif de la présente étude est donc de comparer les caractéristiques des projets de fin d'études, les pratiques d'encadrement et les modalités d'évaluation que l'on retrouve dans sept programmes de baccalauréat en génie mécanique au Québec. Ce faisant, cette étude comparative met en lumière diverses pratiques pédagogiques relatives à la démarche de conception technologique dans la formation initiale des ingénieurs. Au terme de cette étude comparative, nous tenterons de dégager les traits communs ainsi que les particularités. Finalement, nous comparerons les résultats de cette étude avec ceux du reste du Canada et des États-Unis afin de proposer une piste de réflexion sur la formation à la conception en ingénierie.

2. Conception en ingénierie : définition, processus et défis sur le plan de la formation

La conception occupe une place centrale en ingénierie. Atman et Turns (2001) vont même jusqu'à la qualifier d'« *Hallmark of engineering*[5] » (p. 37). Afin de mieux comprendre en quoi elle consiste, il convient de définir les concepts de conception (*design*) et de conception en ingénierie (*engineering design*), de s'intéresser au processus qui caractérise cette dernière et d'examiner quels en sont les défis, en matière de formation, dans les programmes universitaires de 1er cycle.

---

[5] Traduction libre : La marque de l'ingénierie.

2.1 Définition de la conception et de la conception en ingénierie

2.1.1 Conception

Selon Dym, Little, Orwin et Spjut (2009), la conception, également évoquée sous l'appellation *design*, est, de façon générale, une activité réalisée par des individus, orientée vers un but et soumise à des contraintes. Ces individus ne sont pas uniquement des ingénieurs. On peut penser, entre autres, à des architectes, à des *designers* industriels, à des *designers* de mode, etc.

2.1.2 Conception en ingénierie

Selon Dym *et al.* (2009), il existe de nombreuses définitions de la conception en ingénierie. À titre d'exemple, Eide, Jenisson, Mashaw et Northup (2002) la définissent en ces termes : « Engineering design is a systematic process by which solutions to the needs of humankind are obtained[6] » (p. 79). L'Accreditation Board for Engineering and Technology (ABET), qui a notamment pour mandat d'agréer les programmes universitaires en génie aux États-Unis, définit plutôt la conception en ingénierie comme suit :

> Engineering design is the process of devising a system, component, or process to meet desired needs. It is a decision-making process (often iterative), in which the basic sciences, mathematics, and the engineering sciences are applied to convert resources optimally to meet these stated needs[7] (ABET, 2016, n.p.).

---

[6] Traduction libre : « La conception en ingénierie est un processus systématique permettant de trouver des solutions aux besoins des individus ».

[7] Traduction libre : « La conception en ingénierie est un processus qui permet de concevoir un système, un composant ou un processus qui réponde à des besoins spécifiques. Il s'agit d'un processus décisionnel (souvent itératif), au sein duquel les sciences fondamentales, les mathématiques et les sciences de

Le pendant canadien de cette organisation, soit le Bureau canadien d'agrément des programmes de génie (BCAPG) la définit de la façon suivante :

> La conception en ingénierie intègre les mathématiques, les sciences naturelles, les sciences du génie et les études complémentaires pour développer des éléments, des systèmes et des processus qui répondent à des besoins précis. Il s'agit d'un processus créatif, itératif et évolutif qui est assujetti à des contraintes pouvant être régies par des normes ou des lois à divers degrés selon la spécialité. Ces contraintes peuvent être liées à des facteurs comme l'économie, la santé, la sécurité, l'environnement et la société ou à d'autres facteurs interdisciplinaires. (BCAPG, 2017, p. 21).

Ces définitions mettent en exergue différentes caractéristiques de la conception en ingénierie. En effet, la définition proposée par Eide *et al.* (2002) insiste sur le caractère systématique de ce processus ; celle proposée par l'ABET met, entre autres, l'accent sur son caractère décisionnel et itératif ; enfin, celle donnée par le BCAPG met notamment en avant le caractère créatif et évolutif de ce processus, de même que les contraintes susceptibles de l'influencer. Nous retenons donc que la conception en ingénierie est un processus systématique, décisionnel et itératif, qui intègre une variété de connaissances et vise à créer un système, un composant ou un processus, en tenant compte de diverses contraintes, dans le but de répondre à des besoins spécifiques.

2.2 Processus de conception en ingénierie

Dans le but de planifier et de contrôler le déroulement de leur travail de conception, les ingénieurs ont standardisé ce dernier en grandes étapes, lesquelles consistent en la "démarche de

---

l'ingénieur sont mises en œuvre afin d'optimiser les ressources permettant de répondre à ces besoins ».

conception" ou "processus de conception", communément appelée *design process* dans les écrits anglosaxons. Depuis les années 1980, bon nombre d'auteurs ont proposé des modèles de ce processus de conception (Pahl, Beitz, Feldhusen et Grote, 2007). Dans le cadre de nos travaux, nous avons étudié quatre de ces modèles, soit 1) celui de Pugh (1990), 2) celui d'Eide *et al.* (2002), 3) celui de Pahl *et al.* (2007) et 4) celui de Dym *et al.* (2009). Nous avons retenu ces modèles du fait qu'ils sont présentés dans le cadre d'ouvrages de référence destinés aux étudiants, aux enseignants et aux professionnels de l'ingénierie. Nous présentons ici une synthèse des grandes étapes du processus de conception en ingénierie inspirée de ces modèles.

La première étape du processus de conception en ingénierie consiste en la définition du problème ou de l'opportunité. C'est à cette étape que l'ingénieur ou l'équipe de conception doit clarifier les besoins préalablement exprimés par des clients de façon à pouvoir les traduire en termes de fonctions, de spécifications fonctionnelles et de contraintes. S'ensuit la deuxième étape, soit l'étude conceptuelle. L'objectif de cette étape est de créer plusieurs concepts potentiels (divergence) et d'évaluer la faisabilité et la performance de ceux-ci afin de sélectionner le meilleur concept (convergence). Cette étape nécessite plusieurs boucles itératives, lesquelles reposent sur la créativité et l'analyse. La troisième étape est celle de la conception préliminaire et détaillée. C'est à cette étape que les matériaux, les dimensions, les coûts et les autres aspects relatifs à la solution retenue sont calculés, puis optimisés. Enfin, la quatrième et dernière étape est celle de la fabrication du prototypage. Cette étape vise essentiellement à fabriquer, à assembler et à tester un prototype afin de valider la solution retenue par rapport aux besoins initialement exprimés. Ces quatre grandes étapes sont illustrées dans un modèle présenté à la Figure 1. Les lignes en pointillé qui apparaissent dans cette figure entre les quatre étapes décrites précédemment visent à mettre l'accent sur les itérations qui peuvent se produire au cours de la démarche de conception.

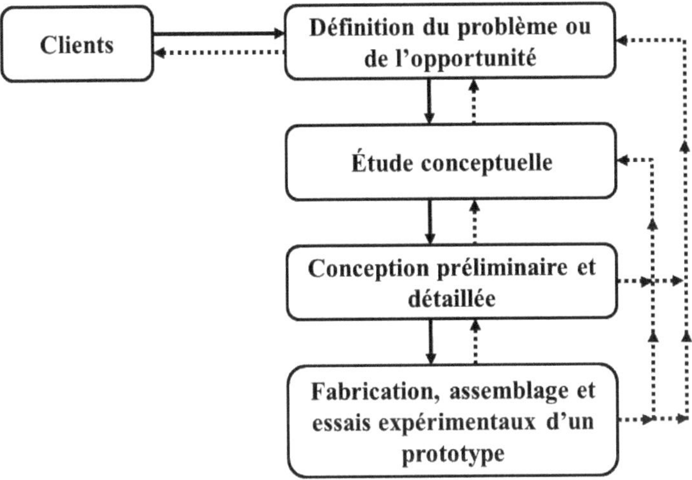

Figure 1 – Grandes étapes du processus de conception en ingénierie

2.3 Défis de formation relatifs à la conception dans les programmes de premier cycle

Plusieurs auteurs affirment que la formation à la conception en ingénierie pose divers défis (Atman *et al.*, 2014 ; Dym *et al.*, 2005 ; Litzinger *et al.*, 2011 ; Sheppard *et al.*, 2008). Ces défis sont, en partie, attribuables aux exigences imposées par les organismes qui ont pour mandat d'agréer les programmes de génie. De fait, au Canada, le BCAPG stipule que les programmes de premier cycle en génie doivent « aboutir à une expérience d'envergure de la conception en ingénierie » (BCAPG, 2017, p. 21). En outre,

> cette expérience d'envergure de la conception [doit être] fondée sur les connaissances et les compétences acquises antérieurement et [doit permettre] idéalement aux étudiants de se familiariser avec les concepts du travail en équipe et de la gestion de projets » (*Ibid.*, p. 21).

De plus, ces défis sont aussi liés à des visions spécifiques de divers corps professoraux concernant la formation relative à la conception en ingénierie. Pour illustrer ce point, Atman *et al.* (2014) soulignent que certains formateurs considèrent les expériences de conception comme l'occasion de développer des aptitudes variées (communicationnelles, entrepreneuriales, etc.), de sensibiliser les futurs enseignants à des enjeux de divers ordres (par exemple, sur le plan éthique, environnemental, etc.) et de les exposer à leur future pratique professionnelle afin de mieux les préparer à cette dernière.

Pour relever les défis tributaires de ces exigences, les institutions d'enseignement ont introduit des projets de conception dans les curriculums de formation des futurs ingénieurs (Atman *et al.*, 2014 ; Dym *et al.*, 2005 ; Hotaling *et al.*, 2012 ; Kolmos et de Graaff, 2014). Parmi ces projets, ceux réalisés en fin de programme (communément appelés projets de fin d'études ou *capstone design projects* dans les écrits anglosaxons), sont aujourd'hui reconnus pour être de plus en plus présents au premier cycle (Howe, 2010 ; Howe, Rosenbauer et Poulos, 2016*a* ; Howe, Rosenbauer et Poulos, 2016*b* ; Kolmos et de Graaff, 2014 ; Moazzen, Miller, Wild, Jackson et Hadwin, 2014). Ces projets visent essentiellement à offrir aux futurs enseignants l'occasion de mettre en application les apprentissages qu'ils ont faits antérieurement afin de réaliser un projet d'ingénierie réel et d'envergure (Howe, 2010 ; Howe *et al.*, 2016*a* ; Howe *et al.*, 2016*b* ; Jonassen, 2014 ; Kolmos et de Graaff, 2014).

3. Caractéristiques des projets de fin d'études en génie au Canada et aux États-Unis

Dans le cadre de nos travaux, nous avons réalisé une recension des écrits sur les projets de fin d'études en conception. Cette recension visait à identifier les caractéristiques des projets de fin d'études dans les programmes de premier cycle en génie au Canada et aux États-Unis. À notre connaissance, aucune enquête nationale n'a été menée sur ces projets au Canada et il existe peu d'information à leur égard[8]. En revanche, aux États-Unis, trois enquêtes nationales ont été menées en 1995, 2005 et 2015 dans le but de documenter certaines caractéristiques de ces projets dans divers domaines du génie et à travers un grand nombre d'institutions d'enseignement. La première de ces enquêtes fut menée en 1995 par des chercheurs de la Brigham Young University (Todd, Magleby, Sorensen, Swan et Anthony, 1995 ; Dutson, Todd, Magleby, et Sorensen, 1997). Les informations obtenues dans le cadre de cette enquête ont été présentées lors de la *Advances in Capstone Education Conference* (1995) et visaient à offrir aux institutions d'enseignement l'occasion d'apprendre des pratiques éducatives de leurs collègues à ce chapitre (*Ibid.*). Dix années plus tard, Howe et Wilbarger (2006) ont entrepris de bonifier les outils de collecte de données de l'enquête de Todd *et al.* (1995) pour faire le point sur l'évolution des projets de fin d'études en conception aux États-Unis. Howe et ses collègues ont également répété cet exercice en 2015 (Howe *et al.*, 2016*a* ; Howe *et al.*, 2016*b*).

Ces enquêtes américaines nous renseignent notamment sur les objectifs d'apprentissage des projets de conception. De façon générale, ces projets visent à faire vivre aux futurs enseignants une expérience de conception qui soit inspirée de la réalité professionnelle des ingénieurs. Ces projets – que nous pourrions qualifier d'authentiques (Duval et Pagé, 2013) – se veulent notamment ouverts, dans la mesure où ils permettent un ensemble de solutions. En outre, en raison de la complexité qui les caractérise, ces projets visent à amener les futurs enseignants à intégrer les connaissances qu'ils ont acquises antérieurement dans le programme. Au final, ces projets mènent généralement à la

[8] Dans le but de connaître les principales caractéristiques des projets de fin d'études en conception au Canada, nous avons effectué diverses requêtes 1) dans des banques de données spécialisées en éducation (*Education Source* et ERIC), 2) dans des banques de données spécialisées dans le domaine du génie (Copendex et Inspec), 3) dans une banque de données transdisciplinaire (Scopus) et 4) dans les actes de conférence de la Canadian Engineering Education Association (CEEA). Ces requêtes nous ont permis de constater qu'il existe peu d'information à l'égard des caractéristiques des projets de fin d'études en conception au Canada.

production d'un rapport final de conception détaillée (qui comprend, par exemple, des calculs, des plans et devis, une estimation des coûts et des échéances, etc.) et, dans certains cas, à la fabrication d'un prototype.

Le nombre de sessions[9] dont les étudiants disposent pour réaliser leur projet influence grandement l'ampleur que ce dernier peut prendre. En effet, plus la durée des projets est courte, plus il est difficile d'amener les étudiants à réaliser toutes les étapes du processus de conception en ingénierie, dont celle de la fabrication, de l'assemblage et des essais expérimentaux d'un prototype (Dutson *et al.*, 1997 ; Goncher et Johri, 2015). Dans une enquête qu'elles ont menée en 2015 auprès de 522 membres du personnel enseignant impliqués dans les projets de fin d'études en conception au sein de 256 institutions d'enseignement américaines, Howe, Rosenbauer et Poulos (2016*a*) ont mis en lumière le fait que la majorité de ces projets s'échelonnaient sur une ou deux sessions. De fait, sur les 499 répondants qui ont accepté d'indiquer la durée des projets de fin d'études dans lesquels ils étaient impliqués, 55 % ont mentionné que ces projets étaient réalisés sur deux sessions et 31 % ont indiqué qu'ils étaient plutôt réalisés sur une session (Howe *et al.*, 2016*a*).

Le nombre d'étudiants engagés dans un projet de fin d'études influence aussi fortement l'envergure que ce dernier peut prendre. À l'instar de la réalité professionnelle, la grande majorité de ces projets sont réalisés en équipe (Dutson *et al.*, 1997 ; Howe, 2010 ; Howe *et al.*, 2016*a* ; Howe, Rosenbauer et Poulos, 2016*b* ; Howe et Wilbarger, 2006). Ce faisant, ces projets cherchent à développer chez les étudiants la capacité à travailler en équipe, soit l'une des douze qualités attendues des ingénieurs (BCAPG, 2017). Bien que la majorité de ces équipes regroupe uniquement

[9] Au Québec, la division de l'année universitaire d'un programme d'études est généralement faite par session, peu importe l'institution d'enseignement. Une session compte habituellement une période de 15 semaines et a habituellement une valeur de 15 crédits, soit l'équivalent de 30 ECTS (ECTS : Système européen de transfert de crédits – *European credits transfer system*) (Communautés européennes, 2009 ; Université de Sherbrooke, 2017*a*).

des étudiants d'une même discipline en génie, les équipes dites interdisciplinaires[10] sont en croissance (Howe, 2010). Ainsi, dans certains programmes, des étudiants d'autres disciplines, comme en administration ou en *design* industriel, prêtent parfois main-forte aux futurs ingénieurs pour la réalisation de leurs projets. Qu'elles soient disciplinaires ou interdisciplinaires, ces équipes sont généralement formées de quatre à six étudiants (*Ibid.*). Cette taille vise à éviter que la réalisation d'un projet ne soit compromise par la perte d'un membre de l'équipe, ce qui peut être le cas pour les équipes formées de deux ou trois étudiants (Dutson *et al.*, 1997). En outre, lorsqu'ils sont en équipe de quatre, cinq ou six, les étudiants doivent faire face à des défis significatifs en termes de gestion d'équipe, mais ces défis sont moins difficiles à relever que lorsqu'ils sont plus de sept étudiants (*Ibid.*). La formation de ces équipes peut être libre ou imposée (Howe *et al.*, 2016*a*). Elle est plus fréquemment libre, c'est-à-dire que les étudiants peuvent choisir les collègues avec lesquels ils souhaitent réaliser leur projet (*Ibid.*). Lorsque la formation des équipes est imposée, l'enseignant responsable peut choisir de regrouper les étudiants de façon aléatoire, ou décider de former des équipes en fonction des habiletés et aptitudes de ses étudiants au regard des projets à réaliser (*Ibid.*).

En outre, les sources des projets de fin d'études en conception sont généralement variées (Dutson *et al.*, 1997 ; Howe, 2010 ; Howe *et al.*, 2016*a* ; Howe *et al.*, 2016*b* ; Howe et Wilbarger, 2006 ; Todd *et al.*, 1994). Parmi ces sources, les plus fréquentes, par ordre d'importance, sont les suivantes : 1) des entreprises, des industries ou des organisations gouvernementales ; 2) des membres du personnel enseignant (par exemple, des professeurs chercheurs) ; 3) des entrepreneurs ou des étudiants ; 4) des sociétés ou compétitions[11] d'ingénierie ; 5) des organisations à but

[10] Le Grand dictionnaire terminologique (GDT) de l'Office québécois de la langue française définit le terme "interdisciplinarité" comme « l'interaction de deux ou plusieurs disciplines ou spécialités à la fois, organisées en fonction d'un projet à réaliser ou d'un problème à résoudre » (n.p.).

[11] Les compétitions ou concours d'ingénierie offrent aux étudiants l'occasion de concevoir une machine, un système ou un dispositif aux fins d'un usage

non lucratif (Howe *et al.*, 2016*a*). Selon Howe *et al.* (*Ibid.*), il est devenu de plus en plus fréquent, au cours des dernières années, que des projets de fin d'études en conception soient issus de l'entreprise ou de l'industrie. En fait, d'après des résultats qu'elles ont obtenus auprès de 461 répondants provenant de 256 institutions d'enseignement américaines, ce sont 70 % des projets de fin d'études en conception qui impliqueraient un partenaire œuvrant dans une entreprise ou dans une industrie (Howe *et al.*, 2016*a*). Ces projets sont habituellement soumis aux étudiants grâce à des diplômés du programme ou, encore, grâce au réseau de contacts du personnel enseignant (*Ibid.*).

L'implication de partenaires provenant de l'entreprise ou de l'industrie peut se décliner sous différentes formes. Il peut s'agir, entre autres, de prêts d'équipements, de dons matériels ou d'expertise (Dutson *et al.*, 1997). De façon générale, lorsqu'un tel partenaire souhaite s'impliquer auprès d'une équipe étudiante pour la réalisation de son projet de fin d'études, il désigne un ingénieur qui le représente. Le niveau d'implication de ce dernier est considéré comme un facteur déterminant pour le succès du projet, en plus d'être reconnu pour motiver les équipes étudiantes (*Ibid.*). La fréquence des interactions que des équipes étudiantes ont avec l'ingénieur qui représente leur partenaire varie en fonction du type de projet qu'elles ont à réaliser, de la nature de l'implication souhaitée du partenaire, de leurs disponibilités respectives, etc. (*Ibid.*). De façon générale, une équipe rencontre l'ingénieur qui représente son partenaire une fois par semaine, une fois par mois ou au début et à la fin du projet (Howe, 2010). Ces rencontres peuvent avoir lieu dans les locaux de l'institution d'enseignement ou au sein de l'entreprise ou de l'industrie.

Lorsque des partenaires provenant de l'entreprise ou de l'industrie sont impliqués dans des projets de fin d'études, il est fréquent qu'ils soutiennent financièrement la réalisation de ces

---

spécifique. À titre d'exemple, pour la compétition internationale de la Formule de la Society of Automotive Engineers (Formule SAE), les étudiants doivent concevoir un véhicule de course pour circuit fermé, tout en respectant diverses règles et de contraintes (http://students.sae.org/cds/formulaser ies/about/).

projets (Dutson *et al.*, 1997). Selon Howe (2010), le budget alloué à la réalisation de ces projets varie entre 0 $ et 40 000 $. Le budget alloué à la majorité des projets de fin d'études se situe toutefois entre 0 et 1 000 $ (*Ibid.*). Les projets dont les coûts sont plus élevés sont généralement ceux pour lesquels une réalisation matérielle, comme un prototype, a été menée à bien (*Ibid.*). Lorsque ce budget ne provient pas de partenaires issus de l'entreprise ou de l'industrie, il peut être alloué par le département ou le programme, voire par les étudiants lorsqu'il est considéré raisonnable (c'est-à-dire inférieur à une centaine de dollars) (*Ibid.*). Des bourses sont aussi parfois évoquées comme source de financement des projets de fin d'études.

Pour ce qui est des modalités d'encadrement des projets, celles-ci sont très variables d'une institution à une autre (Dutson *et al.*, 1997). Selon Dutson *et al.* (*Ibid.*), les projets de fin d'études sont généralement réalisés sous la supervision d'un enseignant ou d'une équipe d'encadrement. Des rencontres de suivi auprès des équipes étudiantes peuvent avoir lieu seulement lorsqu'elles sont jugées nécessaires, à des moments clés de la réalisation du projet ou plus fréquemment, par exemple, à toutes les semaines (*Ibid.*). Ces rencontres ont généralement lieu en classe, dans le cadre de périodes inscrites à l'horaire des étudiants (Howe, 2010). À l'occasion de ces rencontres, les équipes étudiantes reçoivent essentiellement de la rétroaction sur les aspects techniques de leur projet (*Ibid.*).

Enfin, pour ce qui est des modalités d'évaluation des projets, les trois plus fréquentes sont 1) les rapports (intermédiaire et final), 2) les présentations (orale et par affiche) et 3) la remise d'un prototype ou d'un dispositif fonctionnel (Howe *et al.*, 2016*b*). Considérant le fait que la majorité de ces modalités d'évaluation sont le fruit d'un travail d'équipe, il est difficile pour l'enseignant ou l'équipe d'encadrement de mesurer l'effort individuel des étudiants (*Ibid.*). Pour pallier cette difficulté, la contribution individuelle des étudiants est généralement évaluée au moyen d'une évaluation par les pairs (Howe, 2010). Cette évaluation amène ainsi les étudiants à apprécier la qualité de la contribution individuelle de leurs collègues au projet réalisé. Les résultats obtenus auprès de 469 répondants provenant de 256 institutions américaines d'enseignement dans l'enquête d'Howe *et al.* (2016*a*) indiquent d'ailleurs que 90 % des notes finales des projets de fin d'études résultent d'une combinaison entre des notes d'équipe et des notes individuelles.

En somme, les enquêtes nationales menées aux États-Unis depuis plus de vingt ans ont permis de documenter diverses caractéristiques des projets de fin d'études en conception en ingénierie à travers un grand nombre d'institutions d'enseignement. À notre connaissance, aucune initiative similaire n'a toutefois été menée au Canada (niveau national) ou au Québec (niveau provincial). L'objectif de la présente étude est donc de comparer les caractéristiques de ces projets, les pratiques d'encadrement et les modalités d'évaluation que l'on retrouve dans les programmes de premier cycle en génie mécanique au Québec. Au terme de cette étude comparative, nous tenterons de dégager des traits communs ainsi que des particularités, en plus de les comparer aux résultats des études américaines.

4. Méthodologie

Au regard de l'objectif de recherche énoncé ci-dessus, nous avons mené une étude qualitative de type exploratoire (Deslauriers, 1991 ; Trudel, Simard et Vornax, 2006). La stratégie de collecte de données que nous avons mise en œuvre à cette fin s'est déroulée en trois temps.

Dans un premier temps, nous avons analysé les dix programmes de baccalauréat (premier cycle) en génie mécanique au Québec. Parmi ces programmes, huit provenaient d'universités francophones et deux d'universités anglophones. L'analyse de ces programmes a essentiellement reposé sur la consultation de leur fiche détaillée[12] dans le but d'identifier les activités pédagogiques offertes en conception. Une fois ces activités pédagogiques identifiées, nous avons pris connaissance de leur description présentée dans l'annuaire (répertoire) en ligne des universités. Ces descriptions nous ont donné accès aux objectifs de formation de ces activités pédagogiques, à une présentation sommaire de leur contenu, au nombre de crédits qui leur était accordé et à leurs activités pédagogiques préalables. Sur la base de ces informations, nous avons repéré les activités pédagogiques où des projets de fin d'études en conception étaient réalisés.

Dans un deuxième temps, nous avons analysé les plans de cours des activités pédagogiques où des projets de fin d'études en conception étaient réalisés. Ces documents fournissaient des informations sur l'enseignant responsable de l'activité pédagogique (son nom et ses coordonnées), les objectifs des projets, leur durée, leur mode de réalisation (en équipe ou individuel), etc. L'accès à ces documents pouvait être libre ou contrôlé. Il était libre lorsque les plans de cours étaient accessibles sur le site *web* des programmes et il était contrôlé lorsque, pour consulter ces documents, il fallait en demander l'accès auprès des enseignants responsables de ces activités pédagogiques. Notre analyse de ces documents officiels – au sens où l'entendent De Ketele et Roegiers (2009) – nous a permis de colliger des données préliminaires sur les projets de fin d'études en conception dans les programmes de premier cycle en génie mécanique au Québec.

Dans un troisième temps, afin d'enrichir notre compréhension de ces projets, nous avons réalisé des entrevues semi-dirigées (Brenner, 2006 ; Savoie-Zajc, 2009). Pour ce faire, en septembre 2016, nous avons envoyé un courriel d'invitation en français ou en anglais à sept participants potentiels. Ces derniers étaient tous des responsables de projets de fin d'études en conception dans des institutions distinctes. Ils ont été sélectionnés du fait que leur

---

[12] Les fiches détaillées des programmes étaient disponibles sur leur site *web* respectif. Un exemple de ce type de fiche est disponible à l'adresse suivante : <https://www.usherbrooke.ca/admission/programme/215/baccalaureat-en-genie-mecanique/>.

affiliation universitaire nous permettait de recueillir des données sur les projets de fin d'études en conception réalisés par plus de 90 % des finissants des programmes de premier cycle en génie mécanique au Québec (Ingénieurs Canada, 2016)[13].

Le courriel d'invitation transmis à ces participants potentiels visait à leur faire connaître le but de notre recherche et à obtenir leur assentiment à y participer. Tous ont accepté d'être interviewés. Nous avons ainsi réalisé sept entrevues semi-dirigées : cinq en français et deux en anglais. Ces entrevues ont eu lieu en octobre et en novembre 2016. Cinq d'entre elles ont été réalisées par téléphone, alors que les deux autres se sont déroulées lors de rencontres à l'Université de Sherbrooke. Les sept entrevues semi-dirigées ont duré entre 35 et 60 minutes et ont fait l'objet d'un enregistrement audio.

Le guide d'entrevue bilingue développé aux fins de ces échanges comprenait onze questions. Dix d'entre elles étaient réparties en quatre grandes thématiques : 1) les caractéristiques et la sélection des projets de conception ; 2) la charge de travail, les tâches et les livrables associés à ces projets ; 3) l'encadrement et l'évaluation de ces projets ; 4) le budget et les partenaires externes relatifs à ces projets. Ces thématiques ont été retenues puisqu'elles ont fait l'objet des enquêtes nationales américaines. Chacune des questions relatives à ces thématiques était accompagnée de diverses relances (comme des mots clés, des sous-questions, etc.) pour permettre d'exemplifier ou d'approfondir les réponses obtenues. Enfin, une dernière question visait à aborder des aspects importants qui n'auraient pas été discutés au cours de l'entrevue. Somme toute, c'est à la lumière des informations analysées dans les plans de cours des activités pédagogiques de projet de fin d'études en conception que les questions et les relances de ce guide d'entrevue ont été formulées.

[13] Nous tenons à préciser que les sept participants interviewés ne représentent qu'un échantillon des responsables des projets de fin d'études au sein des établissements universitaires visés. Il s'agit donc là d'une limite de la présente étude.

Au terme de ces entrevues semi-dirigées, nous avons transcrit les propos des participants. Puis, nous avons procédé à une analyse thématique de leur contenu afin de dégager, d'une part, un portrait d'ensemble de ce *corpus* et, d'autre part, de dégager des traits communs et des particularités des projets de conception à l'étude (Bardin, 2007).

5. Résultats

Nous présentons ici une synthèse des propos que nous avons recueillis auprès des sept participants de notre étude. Ces observations ont été regroupées en huit thématiques : 1) les objectifs d'apprentissage des projets ; 2) le nombre de crédits accordé aux projets, la durée de ces derniers et la charge de travail ; 3) les caractéristiques des équipes de projets ; 4) les sources des projets ; 5) l'implication de partenaires provenant de l'entreprise, de l'industrie ou d'une organisation gouvernementale ; 6) le budget des projets ; 7) les modalités d'encadrement des projets ; 8) les modalités d'évaluation des projets.

5.1 Objectifs d'apprentissage des projets

Les projets de fin d'études des sept programmes ciblés de premier cycle en génie mécanique visent à faire vivre aux étudiants une expérience de conception avec des clients réels. Les projets réalisés relèvent essentiellement de la conception de produits ou de procédés de fabrication. Des projets réalisés dans le domaine de la conception de produits ont, par exemple, consisté à concevoir une machine pour la récolte de pousses de tournesol ou à concevoir une béquille mécanisée pour des camions lourds. Des projets réalisés dans le domaine de la conception de procédés de fabrication ont, pour leur part, consisté à automatiser la mise en conserve du sirop d'érable ou à automatiser la fabrication d'uniformes vestimentaires. En raison de leur ampleur, ces projets sont réalisés en équipe. En outre, considérant leur complexité, ils nécessitent l'intégration de connaissances acquises antérieurement dans le programme, mais aussi l'acquisition de nouvelles connaissances liées, par exemple, aux sciences du génie ou à la gestion de projet. Dans le cadre de ces projets, il est attendu des étudiants qu'ils maîtrisent les étapes et les outils de la conception en génie mécanique. Ils doivent également produire un rapport final de conception détaillée (qui comprend des calculs, des plans et devis, etc.) et, dans cinq programmes sur sept, fabriquer un prototype fonctionnel.

5.2 Nombre de crédits accordés aux projets, durée de ces derniers et charge de travail

Le nombre de crédits accordés aux projets de fin d'études varie entre quatre et douze. Dans deux programmes, ces projets ont respectivement quatre et six crédits ; dans trois programmes, ces projets ont chacun cinq, neuf et douze crédits. Pour ce qui est de la durée des projets, elle varie d'une à trois sessions. Pour deux programmes, les projets de fin d'études sont réalisés à l'intérieur d'une session (15 semaines) ; pour quatre programmes – soit la majorité –, les projets se déroulent sur deux sessions d'études (30 semaines) et, pour un programme, les projets s'échelonnent sur trois sessions (45 semaines). Ces informations relatives au nombre de crédits accordé aux projets de fin d'études et à leur durée, en termes de session, sont présentées dans le tableau 1. Celui-ci met notamment en lumière la tendance selon laquelle plus le nombre de crédits accordés aux projets de fin d'études est élevé, plus le nombre de sessions allouées pour réaliser ces projets l'est aussi.

Tableau 1
Nombre de crédits et durée des projets de fin d'études dans sept programmes de 1er cycle en génie mécanique au Québec

	Nombre de crédits accordés aux projets de fin d'études					Durée des projets de fin d'études		
	4	5	6	9	12	1 session	2 sessions	3 sessions
Programme 1	X					X		
Programme 2			X				X	
Programme 3	X						X	
Programme 4			X				X	
Programme 5					X			X
Programme 6		X				X		
Programme 7				X			X	
Nombre total de programmes	2	1	2	1	1	2	4	1

Par ailleurs, les étudiants consacrent en moyenne 45 heures de travail par crédit alloué aux projets de fin d'études. Au cours de leur dernière année de formation, les étudiants investissent ainsi entre 10 et 20 heures de travail par semaine dans leur projet (ce nombre d'heures comprend le travail encadré, inscrit à l'horaire, et le travail personnel des étudiants). Aux dires des responsables interviewés, plusieurs étudiants consacreraient même davantage d'heures de travail à ces projets.

5.3 Caractéristiques des équipes de projets

Comme nous l'avons souligné précédemment, les projets de fin d'études des sept programmes ciblés sont tous réalisés en équipe. Dans trois programmes, ces équipes regroupent uniquement des étudiants en génie mécanique ; dans deux programmes, ces équipes peuvent être exclusivement formées d'étudiants en génie mécanique ou être formées d'étudiants en génie mécanique et en d'autres disciplines (comme en génie électrique, en design industriel, etc.) ; enfin, dans deux programmes, les équipes sont toutes interdisciplinaires. De façon générale, les équipes de projets comptent de quatre à huit étudiants. Cette taille peut cependant varier de façon considérable, notamment en raison du type de projet que les étudiants doivent réaliser. Ainsi, il peut arriver que des équipes de projets soient composées de seulement deux étudiants (nombre minimal) ou de trente étudiants (nombre maximal).

En outre, les équipes sont majoritairement formées sur la base de la combinaison de l'intérêt des étudiants pour un projet donné et de leur affinité avec certains de leurs collègues. C'est le cas pour quatre des sept programmes ciblés. Pour les trois autres programmes, c'est plutôt l'intérêt des étudiants pour un projet donné qui permet de former les équipes. Cette façon de faire est privilégiée lorsque les projets sont présentés aux étudiants au moyen d'une plateforme Web, où il leur est possible d'indiquer, par ordre de préférence, un premier, un deuxième et un troisième choix de projet. En fonction des contraintes relatives à la taille des équipes et du nombre d'étudiants inscrits pour chacun des projets offerts, les responsables des projets forment dès lors les équipes. Le tableau 2 présente une synthèse de ces caractéristiques des équipes de projets.

Tableau 2
Caractéristiques des équipes des projets de fin d'études dans sept programmes de 1er cycle en génie mécanique au Québec

	Type d'équipes (disciplinaires et/ou interdisciplinaires)	Nombre d'étudiants minimum	Nombre d'étudiants maximum	Nombre d'étudiants visé	Mode de formation des équipes
Programme 1	Disciplinaires et interdisciplinaires	4	30	4	A
Programme 2	Interdisciplinaires	6	15	7	A
Programme 3	Disciplinaires	5	8	6	B
Programme 4	Disciplinaires	3	5	4	B
Programme 5	Disciplinaires et interdisciplinaires	5	12	8	B
Programme 6	Disciplinaires	3	6	5	B
Programme 7	Interdisciplinaires	2	4	4	A

Légende : A - Intérêt pour un projet donné
B - Intérêt pour un projet donné et affinité des étudiants

5.4 Sources des projets

Les projets de fin d'études des sept programmes ciblés sont, somme toute, issus de sources variées. En effet, dans la majorité de ces programmes, les projets proviennent de trois à cinq sources différentes. Par ordre d'importance, ces sources sont les suivantes : 1) des entreprises, des industries ou des organisations gouvernementales ; 2) des membres du personnel enseignant (par exemple, des professeurs chercheurs) ; 3) des sociétés ou compétitions d'ingénierie ; 4) des organisations à but non lucratif ; 5) des étudiants. Le tableau 3 donne plus de détails sur la répartition de ces sources de projets pour chacun des programmes ciblés et met en lumière le fait que les projets proviennent principalement des entreprises, des industries ou des organisations gouvernementales.

Tableau 3
Sources des projets de fin d'études dans sept programmes de premier cycle en génie mécanique au Québec

	Entreprises, industries ou organisations gouvernementales	Membres du personnel enseignant	Étudiants	Sociétés ou compétitions d'ingénierie	Organisations à but non lucratif
Programme 1	75 %	10 %	-	15 %	-
Programme 2	100 %	-	-	-	-
Programme 3	35 %	40 %	-	25 %	-
Programme 4	34 %	33 %	-	33 %	-
Programme 5	50 %	5 %	15 %	20 %	10 %
Programme 6	80 %	5 %	5 %	-	10 %
Programme 7	70 %	15 %	-	-	15 %

Pour cinq des sept programmes ciblés, les projets provenant d'entreprises, d'industries ou d'organisations gouvernementales sont soumis grâce à des diplômés ou au réseau de contacts du personnel enseignant à la suite d'un appel de projets. Dans les deux autres programmes, il en est toutefois autrement. En effet, au sein de ces programmes, c'est plutôt aux étudiants que revient la tâche d'établir des contacts avec des clients potentiels et de les inviter à soumettre un projet. Pour ce faire, les étudiants peuvent recourir à leur réseau de contacts personnels ou solliciter un ancien employeur lorsqu'ils ont eu un ou des stages en entreprise. Ces projets doivent ensuite être soumis au(x) responsable(s) des projets de fin d'études pour approbation.

Le nombre de projets offerts aux étudiants est, aux dires des participants interviewés, typiquement plus grand que le nombre d'équipes disponibles pour les réaliser. Au sein d'une même cohorte d'étudiants, les projets conçus sont donc généralement distincts, à moins qu'un client demande spécifiquement à ce que plus d'une équipe travaille sur son projet.

5.5 Implication de partenaires provenant de l'entreprise, de l'industrie ou d'une organisation gouvernementale

Parmi les entreprises, industries et organisations gouvernementales qui offrent des projets de fin d'études aux étudiants dans les programmes de 1er cycle ciblés, on compte plusieurs petites et moyennes entreprises (PME), de même que des centres collégiaux de transfert de technologie (CCTT). D'une façon moindre, des grandes entreprises ou industries, de même que d'autres types d'organisations gouvernementales offrent aussi des projets de fin d'études en conception.

L'implication des partenaires provenant de l'entreprise, de l'industrie ou d'une organisation gouvernementale se décline essentiellement sous deux formes : une contribution en espèces et/ou en nature. Les contributions en espèces permettent, entre autres, aux équipes étudiantes d'acheter le matériel nécessaire à la fabrication de leur prototype lorsque c'est le cas. Les contributions en nature, elles, peuvent offrir aux équipes étudiantes l'occasion d'accéder à des équipements spécialisés dont dispose le partenaire ou de bénéficier de l'expertise d'un ingénieur travaillant pour ce dernier.

La fréquence des interactions entre les équipes étudiantes et leur partenaire varie en fonction du type de projet réalisé. Dans un des sept programmes ciblés, un minimum de deux rencontres est prévu, soit au début et à la fin du projet. Dans les six autres programmes ciblés, plusieurs rencontres sont plutôt attendues. Sans quantifier le nombre de ces rencontres, les participants interviewés ont souligné que leur fréquence était plus élevée au début des projets (par exemple, une à plusieurs fois par semaine pour la préparation du cahier des charges) et qu'elle se stabilisait en cours de projet (par exemple, à raison d'une fois par semaine ou d'une fois par mois). Dans tous les programmes ciblés, il est toutefois de la responsabilité des équipes étudiantes d'assurer les suivis nécessaires auprès de leur partenaire. En outre, une fois leur projet terminé, ces équipes étudiantes ont la responsabilité de remettre à leur partenaire un exemplaire de leur rapport final de conception détaillée.

5.6 Budget des projets

Le budget nécessaire à la réalisation des projets de fin d'études varie considérablement dans les sept programmes ciblés. Dans un programme, aucun budget n'est accordé pour ces projets, car aucune réalisation matérielle n'est attendue pour ces derniers. Pour les six autres programmes, le budget minimal oscille entre 200 $ et 5 000 $, tandis que le budget maximal, lui, varie entre 2 000 $ et 100 000 $. Le budget moyen nécessaire aux projets de fin d'études n'a d'ailleurs pas de commune mesure entre ces six programmes : il oscille entre 200 $ et 20 000 $. Le tableau 4 présente chacune de ces informations par programme.

En outre, dans ces six programmes, le budget accordé à la réalisation des projets de fin d'études provient des partenaires (ou clients), des institutions d'enseignement et/ou de commanditaires. Lorsque le budget provient des institutions d'enseignement (ce qui est le cas pour quatre programmes), il varie entre 200 $ et 500 $. Le même montant est généralement accordé à chacune des équipes de projets et ces dernières peuvent l'utiliser, par exemple, pour réaliser un projet pour une organisation à but non lucratif. Lorsque le budget provient de commanditaires (ce qui est le cas pour deux programmes), il varie entre quelques centaines et quelques dizaines de milliers de dollars. Par ailleurs, c'est aux étudiants que revient la responsabilité de trouver ces commanditaires. À cette fin, ils doivent, entre autres, préparer un guide de sollicitation et un plan de visibilité en échange des commandites[14] obtenues, rencontrer les commanditaires potentiels, etc.

Tableau 4

Budget des projets de fin d'études dans sept programmes de premier cycle en génie mécanique au Québec

	Budget minimum	Budget maximum	Budget moyen	Provenance des fonds	Utilité des fonds
Programme 1	200 $	2000 $	200 $	Institution d'enseignement Partenaires*	Achat de matériel Frais de déplacement
Programme 2	1000 $	Des dizaines de milliers de dollars	-	Partenaires Institution d'enseignement**	Fabrication du prototype
Programme 3	800 $	3000 $	800 $	Institution d'enseignement Commanditaires***	Fabrication du prototype
Programme 4	500 $	-	3500 $	Partenaires Institution d'enseignement****	Fabrication du prototype
Programme 5	5000 $	100 000 $	10 000 $ à 20 000 $	Partenaires Commanditaires	Fabrication du prototype Frais de déplacement
Programme 6	0 $	0 $	0 $	-	-
Programme 7	-	-	7000 $	Partenaires	Fabrication du prototype

**Note.* Si le projet est réalisé avec un partenaire, il est de la responsabilité de ce dernier de bonifier le budget alloué au projet s'il est jugé insuffisant.
***Note.* Lorsque le client est une organisation à but non lucratif, l'institution d'enseignement peut donner un budget aux équipes étudiantes.
****Note.* Les équipes étudiantes peuvent bonifier le budget que l'institution d'enseignement alloue à leur projet en recrutant des commanditaires.
*****Note.* Lorsque les projets sont réalisés pour des sociétés ou des compétitions d'ingénierie, l'institution d'enseignement peut accorder un budget variant entre 500 $ et 1000 $.

Somme toute, le budget alloué aux projets de fin d'études vise essentiellement à permettre la fabrication du prototype (c'est le cas pour cinq programmes); à couvrir les frais de déplacement des étudiants pour diverses rencontres ou compétitions (c'est le cas pour deux programmes) ou à simplement permettre l'achat

14 Les commandites sont généralement un soutien financier ou matériel obtenu après avoir sollicité des entreprises ou organisations.

de matériel pour effectuer divers tests (c'est le cas pour un programme).

5.7 Modalités d'encadrement des projets

Les modalités d'encadrement des projets de fin d'études sont relativement similaires parmi les sept programmes ciblés. En effet, dans chacun de ces programmes, ce sont des professeurs qui sont responsables des projets de fin d'études. En fonction du nombre d'équipes de projets, il est possible qu'il y ait quelques professeurs impliqués ; ils forment alors une équipe d'encadrement. De façon générale, les équipes étudiantes interagissent cependant avec un seul professeur responsable. Au sein de trois programmes, des professionnels, comme des ingénieurs ou des conseillers en ressources humaines, font également partie des équipes d'encadrement des projets. Dans trois programmes, des chargés de cours et/ou des auxiliaires d'enseignement peuvent aussi appuyer les équipes d'encadrement.

Un suivi étroit des projets est assuré par le professeur responsable ou l'équipe d'encadrement. Ainsi, dans les sept programmes ciblés, la fréquence des rencontres peut être, au minimum, de deux fois pour tout le projet (c'est le cas pour un programme) ou être hebdomadaire ou bihebdomadaire (comme pour les six autres programmes). La durée de ces rencontres varie entre 15 minutes et deux heures. Dans les programmes ciblés, ces rencontres ont majoritairement lieu en équipe. Dans un programme, quatre rencontres individuelles de 30 à 60 minutes s'ajoutent à ces rencontres d'équipe.

Une préparation préalable à ces rencontres d'équipe ou individuelle est généralement attendue des étudiants. Cette préparation peut consister à préparer un ordre du jour ou à rédiger un rapport d'une page sur l'état d'avancement du projet.

Enfin, la rétroaction reçue à l'occasion de ces rencontres porte essentiellement sur des aspects techniques ou de gestion de projet (c'est le cas pour six programmes). Elle peut toutefois aussi avoir pour objectif d'effectuer un retour sur les modalités d'évaluation relatives aux projets (c'est le cas pour un programme) ou de discuter du travail personnel de l'étudiant (comme c'est le cas pour le programme ayant des rencontres individuelles). Une synthèse de ces modalités d'encadrement pour les sept programmes ciblés est présentée dans le tableau 5.

Tableau 5

Modalités d'encadrement des projets de fin d'études dans sept programmes de premier cycle en génie mécanique au Québec

	Personne(s) impliquées dans l'encadrement	Fréquence des rencontres		Durée des rencontres		Nature de la rétroaction	
		Équipe	Individuelle	Équipe	Individuelle	Équipe	Individuelle
Programme 1	Professeurs	2 rencontres minimum	-	1 h	-	A	-
Programme 2	Professeurs Professionnels	Hebdomadaire	-	1 h à 2 h	-	A	-
Programme 3	Professeurs	Hebdomadaire ou bihebdomadaire	-	15 minutes à 1 h	-	A	-
Programme 4	Professeurs Chargés de cours Auxiliaire d'enseignement	Hebdomadaire	-	1 h	-	B	-
Programme 5	Professeurs Chargés de cours	Hebdomadaire	4 rencontres	1 h	30 à 60 minutes	A	C
Programme 6	Professeurs Professionnels	Hebdomadaire	-	30 à 60 minutes	-	A	-
Programme 7	Professeurs Professionnel Auxiliaire d'enseignement	Hebdomadaire	-	30 à 60 minutes	-	A	-

Légende : A : Technique et relative à la gestion de projet
B : Retour sur les modalités d'évaluation
C : Retour sur le travail personnel de l'étudiant

5.8 Modalités d'évaluation des projets

Dans les sept programmes ciblés, ce sont les professeurs et les chargés de cours qui ont la responsabilité d'évaluer les projets de fin d'études. Dans six de ces programmes, deux types de modalités d'évaluation sont possibles : les modalités d'évaluation en équipe et les modalités d'évaluation individuelle. Un seul programme n'a que des modalités d'évaluation en équipe. Dans ce cas, la note finale de chaque étudiant est modulée en fonction de la qualité de sa participation au projet, laquelle est évaluée par l'enseignant responsable.

Les modalités d'évaluation en équipe les plus fréquentes sont les suivantes : 1) les rapports (intermédiaire et final) ; 2) les présentations (orale et par affiche) ; 3) le prototype (son fonctionnement et/ou la validation et les tests effectués à son égard). Ces modalités d'évaluation en équipe valent entre 35 % et 87,5 % de la note finale. Les modalités d'évaluation individuelle les plus fréquentes sont 1) le cahier de projet (lequel comprend généralement des calculs et des dessins techniques) et 2) la qualité de la participation individuelle au projet (professionnalisme). Le pourcentage accordé à ces modalités d'évaluation varie entre 12,5 % et 65 %.

Dans six des sept programmes ciblés, l'évaluation par les pairs est présente. Cette évaluation invite les étudiants à apprécier la qualité de la contribution individuelle de leurs collègues au projet réalisé. Son résultat peut entraîner une modulation de la note finale. Dans ce cas, cette modulation se mesure à une cote (pour cinq programmes), voire à quelques cotes (pour un programme). Ainsi, un étudiant qui aurait eu une note finale de B+ grâce aux résultats obtenus pour les modalités d'évaluation en équipe et individuelle, mais dont la participation au projet aurait été jugée exceptionnelle par ses coéquipiers pourrait se voir recevoir une note finale de A- (variation d'une cote). En revanche, dans le cas où les coéquipiers de cet étudiant auraient jugé que son travail ne répondait pas aux attentes, cet étudiant pourrait recevoir une note finale de B- (variation d'une cote toujours). Le tableau 6 livre une synthèse des différents types d'évaluation décrits dans cette section.

Conclusion : traits communs et particularités des projets de fin d'études de sept programmes de premier cycle en génie mécanique au Québec

Notre étude comparative des caractéristiques des projets de fin d'études, des pratiques d'encadrement et des modalités d'évaluation que l'on retrouve dans sept programmes de baccalauréat en génie mécanique au Québec nous a permis d'identifier des traits communs à ses projets ainsi que des particularités.

Tableau 6

Modalités d'évaluation des projets de fin d'études dans sept programmes de premier cycle en génie mécanique au Québec

	Personne(s) responsable(s) de l'évaluation	Évaluation d'équipe Modalités	Poids	Évaluation individuelle Modalités	Poids	Évaluation par les pairs Oui	Non	Modulation de la note finale
Programme 1	Professeurs	Rapports Présentations Prototype*	Entre 60 % et 70 %	A + B	Entre 40 % et 30 %	X		E
Programme 2	Professeurs	Rapports Présentations	Entre 75 % et 85 %	A + B	Entre 25 % et 15 %	X		E
Programme 3	Professeurs	Rapports Présentation Prototype	87,5 %	A + C	12,5 %	X		E
Programme 4	Professeurs Chargés de cours	Rapports Présentations Prototype	75 %	A + B	25 %	X		E
Programme 5	Professeurs Chargés de cours	Rapports Présentations Rencontres Prototype	60 %	A + D	40 %	X		F
Programme 6	Professeurs	Rapports Présentation	35 %	A + B	65 %		X	
Programme 7	Professeurs	Rapports Présentations Prototype	100 %	B	Pénalité	X		E

Légende : A : Cahier de projet B : Qualité de la participation C : Présentation d'une cote D : Rencontres individuelles E : Variation possible F : Variation possible de quelques cotes

En ce qui concerne les traits communs, les projets de fin d'études documentés visent tous à faire vivre aux étudiants une expérience de conception authentique (avec des clients réels). La réalisation de ces projets nécessite également l'intégration de connaissances acquises antérieurement dans les programmes, de même que l'acquisition de nouvelles connaissances. Le nombre de crédits accordés au projet influence le nombre d'heures que les étudiants y consacrent ; la règle où un crédit correspond approximativement à une charge de travail de 45 heures, par étudiant, semble respectée. Ces projets de fin d'études sont réalisés en équipe et, dans les sept programmes ciblés, le nombre de projets offerts était typiquement plus grand que le nombre d'équipes disponibles pour les réaliser. En outre, lorsque des partenaires provenant de l'entreprise, de l'industrie ou d'une organisation gouvernementale sont impliqués dans ces projets, ils y contribuent en espèces (notamment pour l'achat de matériel) et/ou en nature (par exemple, en permettant aux équipes étudiantes de bénéficier de l'expertise d'un ingénieur travaillant pour ce partenaire). Il est d'ailleurs de la responsabilité des équipes étudiantes d'assurer les suivis nécessaires auprès de leur partenaire afin de mener à bien le projet. Lorsque les équipes étudiantes ont un budget alloué à leur projet, celui-ci permet la fabrication d'un prototype (lorsque cet objectif d'apprentissage est attendu) et le financement des frais de déplacement des étudiants (lorsque ceux-ci s'appliquent). Par ailleurs, dans les sept programmes ciblés, des professeurs sont toujours responsables d'encadrer les équipes de projets. Un suivi étroit est assuré à cette fin au moyen de plusieurs rencontres. Une préparation préalable à ces dernières (comme une proposition d'ordre du jour ou la rédaction d'un bref rapport d'avancement du projet) est demandée aux équipes étudiantes. Ces équipes peuvent dès lors bénéficier d'une rétroaction sur divers aspects – surtout techniques – à l'égard de leur projet. Enfin, l'évaluation des projets est sous la responsabilité des professeurs responsables et des chargés de cours qui sont impliqués.

Les particularités des projets de fin d'études des programmes ciblés sont plus nombreuses. En effet, ce ne sont pas tous les programmes qui visent à ce qu'un prototype fonctionnel soit fabriqué dans le cadre de ces projets. Cet objectif est plus fréquent lorsque davantage de crédits sont accordés aux projets de fin d'études (ce nombre varie entre quatre et douze crédits) et lorsque les équipes étudiantes ont davantage de temps pour travailler à leur projet (soit deux ou trois sessions). Bien que les projets de fin d'études documentés relèvent tous de baccalauréats en génie mécanique, quatre programmes des sept ciblés offrent la possibilité aux étudiants de réaliser leur projet avec des étudiants d'autres disciplines, comme en génie électrique ou en *design* industriel. Qu'elles soient disciplinaires ou interdisciplinaires, les équipes de projets comptent en moyenne de quatre à huit étudiants, mais leur taille minimale et maximale varie entre deux et trente étudiants. Dans certains programmes, la formation des équipes repose sur la combinaison de l'intérêt des étudiants pour un projet donné et de leur affinité avec certains de leurs collègues, alors que dans d'autres, elle est déterminée par l'intérêt des étudiants pour un projet donné. Les sources des projets de fin d'études sont également distinctes d'un programme à l'autre : il peut s'agir d'entreprises, d'industries ou d'organisations gouvernementales, de membres du personnel enseignant, de sociétés ou compétitions d'ingénierie, d'organisations à but non lucratif ou, encore, des étudiants eux-mêmes. Dans certains programmes, ces projets sont offerts aux étudiants à la suite d'un appel de projets ; dans d'autres programmes, il est plutôt de la responsabilité des étudiants de trouver ces projets. Lorsqu'un partenaire provenant de l'entreprise, de l'industrie ou d'une organisation gouvernementale est impliqué dans ces projets, les équipes étudiantes peuvent avoir avec lui un minimum de deux rencontres (soit au début et à la fin du projet) ou plusieurs rencontres au cours de la réalisation du projet. Aux fins de cette dernière, le budget alloué aux projets est marqué d'un écart important : il peut être de 0 $ à 100 000 $. Ce budget peut provenir des partenaires, de commanditaires et/ou des institutions d'enseignement. Le budget accordé est cependant inférieur à 1 000 $ lorsqu'il est remis par les institutions d'enseignement. Par ailleurs, en fonction des programmes, des professionnels (comme des ingénieurs ou des conseillers en ressources humaines), des chargés de cours et/ou des auxiliaires d'enseignement peuvent aussi être impliqués dans l'encadrement des projets de fin d'études. Cet encadrement est marqué par diverses rencontres d'équipe et/ou individuelle. La durée de ces rencontres varie entre 15 minutes et deux heures. Enfin, la note finale des étudiants pour ces projets est calculée sur la base de modalités d'évaluation en équipe et/ou individuelle. Le poids des modalités d'évaluation en équipe varie entre 37,5 % et 87,5 %, tandis que celui des modalités d'évaluation individuelle varie entre 12,5 % et 65 %. Parmi les sept programmes ciblés, une évaluation par les pairs est présente dans six programmes. Cette évaluation peut moduler d'une cote à quelques cotes la note finale des étudiants. Le tableau 7 présente une vue d'ensemble des traits communs et particularités des projets de fin d'études discutés dans cette section.

Tableau 7

Traits communs et particularités des projets de fin d'études de sept programmes de premier cycle en génie mécanique au Québec

Observations	Traits communs	Particularités
1. Objectifs d'apprentissage des projets	Expérience de conception authentique (clients réels) Intégration de connaissances Acquisition de nouvelles connaissances	Fabrication d'un prototype fonctionnel
2. Nombre de crédits, durée et charge de travail	45 heures de travail par crédit	De 4 à 12 crédits De 1 à 3 sessions
3. Caractéristiques des équipes	Projets réalisés en équipe	Équipes disciplinaires et/ou interdisciplinaires De 2 à 30 étudiants (moyenne de 4 à 8 étudiants) Formation des équipes libre ou déterminée par l'intérêt pour un projet donné
4. Sources des projets	Nombre de projets offerts plus grand que celui des équipes disponibles pour les réaliser (pour plusieurs programmes)	Sources variées Projets obtenus grâce à un appel de projets ou grâce aux démarches des étudiants
5. Implication de partenaires provenant de l'entreprise, de l'industrie ou d'une organisation gouvernementale	Contribution en espèces et/ou en nature Étudiants responsables d'assurer les suivis auprès de leur partenaire	Fréquence des interactions
6. Budget des projets	Budget permet la fabrication du prototype et à couvrir les frais de déplacement des étudiants	De 0 $ à 100 000 $ Provenance du budget
7. Modalités d'encadrement des projets	Professeurs responsables Suivi étroit des projets assuré au moyen de plusieurs rencontres Préparation préalable aux rencontres attendues Rétroaction offerte surtout sur des aspects techniques	Implication de professionnels, de chargés de cours et/ou d'auxiliaires d'enseignement Nombre et durée des rencontres Rencontres d'équipe et/ou individuelles
8. Modalités d'évaluation des projets	Professeurs et chargés de cours responsables de l'évaluation	Modalités d'évaluation en équipe et/ou individuelles Poids des évaluations en équipe : entre 37,5 % et 87,5 % Poids des évaluations individuelles : entre 12,5 % et 65 % Réalisation d'une évaluation par les pairs avec modulation de la note finale de l'étudiant

À notre connaissance, la présente étude est la première à s'être intéressée aux caractéristiques des projets de fin d'études en conception, à l'encadrement fait par le personnel enseignant à l'égard de ces projets et aux modalités d'évaluation associées à ces derniers dans le cadre des programmes de 1er cycle en génie mécanique au Québec. En outre, elle est la première à mettre de l'avant le fait que ce ne sont pas tous ces programmes qui font vivre à leurs étudiants l'ensemble des étapes du processus de conception présenté à la Figure 1. En effet, comme nous l'avons souligné précédemment, seulement cinq programmes parmi les sept ciblés visent à ce que leurs étudiants expérimentent l'ensemble des étapes de ce processus, y compris celle de la fabrication d'un prototype fonctionnel. Par ailleurs, les informations recueillies dans le cadre de cette étude nous indiquent que cette étape est très variable d'un programme à l'autre (par exemple, en termes de budget alloué à la fabrication du prototype, de temps accordé pour la réalisation de cette étape, etc.). À notre avis, il serait donc pertinent que des travaux ultérieurs documentent le rôle de la fabrication d'un prototype fonctionnel dans l'apprentissage de la conception chez des étudiants de 1er cycle en génie.

Addendum
Piste de réflexion sur la formation à la conception : l'importance de la réflexivité

Lorsque nous comparons les observations de notre étude aux résultats des enquêtes nationales américaines menées sur les projets de fin d'études dans les programmes de premier cycle en génie, nous remarquons la présence de plusieurs traits communs. Au nombre de ceux-ci, nous comptons, entre autres, les objectifs d'apprentissage visés, la durée accordée pour la réalisation des projets, le recours à des équipes étudiantes disciplinaires et/ou interdisciplinaires, la nature de l'engagement des partenaires provenant de l'entreprise, de l'industrie ou d'une organisation gouvernementale, ainsi que diverses modalités d'encadrement et d'évaluation.

Nous souhaitons maintenant porter ici à l'attention des formateurs l'importance d'engager les étudiants dans une démarche réflexive, notamment lors des rencontres d'encadrement des projets. Dans la présente étude, nous avons mis en lumière le fait que la rétroaction offerte dans le cadre de ces rencontres porte essentiellement sur des aspects techniques des projets. Des écrits que nous avons recensés nous amènent toutefois à réfléchir à la possibilité de profiter de ces rencontres pour promouvoir les stratégies métacognitives des étudiants, par exemple en proposant à ces derniers de réaliser un bilan de leurs apprentissages au regard des principaux jalons de leur projet (Litzinger *et al.*, 2011).

Plusieurs auteurs accordent une importance aux stratégies métacognitives dans le cadre d'une formation à la conception en ingénierie (Adams, Turns et Atman, 2003 ; Atman *et al.*, 2014 ; Borgford-Parnell *et al.*, 2010 ; Dym *et al.*, 2005 ; Litzinger *et al.*, 2011). Selon ces auteurs, ces stratégies jouent un rôle clé dans la formation à la conception en ingénierie du fait qu'elles participent au développement de l'identité et de l'expertise professionnelle, en plus d'accroître la qualité des projets (Adams *et al.*, 2003 ; Borgford-Parnell *et al.*, 2010 ; Dixon et Johnson, 2012 ; Litzinger *et al.*, 2011). De fait, les rencontres d'accompagnement avec le professeur ou avec l'équipe d'encadrement responsable des projets sont une façon de soutenir les stratégies métacognitives que les étudiants mettent en œuvre dans la réalisation de leur projet de conception. Néanmoins, une étude menée par Gómez Puante, van Eijck et Jochems (2015) a montré que, de façon générale, les professeurs ou les équipes d'encadrement qui supervisent les projets de conception sont peu outillés pour promouvoir les stratégies métacognitives de leurs étudiants. Leur approche à cette fin serait ainsi souvent assujettie à leur intuition d'enseignant (*Ibid.*).

Les travaux de Vermunt et Vermetten (2004) ont, pour leur part, indiqué que le fait de donner des consignes spécifiques sur le plan métacognitif pouvait améliorer les stratégies métacognitives des étudiants. Au cours des dernières années, diverses institutions d'enseignement – dont l'Université de Guelph (Canada), l'Université Stanford (États-Unis), l'Université de Northwestern (États-Unis) et l'Université de Uppsala (Suède) – ont ainsi développé des portfolios en lien avec les projets de conception (*Engineering Ddesign portfolio* ou *Folio-thinking*) (Clemmer, Spencer, Lackeyram, Thompson, Gharabaghi, VanderSteen *et al.*, 2015 ; Dym *et al.*, 2005 ; McKenna, Colgate, Carr et Olson, 2006). Ces portfolios visent notamment à promouvoir les stratégies métacognitives que les étudiants mettent en œuvre dans leur apprentissage de la conception en offrant un cadre plus structuré et systématique qu'un accompagnement traditionnel sous forme de questionnements intuitifs.

À titre d'exemple, le portfolio développé par l'Université de Guelph propose aux étudiants trois activités réflexives, lesquelles sont associées à différentes étapes de la réalisation de leur projet de fin d'études en conception (Clemmer *et al.*, 2015). Les activités réflexives proposées sont réalisées par écrit, puis remise électroniquement à l'enseignant responsable. Ces activités visent, entre autres, à faire réfléchir les étudiants à leur rôle et à leur contribution au sein de leur équipe de projet, à la façon dont ils ont planifié le travail qu'ils avaient à effectuer pour l'étape qui vient d'être terminée, aux apprentissages qu'ils ont réalisés au regard de cette étape de leur projet, etc. La réflexion pour chacun de ces points a lieu en trois temps : d'abord, les étudiants sont invités à décrire leurs façons de faire ; ensuite, ils doivent l'analyser ; enfin, ils doivent l'évaluer. Selon Clemmer *et al.* (*Ibid.*), ce type de réflexion en trois temps à l'égard du travail individuel et en équipe ainsi que de la gestion de projet et de l'apprentissage continu des étudiants contribue à une meilleure connaissance du processus de conception en ingénierie.

En conclusion, l'ajout d'activités réflexives (qu'elles soient réalisées ou non grâce à des portfolios) dans le cadre des projets de fin d'études pourrait, selon nous, certainement contribuer à enrichir la formation en conception dans les programmes de premier cycle en génie au Québec.

Références

Accreditation Board for Engineering and Technology [ABET] (2016). *Criteria for accrediting engineering programs 2016-2017*. Document accessible à l'adresse <http://www.abet.org/accreditation/accreditation-criteria/criteria-for-accreditingengineering-programs-2016-2017>.

Adams, R. S., Turns, J. et Atman, C. J. (2003). Educating effective engineering designers : The role of reflective practice. *Design Studies*, *24*, 275-294.

Atman, C. J., Eris, O., McDonnell, J., Cardella, M. E. et Borgford-Parnell, J. L. (2014). Engineering design education : Research, practice, and examples that link the two. *In* A. Johri et B. M. Olds (dir.), *Cambridge handbook of engineering education research* (p. 201-225). New York, NY : Cambridge University Press.

Atman, C. J. et Turns, J. (2001). Studying engineering design learning : Four verbal protocol studies. *In* C. Eastman, W., Newstetter et M. McCracken (dir.), *Design knowing and learning : Cognition in design education* (p. 37-60). London : Elsevier Science.

Bardin, L. (2007). *L'analyse de contenu*. Paris : Presses universitaires de France (1re éd. 1977).

Borgford-Parnell, J., Deibel, K. et Atman, C. J. (2010). From engineering design research to engineering pedagogy : Bringing research results directly to the students. *International Journal of Engineering Education*, *26*(4), 748-759.

Brenner, M. E. (2006). Interviewing in educational research. *In* J. L. Green, G. Camilli et P. B. Elmore (dir.), *Handbook of complementary methods in education research* (p. 357-370). London : Lawrence Erlbaum Associates.

Bureau canadien d'agrément des programmes de génie [BCAPG] (2017). *Normes et procédures d'agrément 2016*. Document accessible à l'adresse <https://engineerscanada.ca/sites/default/files/accreditation-criteria-procedures-2016-final.pdf>.

Clemmer, R., Spencer, J., Lackeyram, D., Thompson, J., Gharabaghi, B, VanderSteen, J. *et al.* (2015). *Use of eportfolio tool for reflection in engineering design. Proceedings 2015 Canadian Engineering Education Association (CEEA)*. Document accessible à l'adresse <http://ojs.library.queensu.ca/index.php/PCEEA/article/view/5839>.

Communautés européennes (2009). *Guide d'utilisation ECTS*. Document accessible à l'adresse <http://www.agence-erasmus.fr/docs/guide_fr.pdf>.

De Ketele, J.-M. et Roegiers, X. (2009). *Méthodologie du recueil d'informations : fondements des méthodes d'observation, de questionnaire, d'interview et d'étude de documents*. Bruxelles : De Boeck.

Deslauriers, J.-P. (1991). *Recherche qualitative. Guide pratique*. Montréal : McGraw-Hill.

Dixon, R. A. et Johnson, S. D. (2012). The use of executive control processes in engineering design by engineering students and professional engineers. *Journal of Technology Education*, *24*(1), 73-89.

Dutson, A. J., Todd, R. H., Magleby, S. P. et Sorensen, C. D. (1997). A review of literature on teaching engineering design through project-oriented capstone courses. *Journal of Engineering Education*, *86*(1), 17-28.

Duval, A. et Pagé, M. (2013). *La situation authentique : de la conception à l'évaluation, une formule pédagogique pour toutes les disciplines*. Montréal : Association québécoise de pédagogie collégiale.

Dym, C. L., Agogino, A., Eris, O., Frey, D. et Leifer, L. (2005). Engineering design thinking, teaching, and learning. *Journal of Engineering Education*, *94*(1), 103-120.

Dym, C. L., Little, P., Orwin E. J. et Spjut, E. R. (2009). *Engineering design : A project based approach* (3e éd.). Hoboken, NJ : Wiley.

Eide, A. R., Jenison, R. D., Mashaw, L. H. et Northup, L. L. (2002). *Introduction to engineering design and problem-solving* (2e éd.). New-York, NY : McGraw-Hill Higher Education.

Gómez Puante, S. M., van Eijck, M. et Jochems, W. (2015). Professional development for design-based learning in engineering education : A case study. *European Journal of Engineering Education*, *40*(1), 14-31.

Goncher, A. et Johri, A. (2015). Contextual constraining of student design practices. *Journal of Engineering Education*, *104*(3), 252-278.

Grand dictionnaire encyclopédique. Québec : Office québécois de la langue française. Document accessible à l'adresse <http://www.granddictionnaire.com>.

Hotaling, N., Burks Fasse, B., Bost, L. F., Hermann, C. D. et Forest, C. R. (2012). A quantitative analysis of the effects of a multidisciplinary engineering capstone design course. *Journal of Engineering Education*, *101*(4), 630-656.

Howe, S. (2010). Where are we now ? Statistics on capstone courses nationwide. *Advances in Engineering Education*, *2* (1), 1-27.

Howe, S., Rosenbauer, L. et Poulos, S. (2016*a*). *2015 Capstone design survey – Initial results. American Society for Engineering Education 123rd Annual Conference & Exposition*. Document accessible à l'adresse

<http://www.capstoneconf.org/resources/2016%20Proceedings/Papers/0028b.pdf>.

Howe, S., Rosenbauer, L. et Poulos, S. (2016*b*). *The 2015 capstone design survey : Observations from the front lines. American Society for Engineering Education 123*[rd] *Annual Conference & Exposition.* Document accessible à l'adresse <https://www.asee.org/public/conferences/64/p apers /14901/view>.

Howe, S., Wilbarger, J. (2006). *2005 National survey of engineering capstone design. American Society for Engineering Education 113rd Annual Conference & Exposition.* Document accessible à l'adresse <https://peer.asee.org/2005-national-survey-of-engineering-capstone-design-cou rses>.

Ingénieurs Canada (2016). *Des ingénieurs canadiens pour l'avenir. Trends in engineering enrolment and degrees awarded 2010-2015.* Document accessible à l'adresse <https://www.engineerscanada.ca/fr/rapports/d es-ingenieurs-canadiens-pour-lavenir>.

Jonassen, D. H. (2014). Engineers as problem solvers. *In* A. Johri et B. M. Olds (dir.), *Cambridge handbook of engineering education research* (p. 103-118). New York, NY : Cambridge University Press.

Kolmos, A. et De Graaff, E. (2014). Problem-based and project-based learning in engineering education : Merging models. *In* A. Johri et B. M. Olds (dir.), *Cambridge handbook of engineering education research* (p. 141-160). New York, NY : Cambridge University Press.

Litzinger, T. A., Lattuca, L. R., Hadgraft, R. G. et Newstetter, W. C. (2011). Engineering education and the development of expertise. *Journal of Engineering Education, 100*(1), 123-150.

McKenna, A. F., Colgate, J. E., Carr, S. H. et Olson, G. B. (2006). IDEA : Formalizing the foundation for an engineering design education. *International Journal of Engineering Education, 22*(3), 671-678.

Moazzen, I., Miller, M., Wild, P., Jackson, L. et Hadwin, A. (2014). Engineering design survey. *Proceedings 2014 Canadian Engineering Education Association (CEEA).* Document accessible à l'adresse <http://ojs.library.queensu.ca/index.php/PCEEA/article/view/5892/5614>.

Pahl, G., Beitz, W., Feldhusen, J. et Grote, K.-H. (2007). *Engineering design : A systematic approach* (3e éd.). London : Springer-Verlag.

Pugh, S. (1990). *Total design : Integrated methods for successful product engineering.* Wokingham : Addison-Wesley.

Reverdy, C. (2013). Des projets pour mieux apprendre ? *Dossier d'actualité veille et analyse de l'Institut français de l'éducation, 82*, 1-24.

Savoie-Zajc, L. (2009). L'entrevue semi-dirigée. *In* B. Gauthier (dir.), *Recherche sociale : de la problématique à la collecte de données* (p. 337-360). Québec : Presses de l'Université du Québec.

Sheppard, S. D., Macatangay, K., Colby, A. et Sullivan, W. M. (2008). *Educating engineers : designing for the future of the field.* San Francisco, CA : Jossey-Bass.

Todd, R. H., Magleby, S. P., Sorensen, C. D., Swan, B. R. et Anthony, D. K. (1995). A survey of capstone engineering courses in North America. *Journal of Engineering Education*, *84*(2), 165-174.

Trudel, L., Simard, C. et Vornax, N. (2006). La recherche qualitative est-elle nécessairement exploratoire ? *Recherches Qualitatives – Hors Série*, *5*, 38-45.

Université de Sherbrooke (2017*a*). *Admission pour les étudiants en échanges.* Document accessible à l'adresse <https://www.usherbrooke.ca/etudiants-internationaux/fr/echanges/dossierdadmission/>.

Université de Sherbrooke (2017*b*). *Règlement des études : définitions et interprétations.* Document accessible à l'adresse <https://www.usherbrooke.ca/programmes/ref/reglement/definitions/>.

Vermunt, J. D. et Vermetten, Y. J. (2004). Patterns in student learning. Relationships between learning strategies, conceptions of learning, and learning orientations. *Educational Psychology Review*, *16*(4), 359-384.

Postface

Incertitudes, questionnements, ouvertures et perspectives

Joël Lebeaume

Les textes rassemblés dans cet ouvrage participent au débat international concernant l'éducation scientifique et technologique contemporaine renouvelée par le mot "investigation" généralisé depuis une vingtaine d'années. Périodiquement, de grands mouvements à l'échelle internationale promeuvent des innovations volontaires, principalement des méthodes et démarches pédagogiques et, d'une façon moindre, des contenus. Ce fut le cas de l'ambition des "leçons de choses", *objects lessons* ou *Denk Uebungen* au tournant des XIXe et XXe siècles, puis des "activités d'éveil" ou du principe *I do and I understand* de la fondation Nuffield au milieu des années 1960. Ces mouvements partagés et de grande ampleur concernant la scolarité obligatoire, régulièrement prolongée au fil du temps, répondent aux grandes mutations sociales et scolaires et aux enjeux sociopolitiques de préparation des futurs personnes, citoyens et travailleurs, associée à la scolarisation initialement du peuple, puis de masse et aujourd'hui généralisée en diverses poursuites d'études. Ces mouvements portent également les évolutions des conceptions psychopédagogiques puis didactiques des apprentissages et de l'enseignement. Ainsi pouvait-on lire à la veille de 1900 « L'essentiel n'est pas de déverser dans la mémoire de l'enfant des notions qu'il reçoit passivement, mais de l'amener à faire attention, à observer, à réfléchir, à trouver… » (Payot, 1897, p. 48) en valorisant les méthodes actives tout en disqualifiant l'associationnisme empirique, l'innéisme, l'enseignement intuitif et l'enseignement livresque. À l'époque de la modernité, la conception piagétienne du développement de la pensée rationnelle laisse une large place à la découverte individuelle ou collective, au tâtonnement expérimental et à la créativité tout en bousculant leçons et exercices jugés trop étrangers au dynamisme intellectuel et affectif des enfants (Host, 1978). Ces rénovations de l'enseignement scientifique auquel s'adjoint l'enseignement technologique à partir des années 1970, suscitent de nombreux débats et controverses pour en saisir les fondements et les conditions de leur appropriation par les différents acteurs, ainsi que leur intégration dans les cultures institutionnelles et professionnelles, nationales et locales. Ainsi, l'abondante littérature francophone et anglophone consacrée à l'investigation scientifique discute à la fois des variations de cette "démarche d'investigation", "démarche d'investigation scientifique", des nuances des traductions et interprétations de *inquiry* en "découverte", "enquête", "situation problème", "investigation-structuration", etc., et de la généralité, voire de l'universalité de ce slogan, ou au contraire de la spécificité de chacune des matières ou disciplines scolaires (par exemple Coquidé, Fortin, Rumelhard, 2009). Les enjeux d'ordre sociopolitique sont également discutés comme le fait récemment Boichot (2017), inspecteur général de l'éducation nationale honoraire et doyen honoraire du groupe sciences physiques et chimiques fondamentales et appliquées, qui considère qu'« il n'y a plus de science sans technologie et plus de technologie sans science », ce qui justifierait l'affaiblissement des frontières des disciplines, par exemple dans des ouvertures telles que l'orientation *Sciences Technology, Engineering, Mathematics* (STEM). Mais il constate avec regret que « dans l'enseignement français, la hiérarchisation des savoirs, des disciplines et même des formes d'intelligences est omniprésente », ce qui impose « un gros travail de conception du nouveau rôle des disciplines à faire », sans ignorer le profond enracinement historique de cette segmentation hiérarchisée que les sociologues du curriculum ont largement mis au jour.

Trois points saillants traversent l'ensemble des textes. Le premier concerne l'opposition marquée des auteurs à la priorité du registre pédagogique de cette rénovation de l'éducation et de l'enseignement scientifique et technologique. Dans les textes prescriptifs et dans de nombreuses ressources, la présentation de l'investigation scientifique, voire de la conception technologique, sont en effet limitées au "comment enseigner" sans prendre en considération le registre didactique de la pertinence du "quoi enseigner". La démarche d'investigation ou de conception, comme précédemment la méthode scientifique, la méthode expérimentale, la méthode OHERIC, la démarche de projet ou le *design process* ne recouvrent alors que l'ordonnancement de la conduite des séances ou séquences d'enseignement selon une trame figée au nombre d'étapes variable selon les sources ou prescriptions utilisées. Cette sorte de guide pratique pour la mise en œuvre du travail de classe, même s'il s'avère accompagné des conseils utiles pour répondre à l'injonction d'un socioconstructivisme indissociable de toute investigation, s'avère donner seulement les traits de surface des situations d'enseignement, mais sans profondeur et donc avec le risque de séduire les élèves, mais sans réels enjeux d'apprentissages. Par leurs textes et les activités proposées, les auteurs de cet ouvrage souhaitent ainsi dépasser cet apprêtage pédagogique. Ils proposent des concepts, des données et des faits pour donner à penser les enjeux éducatifs et scolaires de la rénovation afin de répondre à la critique régulièrement et maintes fois exprimée à propos des méthodes actives, plus particulièrement la confusion entre activité et activisme.

Le deuxième point saillant de l'approche croisée franco-québécoise que mettent en évidence les différents textes est l'incertitude concernant la technologie ou les sciences pour/de l'ingénieur (en France), les technologies (au Québec) ainsi que l'association des disciplines scientifiques (en France) et la distinction entre investigation scientifique et conception technologique (au Québec). Ces contrastes révèlent les grandes hésitations concernant la technologie – avec ses déclinaisons, l'ingénierie ou les sciences industrielles de l'ingénieur –, installée dans le système éducatif français depuis 1962 et beaucoup plus récemment dans la scolarité québécoise (Lebeaume et Hasni, 2016). En effet, les analyses des manuels et des idées des enseignants mettent en évidence, dans les deux pays, l'absence d'une ligne directrice clairement affichée et donc d'une matrice disciplinaire, au sens de Develay (1992), en tant qu'unité épistémologique. Ainsi, la conception technologique se confond-elle parfois avec l'activité pratique, de réalisation ou de production, avec étude du "schéma de principe" sans distinction entre principe scientifique et principe technique, avec l'utilisation d'outils graphiques empruntés de l'analyse de la valeur sans la référence à l'analyse fonctionnelle. En d'autres termes, la démarche d'investigation dans une acception très large ou bien distinguée de la démarche de conception semble indifférente aux spécificités épistémologiques de ce domaine. Les chapitres qui font état des pratiques par le biais des paroles ou des actes des enseignants ou des élèves semblent indiquer la faiblesse des ressources créées ou inventées sans contrôle de la signification des tâches mises en œuvre et vécues et, par là, des acquisitions potentielles. Là encore, plusieurs chapitres font des propositions argumentées en donnant à l'éducation technologique une assise épistémologique pour qu'elle soit une "discipline de raisonnement et d'action" comme l'inspecteur général Géminard le suggérait dès les textes prescriptifs du tout début des années 1960 en France et pour qu'elle réponde à l'exigence de toute discipline scolaire en offrant un indispensable exercice de la pensée.

Le troisième trait saillant est la fragilité de la formation des enseignants qui sont sommés de modifier ou d'étendre leurs pratiques pour répondre à l'injonction institutionnelle sans avoir été vraiment formés. Le cas le plus alarmant est encore la technologie, au Québec et en France, où les professeurs déploient un travail important pour inventer leurs actions d'enseignement et d'apprentissage sans disposer des clés pour comprendre le sens et les visées de ces injonctions réformatrices. Des deux côtés de l'Atlantique, les professeurs ne connaissent pas vraiment non plus les autres disciplines dans leurs facettes épistémologique, psychologique, pédagogique et curriculaire, c'est-à-dire didactiques. Et pourtant, ils doivent s'associer, se mixer ou se conjuguer dans des projets ou activités plus ou moins indifférenciées. Or la progressivité de l'enseignement exige de leur part d'identifier les visées disciplinaires afin de structurer les acquisitions de contenus, de méthodes et de postures à la fois intellectuelles et pratiques. Ce phénomène est bien connu et largement diffusé dans l'abondante documentation de recherche convoquée par l'ensemble des chapitres (voir aussi Lebeaume et Magneron, 2003). La thèse récente de Tuffery-Rochdi (2016) consacrée à l'enseignement d'exploration de "méthodes et pratiques scientifiques (MPS)" en classe de seconde générale et technologique en France (âge 15-16 ans, première année du lycée) ne fait que le rappeler. Cet enseignement qui implique des professeurs de mathématiques, de sciences de la vie et de la Terre, de sciences physiques et chimiques et de sciences de l'ingénieur s'avère être seulement une juxtaposition d'enseignements disciplinaires avec peu d'interactions entre les enseignants sur le contenu des séances menées individuellement. L'auteure note plus particulièrement que « la modification des pratiques dans le sens des démarches d'investigation demande de la part des enseignants un véritable changement de paradigme d'enseignement » (p. 364) qui exige du temps, du travail collaboratif, des ressources et un statut institutionnel et scolaire sans faille de ces dispositifs qui demeurent souvent à la périphérie du disciplinaire.

Ces trois points saillants laissent entrevoir que le titre *Les démarches d'investigation scientifique et de conception technologique. Regards croisés sur les curriculums et les pratiques en France et au Québec* recouvre non seulement la rénovation contemporaine de l'enseignement scientifique et technologique, mais surtout des refondations disciplinaires fondamentalement inscrites dans une reconfiguration curriculaire. Celle-ci est alors à considérer dans son ensemble, des prescriptions officielles à la formation des enseignants en passant par les ressources, les locaux, l'organisation administrative, l'évaluation, etc. L'investigation est alors à saisir comme un levier du changement en y associant l'approche par compétences, la décompartimentation des enseignements, le modèle *student-centred* et non pas *knowledge-centred* de l'école obligatoire, l'accès raisonné aux informations via les réseaux *web*, les aspirations des jeunes ainsi que les enjeux sociétaux de cette révolution didactique.

L'ensemble des textes laisse ouvertes de nombreuses problématiques de recherche. Mais celle de l'évaluabilité de l'enseignement et de l'évaluation des acquis semble être la plus urgente. Quels sont vraiment les apprentissages et les acquisitions qui résultent de ces approches investigatrices ou conceptrices en sciences et/ou en technologie ? Comment estimer leur mobilisation dans de nouvelles situations sans se confondre avec une restitution de procédures ou de mots ? Comment identifier également les élaborations intellectuelles effectives et les compétences exigibles pour tous les élèves de la scolarité de base ? En outre, comment conjuguer dans l'enseignement scolaire et universitaire la double perspective d'éducation générale pour tous et de formation pour les spécialistes, c'est-à-dire comment assurer le renouvellement de la culture scientifique, technique et industrielle, exigé par les mutations technologiques, scientifiques, économiques et culturelles du XXIe siècle ?

Références

Boichot, C. (2017). *Science et technologie : « La hiérarchisation des disciplines est omniprésente ». Interview n° 85500 publié le jeudi 2 février 2017 à 15 h 26. Thinkéducation.* Document accessible à l'adresse <http://education.newstank.fr/fr/thinkeducation2017/news/85500/science-technologie-hierarchisation-disciplines-omnipresente-boichot.html>.

Coquidé, M., Fortin, C. et Rumelhard, G. (2009). L'investigation : fondements et démarches, intérêts et limites. *Aster, 49*, 51-78.

Develay, M. (1992). *De l'apprentissage à l'enseignement.* Paris : ESF.

Host, V. (1978). Place des procédures d'apprentissages « spontanées » dans la formation scientifique. *Revue française de pédagogie, 45*, 102-110.

Lebeaume, J. et Hasni, A. (2016). La technologie prescrite à l'école en France et au Québec. Aperçu historique et mutations contemporaines. *Spirale, 58*, 67-79.

Lebeaume, J. et Magneron, N. (2004). Itinéraires de découverte au collège : à la recherche des principes coordinateurs. *Revue française de pédagogie, 148*, 101-118.

Payot, J. (1897). *Aux instituteurs et aux institutrices. Conseil et directions pratiques.* Paris : Armand Colin.

Tufféry-Rochdi, C. (2016). *Les ressources au cœur des pratiques des professeurs de mathématiques : le cas de l'enseignement d'exploration MPS en seconde.* Thèse de doctorat en didactique des mathématiques, Université de La Réunion, France.

Table des matières

ÉDITIONS ■ CURSUS UNIVERSITAIRE

Les Éditions Cursus universitaire ont pour vocation de publier des ouvrages de sciences humaines et sociales s'adressant à des chercheurs et des étudiants en formation initiale et continue dans les différentes disciplines qui composent ce champ d'études : éducation, histoire, sciences politiques, économie, psychologie, travail social, philosophie, didactique, droit, etc. Ne privilégiant aucune école de pensée, la collection a pour raison d'être d'explorer des perspectives problématiques, *d'éclairer* des problèmes de recherche et de promouvoir la réflexion sur des questions humainement et socialement vives.

Ouvrages publiés

Driss Alaoui et Annick Lenoir (dir.), *L'interculturel et la construction d'une culture de la reconnaissance*

Michel Bossé, *Des tout-petits mal en point jouent, parlent et... se transforment*

Michel Bossé, *Initiation à la pratique psychothérapeutique auprès de l'enfant*

Michel Bossé, *L'analyse en tant que jeux des allégories produites au TAT*

Michel Bossé, *Le CAT : Analyse des élaborations prises comme jeux*

Michel Bossé, *Le mode de fonctionnement affectif de l'enfant*

Michel Bossé et France Guay, *Évolution de la dynamique affective et accès à l'équilibre*

Abdelkrim Hasni, Johanne Lebrun et Yves Lenoir (dir.), *Les disciplines scolaires et la vie hors de l'école. Le cas des "éducations à" au Québec. Éducation à la santé, éducation à l'environnement et éducation à la citoyenneté*

Jean-Luc Hétu, *Psychologie du vieillissement. Comprendre pour intervenir*

Yves Lenoir (dir.), *Guide d'accompagnement de la formation à la recherche : un outil de réflexion sur les termes et expressions liés à la recherche*

Yves Lenoir, *Les médiations au coeur des pratiques d'enseignement-apprentissage : une approche dialectique. Des fondements à leur actualisation en classe. Éléments pour une théorie de l'intervention éducative* (2e éd.)

Yves Lenoir, Oktay Adigüzel, Annick Lenoir, A., José Carlos Libâneo et Frédéric Tupin (dir.), *Les finalités éducatives scolaires. Une étude critique des approches théoriques, philosophiques et idéologiques.* T. 1 : *Fondements, notions et enjeux socioéducatifs*

Yves Lenoir et Rocio Esquivel (dir.), *Procédures méthodologiques en acte dans l'analyse des pratiques d'enseignement : approches internationales.* T. 1 : *Les méthodes en usage à la Chaire de recherche du Canada sur l'intervention éducative et utilisées par des chercheurs qui y sont associés*

Yves Lenoir et Rocio Esquivel (dir.), *Procédures méthodologiques en acte dans l'analyse des pratiques d'enseignement : approches internationales.* T. 2 : *Les méthodes en usage dans des centres de recherche et chez des chercheurs français et latino-américains*

Hugo Loiseau (dir.), *Vous avez dit appliquée ? La politique appliquée : Pédagogies, méthodes, acteurs et contextes*

Hubert Van Gijseghem, *La psychologie du collectionneur*

Ouvrages en préparation

Jean-Claude Bernheim, *Criminologie, idées et théories. De l'Antiquité à la première moitié du 20e siècle*

Mathieu Gagnon et Abdelkrim Hasni (dir.), *Pensées disciplinaires et pensée critique : enjeux de la spécificité et de la transversalité pour l'enseignement et la recherche*

Normand Leblanc et Monique Taillon, *Et s'il y avait autre chose que les apparences : découvrir la déficience intellectuelle*

Yves Lenoir et Valérie Jean (dir.), *Les pratiques d'enseignement au primaire. Quatorze ans de recherche sur la mise en œuvre du curriculum québécois actuel*

Yves Lenoir, Jimmy Bourque, Abdelkrim Hasni, Rodica Nagy, Maryvonne Priolet et Anselmo Torres Arzimendi (dir.), *Les finalités éducatives scolaires. Pour une étude critique des approches théoriques, philosophiques et idéologiques.* T. 2 : *Conceptions des finalités et des disciplines scolaires*

Yves Lenoir, Marc Tardif et Gilles Breton (dir.), *Penser l'éducation : une vie à développer l'éducation, du primaire à l'université. En hommage à Mario Laforest*